“十三五”职业教育国家规划教材

电气控制与PLC原理
（项目化三菱机型）

（第 2 版）

主　编　周　斐　刘洋洋
副主编　陈　璇　鲁　佳
　　　　刘炳良　范双双
参　编　刘红乐

扫码加入学习圈 轻松解决重难点

南京大学出版社

图书在版编目(CIP)数据

电气控制与PLC原理：项目化三菱机型 / 周斐，刘洋洋主编. —2版. —南京：南京大学出版社，2019.10(2023.8重印)

ISBN 978-7-305-09513-9

Ⅰ.①电… Ⅱ.①周… ②刘… Ⅲ.①电气控制 ②PLC技术 Ⅳ.①TM571.2 ②TM571.61

中国版本图书馆CIP数据核字(2019)第225008号

出版发行 南京大学出版社
社　　址 南京市汉口路22号　　邮　　编 210093
出 版 人 王文军

书　　名 电气控制与PLC原理(项目化三菱机型)
主　　编 周　斐　刘洋洋
责任编辑 胥橙庭　吴　华　　编辑热线 025-83597482

照　　排 南京开卷文化传媒有限公司
印　　刷 广东虎彩云印刷有限公司
开　　本 787 mm×1092 mm 1/16 印张 17.75 字数 437千
版　　次 2019年10月第2版 2023年8月第6次印刷
ISBN 978-7-305-09513-9
定　　价 48.00元

网　　址：http://www.njupco.com
官方微博：http://weibo.com/njupco
微信服务号：njuyuexue
销售咨询热线：(025)83594756

前　言

可编程控制器综合了继电接触器控制技术、计算机技术、自动控制技术、通信技术，是近年来发展迅速、应用广泛的工业控制装置，因其具有功能完备、可靠性高、使用灵活方便的显著优点，已经成为现代工业控制的重要支柱之一。

本书依据高等职业教育“以就业为导向，以职业能力培养为重点”的原则，采用项目任务格式编写，主要有以下特点：

1. 以项目的实施为目标，导入知识点的学习、基本技能的训练，使学生的学习目标更加明确，学习兴趣更加浓厚。

2. 每个项目的实施都有继电接触器控制系统的介绍，最后又有 PLC 控制方式的实现，在两种方式的比较中更能显现 PLC 控制的优点，增强学生学习自觉性。

3. 所有项目按照由小到大、由基本控制到综合应用的顺序排列，同时 PLC 的理论知识也按照由简单到复杂的顺序有序插入到每个项目中，不失其系统性。

4. 在系统介绍 FX_{2N}系列 PLC 后，又介绍了 GX Developer 编程软件的使用、GX Developer 中 SFC 的编程方法、PLC 和触摸屏综合应用实例、PLC 和力控组态的综合应用实例，使教学内容更加完善，趣味性更强，学生的积极性更高。

5. 充分利用现代信息技术，将传统纸质教材与声音、视频、动漫等线上资源有机结合，开发建设生动丰富的数字化资源，与教材配套的课程《电气控制与 PLC 技术》课程 2017 年 9 月在中国大学 MOOC 学习平台上开放，学生可以自主学习，教师可以实施反转课堂教学。课程链接 http://www.icourse163.org/course/PZXY-1002123021

本书由平顶山工业职业技术学院周斐、刘洋洋主编，湖南水利水电职业技术学院陈璇、平顶山工业职业技术学院鲁佳、湖南理工职业技术学院刘炳良、江西水利职业学院范双双担任副主编，河南省计量科学研究院刘红乐参编，平煤集团的现场工程技术人员也提出了许多宝贵意见，在此谨表示诚挚的感谢。

在编写过程中，编者参阅了国内外许多专家、同行的教材、著作、论文，对此，谨致诚挚的谢意！

由于编者水平有限，书中难免有不足之处，敬请读者批评指正。

编　者

2019 年 8 月 30 日

目　录

第一篇　PLC 的基本组成和工作原理

项目一　PLC 的产生与发展

【项目目标】

1. 了解世界上第一台 PLC 是怎样产生的。
2. 掌握 PLC 的定义。
3. 了解 PLC 的主要特点、应用场合和分类。

一、PLC 的产生

20 世纪 60 年代，计算机技术已经开始应用于工业控制，但是由于计算机技术本身的复杂性、编程难度高、难以适应恶劣的工业环境以及价格昂贵等原因，未能在工业控制中广泛应用。当时的工业控制主要还是以继电-接触器组成控制系统。20 世纪 60 年代末期，美国的汽车制造工业竞争异常激烈。为了适应生产工艺不断更新的需要、降低成本、缩短新产品的开发周期，美国通用汽车公司(GM 公司)在 1968 年提出了招标开发研制新型顺序逻辑控制装置的 10 条要求，即著名的 10 条招标指标，其主要内容如下：

(1) 编程简单，可在现场修改和调试程序。

(2) 维护方便，各部件最好是插件式的装置。

(3) 可靠性高于继电器控制柜。

(4) 体积小于继电器控制柜。

(5) 可将数据直接送入管理计算机。

(6) 在成本上可与继电器控制柜竞争。

(7) 输入可以是交流 115 V(注：美国电网电压为 110 V)。

(8) 输出为交流 115 V、2 A 以上，能直接驱动电磁阀。

(9) 具有灵活的扩展能力，在扩展时原系统只需做很少的变更。

(10) 用户程序存储容量至少能扩展到 4 KB(根据当时汽车装配过程的要求提出的)。

从这些指标看，GM 公司希望研制出一种控制装置，使汽车生产流水线在适应汽车型号不断翻新的同时，尽可能减少重新设计继电-接触器控制系统和重新接线的工作；设想把计算机的灵活、通用、功能完备等优点与继电-接触器控制系统的简单易懂、操作方便、价格便宜等优点结合起来，研制出一种通用的控制装置；将计算机的编程方法和程序输入方式加以简化，用面向问题的“自然语言”进行编程，使得不熟悉计算机的人也能很方便地使用。这些指标也反映了自动化工业及其他各类制造工业用户的要求和愿望。

1969 年,美国数字设备公司(DEC 公司)根据 10 条招标指标的要求,研制出世界上第一台可编程控制器,型号为 PDP-14。用它代替传统的继电-接触器控制系统,在美国通用汽车公司的自动装配线上试用,获得了成功。此后,这项新技术迅速发展起来,日本和西欧国家通过引进技术,也分别于 1971 年和 1973 年研制出自己的可编程控制器。后来,PLC 装置遍及世界各发达国家的工业现场。我国对此项技术的研究始于 1974 年,3 年后进入工业应用阶段。

二、PLC 的定义

早期的 PLC 设计,虽然采用了计算机的设计思想,但只能进行逻辑控制,主要用于顺序控制,所以被称为可编程逻辑控制器。近年来,随着微电子技术和计算机技术的迅猛发展,可编程逻辑控制器不仅能实现逻辑控制,还具有数据处理及通信等功能,又改称为可编程控制器,简称 PC(Programmable controller)。但由于 PC 容易和个人电脑(Personal computer)相混淆,故人们仍习惯用 PLC 作为可编程控制器的缩写。

PLC 是可编程逻辑控制器(Programmable logic controller)的缩写,是作为传统继电-接触器的替代产品出现的。国际电工委员会(IEC)在其颁布的可编程逻辑控制器标准草案中给 PLC 作了如下定义:"可编程控制器是一种数字运算操作的电子系统,专为工业环境下的应用而设计。它采用可编程的存储器,用来在其内部存储执行逻辑运算、顺序控制、定时、计数和算术运算等操作的命令,并通过数字式、模拟式的输入和输出,控制各种机械或生产过程。可编程控制器及其有关设备都应按易于与工业控制系统形成一个整体、易于扩展其功能的原则设计。"PLC 将传统的继电-接触器控制技术和现代的计算机信息处理技术的优点有机结合起来,成为工业自动化领域中最重要、应用最多的控制设备之一,并成为现代工业生产自动化三大支柱(PLC,CAD/CAM,机器人)之一。

图 1.1.1 为常见 PLC 的外形图。

(a) 西门子PLC　　(b) 三菱PLC(整体式)　　(c) 三菱PLC(模块式)

图 1.1.1　常见 PLC 外形图

三、PLC 的主要特点

由 PLC 的产生和发展过程可知,PLC 的设计是站在用户立场、以用户需要为出发点的,以直接应用于各种工业环境为目标,但又不断采用先进技术求发展。可编程控制器经过近 40 年的发展,已日臻完善,其主要特点如下:

1. 可靠性高、抗干扰能力强

PLC组成的控制系统用软件代替了传统的继电-接触器控制系统中复杂的硬件线路，故使用PLC的控制系统故障率明显低于继电-接触器控制系统。另一方面，PLC本身采用了抗干扰能力强的微处理器作为CPU，电源采用多级滤波并采用集成稳压块稳压，以适应电网电压的波动；输入输出采用光电隔离技术；工业应用的PLC还采用了较多的屏蔽措施。此外，PLC带有硬件故障自我检测功能，出现故障时可及时发出警报信息。由于采取了以上措施，使得PLC有很强的抗干扰能力，从而提高了整个系统的可靠性。例如三菱公司生产的F系列PLC平均无故障工作时间高达30万小时，一些使用冗余CPU的PLC平均无故障工作时间则更长。

2. 编程简单易学

PLC的最大特点之一就是采用易学易懂的梯形图语言。这种编程方式既继承了传统的继电-接触器控制电路的清晰直观感，又考虑了大多数技术人员的读图习惯，即使没有计算机基础的人也很容易学会，故有利于在厂矿企业中推广使用。

3. 使用维护方便

(1) 硬件配置方便。PLC的硬件都是由专门生产厂家按一定标准和规格生产的，可按实际需要配置，在市场上可方便地购买。PLC的硬件配置采用模块化组合结构，使系统构成十分灵活，可根据需要任意组合。

(2) 安装方便。内部不需要接线和焊接，只要编程就可以使用。

(3) 使用方便。PLC内各种继电器的辅助触点在编程时没有次数限制，它采用的是PLC内部的一种数据逻辑状态，而继电-接触器控制系统中的辅助触点是一种实实在在的硬件结构，触点的数量有限。因此，PLC的输入/输出继电器与硬件有关系，具有固定的数量，应用时需考虑输入/输出点数。

(4) 维护方便。PLC配有很多监控提示信号，能检查出系统自身的故障，并随时显示给操作人员，且能动态地监视控制程序的执行情况，为现场的调试和维护提供了方便。而且接线少，维修时只需更换插入式模块，即维护方便。

4. 体积小、质量轻、功耗低

由于PLC是专门为工业控制而设计的，其结构紧凑、坚固，体积小巧，易于装入机械设备内部，是实现机电一体化的理想控制设备。

5. 设计施工周期短

PLC用存储逻辑代替接线逻辑，大大减少了控制设备外部的接线，使控制系统设计及建造的周期大为缩短，同时维护也变得容易。更重要的是，使同一设备经过修改程序改变生产过程成为可能，这很适合多品种、小批量的生产场合。

四、PLC的应用场合

PLC在国内外已被广泛应用于钢铁、采矿、石化、电力、机械制造、汽车制造、环保及娱乐等行业，其应用大致可分为以下几种类型：

1. 逻辑开关和顺序控制

这是PLC最基本、最广泛的应用领域。它取代传统的继电-接触器电路，实现逻辑控制、顺序控制，既可用于单台设备的控制，也可用于多机群控及自动化流水线控制。可用PLC取代传统继电-接触器控制,如:机床电气、电动机控制等;亦可取代顺序控制,如:高炉上料、电梯控制等。

2. 机械位移控制

机械位移控制是指 PLC 使用专用的位移控制模块来控制驱动步进电机或伺服电机,实现对机械构件的运动控制。世界上各主要 PLC 厂家的产品几乎都有运动控制功能,广泛用于各种机械手、数控机床、机器人、电梯等场合。

3. 数据处理

现代 PLC 具有数学运算(含矩阵运算、函数运算、逻辑运算)、数据传送、数据转换、排序、查表、位操作等功能,可以完成数据的采集、分析及处理。这些数据可以与存储在存储器中的参考值比较,完成一定的控制操作,也可以利用通信功能传送到别的智能装置,或将它们打印制表。数据处理一般用于大型控制系统,如无人控制的柔性制造系统;也可用于过程控制系统,如造纸、冶金、食品工业中的一些大型控制系统。

4. 模拟量控制

PLC 具有 D/A、A/D 转换功能,可实现模拟量控制。现在大型的 PLC 都配有 PID(比例、积分、微分)子程序或 PID 模块,可实现单电路、多电路的调节控制。

5. 组成多级控制系统,实现工厂自动化网络

PLC 通信包含 PLC 间的通信及 PLC 与其他智能设备间的通信。随着计算机控制的发展,工厂自动化网络发展得很快,各 PLC 厂商都十分重视 PLC 的通信功能,纷纷推出各自的网络系统。新近生产的 PLC 都具有通信接口,通信非常方便,可以实现对整个生产过程的信息控制和管理。

五、PLC 的分类

可编程控制器产品的种类很多,一般按它的结构形式和输入/输出点数进行分类。

1. 按结构形式分类

由于可编程控制器是专门为工业环境应用而设计的,为了便于现场安装和接线,其结构形式与一般计算机有很大的区别,主要有整体式和模块式两种结构形式。

整体式 PLC:又称单元式或箱体式,如图 1.1.2 所示。整体式 PLC 是将电源、CPU、I/O 部件都集中装在一个机箱内。一般小型 PLC 采用这种结构,特点是结构紧凑、体积小、质量轻、价格低。

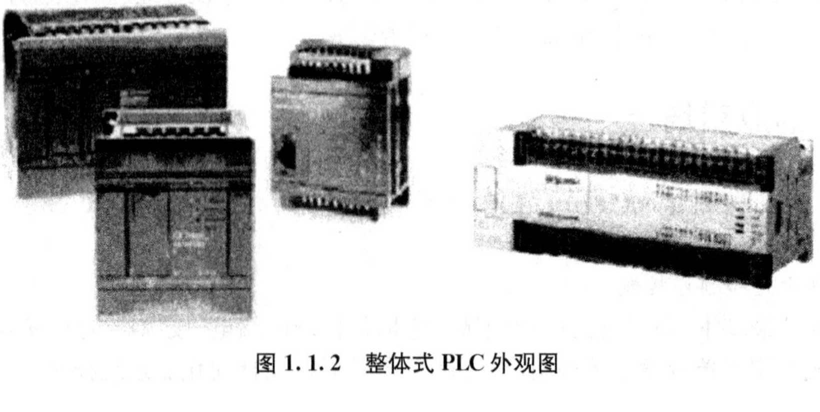

图 1.1.2 整体式 PLC 外观图

模块式PLC:将各部分以单独的模块分开,形成独立单元,使用时可将这些单元模块分别插入主基板上,如图1.1.3所示。一般大、中型PLC采用模块式结构,有的小型PLC也采用这种结构,特点是组装灵活,便于扩展,维修方便,可根据要求配置不同模块以构成不同的控制系统。

(a) 主基板　　(b) 模块式PLC

图1.1.3 模块式PLC外观图

2. 按输入/输出点数分类

为适应不同工业生产过程的应用要求,可编程控制器能够处理的输入/输出点数是不一样的。按输入/输出点数的多少可分为微型机、小型机、中型机、大型机、超大型机等类型。

(1) I/O点数小于32为微型PLC。

(2) I/O点数在32～128为微小型PLC。

(3) I/O点数在128～256为小型PLC。

(4) I/O点数在256～2 048为中型PLC。

(5) I/O点数大于2 048为大型PLC。

(6) I/O点数在4 000以上为超大型PLC。

以上划分不包括模拟量I/O点数,且划分界限不是固定不变的,不同的厂家也有自己的分类方法。

六、PLC的技术指标

各PLC生产厂家产品的型号、规格和性能各不相同,通常可以按照以下七种性能指标来进行综合描述。

1. 输入/输出点数(I/O点数)

输入/输出点数是指PLC输入信号和输出信号的数量,也就是输入、输出端子数总和。这是一项很重要的技术指标,因为在选用PLC时,要根据控制对象的I/O点数要求确定机型。PLC的I/O点数包括主机的I/O点数和最大扩展点数,主机的I/O点数不够时可扩展I/O模块,但因为扩展模块内一般只有接口电路、驱动电路而没有CPU,它通过总线电缆与主机相连,由主机的CPU进行寻址,故最大扩展点数受CPU的I/O寻址能力的限制。

2. 存储容量

存储容量是指PLC中用户程序存储器的容量,也就是用户RAM的存储容量,一般以PLC所能存放用户程序的多少来衡量内存容量。在PLC中程序指令是按步存放的(1条指令往往不止1步),1步占一个地址单元,1个地址单元一般占两个字节(16位的CPU),所以1步就是一个字。例如,1 个内存容量为 1 000 步的 PLC,可推知其内存为 2k 字节。

注意:"内存容量"实际是指用户程序容量,它不包括系统程序存储器的容量。程序容量与最大 I/O 点数大体成正比。

3. 扫描速度

扫描速度一般指执行 1 步指令的时间,单位为 ms/步。有时也以执行 1 000 步指令的时间计,其单位为 ms/千步。PLC 用户手册一般给出执行各条指令所用的时间,可以通过比较各种 PLC 执行相同的操作所用的时间来衡量扫描的快慢。

4. 编程语言与指令系统

PLC 的编程语言一般有梯形图、助记符、SFC(Sequential function chart)以及高级语言等。PLC 的编程语言越多,用户的选择性就越大。但是不同厂家采用的编程语言往往不兼容。PLC 中指令功能的强弱、数量的多少是衡量 PLC 软件性能强弱的重要指标。编程指令的功能越强,数量越多,PLC 的处理能力和控制能力也就越强,用户编程也就越简单,越容易完成复杂的控制任务。

5. 内部寄存器

PLC 内部有许多寄存器,用以存放输入/输出变量的状态、逻辑运算的中间结果、定时器/计数器的数据等。还有许多辅助寄存器给用户提供特殊功能,以简化整个系统设计。内部寄存器的种类多少、容量大小和配置情况是衡量 PLC 硬件功能的一个主要指标。内部寄存器的种类与数量越多,表示 PLC 的存储和处理各种信息的能力越强。

6. 功能模块

PLC 除了主控模块(又称为主机或主控单元)外,还可以配接各种功能模块。主控模块可实现基本控制功能,功能模块的配置则可实现一些特殊的专门功能。因此,功能模块的配置反映了 PLC 的功能强弱,是衡量 PLC 产品档次高低的一个重要标志。目前各生产厂家都在开发模块上下了很大工夫,使其发展很快,种类日益增多,功能也越来越强。常用的功能模块主要有:A/D 和 D/A 转换模块、高速计数模块、位置控制模块、速度控制模块、轴定位模块、温度控制模块、远程通信模块、高级语言编辑模块以及各种物理量转换模块等。这些功能模块使 PLC 不但能进行开关量顺序控制,而且能进行模拟量控制、定位控制和速度控制,还有了网络功能,实现 PLC 之间、PLC 与计算机之间的通信,可直接用高级语言编程,给用户提供了强有力的工具支持。

7. 可扩展能力

PLC 的可扩展能力主要包括 I/O 点数的扩展、存储容量的扩展、联网功能的扩展和各种功能模块的扩展等。在选择 PLC 时,经常需要考虑 PLC 的可扩展性。

七、PLC 的相关知识

1. PLC 与继电-接触器控制系统的比较

(1) 从可靠性来看:PLC 的可靠性高于继电-接触器控制系统。

(2) 从适应性和通用性来看:要实现某种控制时,继电-接触器控制电路是通过许多真正的硬继电器和它们之间的连线达到的,控制功能包含在固定线路之中,功能专一,系统扩充必须变更硬接线,故灵活性较差。而 PLC 采用软件编制程序来完成控制任务,编程时所用到的继电器为内部软继电器(理论上讲,其触点数量无限,使用次数任意),外部只需在端子上接入相应的输入/输出信号即可。系统在 I/O 点数及内存容量允许范围内,可自由扩充,并且可用编程器在线或离线修改程序,以适应系统控制要求的改变。因此,同一台 PLC 不改变硬件,仅改变软件,就可适应各种控制,故通用性强。

(3) 从控制速度来看:继电-接触器控制逻辑依靠触点的机械动作实现控制,触点的开关动作一般在几十毫秒数量级,另外机械触点还会出现抖动问题,故工作频率低。而 PLC 是由程序中的指令控制半导体电路来实现控制,一般一条用户指令的执行时间在微秒数量级,故速度较快。PLC 内部还有严格的同步控制,故不会出现抖动问题。

(4) 从工作方式来看:继电-接触器控制系统是并行的,也就是说,只要接通电源,整个系统处于带电状态,该闭合的触点都同时闭合,不该闭合的触点都因受某种条件限制而不能闭合。PLC 控制系统是串行的,各软继电器处于周期性循环扫描中,受同一条件制约的软继电器的动作顺序决定于扫描顺序,同它们在梯形图中的位置有关。新一代 PLC 除具有远程通信联网功能以及易与计算机接口实现群控外,还可通过附加高性能模块对模拟量进行处理,从而实现各种复杂的控制功能,这些对于布线逻辑的硬继电器控制系统是无法办到的。

(5) 从价格来看:继电-接触器控制逻辑使用机械开关、继电器和接触器,价格较便宜。PLC 采用大规模集成电路,价格相对较高。一般认为在少于 10 个继电器的装置中,继电-接触器控制系统比较经济;在需要 10 个以上继电器的场合,或控制 4 台以上电动机时,使用 PLC 比较经济。

从上面的比较可知,PLC 在性能上比继电-接触器控制逻辑优异,特别是可靠性高、设计施工周期短、调试修改方便,且体积小、功耗低、使用维护方便,但价格高于继电-接触器控制。

2. PLC 与微型计算机控制系统的比较

PLC 虽然采用了计算机技术和微处理器,但它与计算机相比又具有明显的不同。主要表现在以下几方面:

(1) 从应用范围来看:微型计算机除用在控制领域之外,还大量用于科学计算、数据处理、计算机通信等方面;而 PLC 主要用于工业控制。

(2) 从工作环境来看:微型计算机对工作环境要求较高,一般要在干扰小、且具有一定温度和湿度要求的室内使用;而 PLC 是专为适应工业控制的恶劣环境而设计的,适用于工程现场的环境。

(3) 从编程语言来看:微型计算机具有丰富的程序设计语言,其语法关系复杂,要求使用者必须具有一定水平的计算机软硬件知识;而 PLC 采用面向控制过程的逻辑语言,以继电器逻辑梯形图为表达方式,形象直观、编程操作简单,可在较短时间内掌握它的使用方法和编程技巧。

(4) 从工作方式来看:微型计算机一般采用等待命令方式,运算和响应速度快;PLC 采用循环扫描的工作方式,其输入/输出存在响应滞后,速度较慢。对于快速系统,PLC 的使用受扫描速度的限制。另外,PLC 一般采用模块化结构,可针对不同的对象和控制需要进行组合和扩展,与微型计算机相比,PLC 具有很大的灵活性和很好的性能价格比,维修更简便。

(5) 从价格来看:微型计算机是通用机,功能完备,故价格较高;而 PLC 是专用机,功能较少,价格相对较低。

从以上几个方面的比较可知,PLC 是一种用于工业自动化控制的专用微型计算机控制系统,结构简单,抗干扰能力强,易于学习和掌握,价格也比一般的微型计算机便宜。在同一系统中,一般 PLC 集中在功能控制方面,而微型计算机作为上位机集中在信息处理和 PLC 网络的通信管理上,两者相辅相成。

3. PLC 与单片机控制系统的比较

单片机具有结构简单、使用方便、价格便宜等优点,一般用于数字采集和工业控制。而 PLC 是专门为工业现场的自动化控制而设计的,因此与单片机控制系统相比有以下几点不同:

(1) 从使用者学习掌握的角度来看:单片机的编程语言一般采用汇编语言或单片机 C 语言,这就要求设计人员具备一定的计算机硬件和软件知识,对于只熟悉机电控制的技术人员来说,需要学习相当一段时间才能掌握。

PLC 虽然本质上是一种微机系统,但它提供给用户使用的是机电控制人员所熟悉的梯形图语言,使用的术语仍然是"继电器"一类的术语,大部分指令与继电器触点的串、并联相对应,这就使得熟悉机电控制的工程技术人员一目了然。对于使用者来说,不必去关心微机的一些技术问题,只需用较短时间去熟悉 PLC 的指令系统及操作方法,就能应用到工程现场。

(2) 从使用简单程度来看:单片机用来实现自动控制时,一般要在输入/输出接口上做大量的工作。例如,要考虑现场与单片机的连接、接口的扩展、输入/输出信号的处理、接口工作方式等问题,除了要设计控制程序外,还要在单片机的外围做很多软件和硬件方面的工作,系统的调试也比较麻烦。而 PLC 的 I/O 口已经做好,输入接口可以与输入信号直接连线,非常方便,输出接口具有一定的驱动能力。

(3) 从可靠性来看:用单片机实现工业控制,突出的问题是抗干扰性能差。而 PLC 是专门应用于工程现场的自动控制装置,在系统硬件和软件上都采取了抗干扰措施。例如,光电耦合、自诊断、多个 CPU 并行操作等,故 PLC 系统的可靠性较高。

但 PLC 在数据采集、数据处理等方面不如单片机。总之,PLC 用于控制,稳定可靠,抗干扰能力强,使用方便,但单片机的通用性和适应性较强。

从以上的比较可以看出:在使用范围上,PLC 是专用机,微型计算机是通用机;从工业控制角度来说,PLC 是控制通用机,而微型计算机是可以做成某一控制设备的专用机;从更长远来看,由于 PLC 的功能不断增强,更多地采用微型计算机技术,而微型计算机也为了适应用户的需要,变得更耐用、更易维护。这样两者相互渗透,两者间的界限变得越来越模糊,两者将长期共存,各有所长,共同发展。

4. PLC 资料与软件的下载

目前,国际上生产可编程控制器的厂家大多具有专业网站,可提供相关技术支持与讨论,并可从网站中下载一些免费资料和软件。三菱电机公司的 PLC 资料可在其工控网站 WWW. meau. corn 下载。三菱电机自动化(中国)有限公司的网址:http://www. mitsubishielectric-automation. cn。

八、思考与练习

1. 选择题

(1) 第一台 PLC 产生的时间是(　　)。

A. 1967 年　　B. 1968 年　　C. 1969 年　　D. 1970 年

(2) PLC 控制系统能取代继电-接触器控制系统的(　　)部分。

A. 整体　B. 主电路　C. 接触器　D. 控制电路

(3) 在 PLC 中，程序指令是按“步”存放的，如果程序为 8 000 步，则需要存储单元(　　)k 字节。

A. 8　B. 16　C. 4　D. 2

(4) 一般情况下对 PLC 进行分类时，I/O 点数大于(　　)点时，可以看作大型 PLC。

A. 128　B. 256　C. 512　D. 2 048

(5) 对以下四个控制选项进行比较，选择 PLC 控制会更经济更有优势的是(　　)。

A. 4 台电动机　B. 6 台电动机

C. 10 台电动机　D. 10 台以上电动机

2. 简答题

(1) 可编程控制器的定义是什么?

(2) PLC 是如何分类的?

(3) PLC 有哪些主要特点?

(4) PLC 有哪些主要技术指标?

(5) PLC 与继电-接触器控制比较有哪些优点?

(6) PLC 与微型计算机控制比较有哪些优点?

项目二　PLC 的硬件组成

【项目目标】

1. 掌握 PLC 的基本结构。
2. 掌握 PLC 的工作原理。
3. 了解三菱 FX_{2N}系列 PLC 的硬件配置。

一、PLC 的基本结构

PLC 是一种适用于工业级控制的专用电子计算机，采用了典型的计算机结构，硬件系统结构如图 1.2.1 所示。PLC 的硬件主要由中央处理器（CPU）、存储器、输入/输出接口、通信接口、扩展接口和电源等部分组成。其中，CPU 是 PLC 的核心，输入/输出接口是连接现场输入/输出设备与 CPU 之间的接口电路，通信接口用于与编程器、上位微机等外设连接。

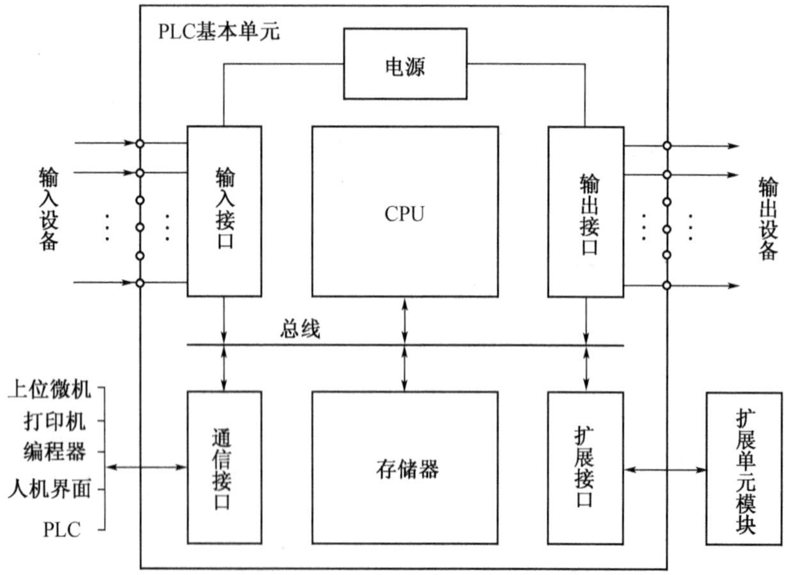

图 1.2.1　PLC 的硬件系统结构

1. 中央处理器 CPU

CPU 是整个 PLC 的核心，与微机一样，CPU 在整个 PLC 控制系统中的作用就像人的大脑一样，是一个控制指挥的中心。在PLC中，CPU是按照固化在ROM中的系统程序所设计的功能来工作的，它能监测和诊断电源、内部电路工作状态以及用户程序中的语法错误，并按照扫描方式执行用户程序。它的执行过程如下：

(1) 取样外部输入信号送入输入映像存储器中存储起来。

(2) 按存储的先后顺序取出用户指令，进行编译。

(3) 完成用户指令规定的各种操作。

(4) 将输出映像存储器中的结果送到输出端子。

(5) 响应各种外围设备(如编程器、打印机等)的请求。

目前，小型PLC为单CPU系统，而中、大型PLC则大多为双CPU系统，甚至有些PLC中多达8个CPU。对于双CPU系统，其中一个CPU多为字处理器，一般采用8位或16位处理器；另一个CPU多为位处理器，采用由各厂家设计制造的专用芯片。字处理器为主处理器，用于执行编程器接口功能，监视内部定时器，监视扫描时间，处理字节指令以及对系统总线和位处理器进行控制等。位处理器为从处理器，主要用于处理位操作指令和实现PLC编程语言向机器语言的转换。位处理器的使用，提高了PLC的速度，使PLC更好地满足实时控制的要求。

2. 存储器

PLC的存储器分为系统存储器和用户存储器，提供PLC运行的平台。

系统存储器用来存放系统管理程序，完成系统诊断、命令解释、功能子程序调用管理、逻辑运算、通信及各种参数设定等功能。其内容由生产厂家固化到ROM、PROM或EPROM中，用户不能修改。

用户存储器用来存放用户编制的梯形图程序或用户数据，一般由RAM、EPROM、EEPROM构成。RAM是随机存取存储器，它工作速度高、价格低、改写方便，为防止掉电时信息的丢失，常用高效的锂电池作后备电源。

由于系统程序及工作数据与用户无直接联系，所以在PLC产品样本或使用手册中所列存储器的形式及容量是指用户存储器。当PLC提供的用户存储器容量不够用时，PLC增加内部为EPROM和EEPROM的存储器扩充卡盒，来实现存储器的扩展。

3. 输入/输出接口电路

输入/输出接口就是将PLC与现场各种输入/输出设备连接起来的部件。PLC应用于工业现场，要求其输入接口能将现场的输入信号转换成微处理器能接收的信号，且最大限度地排除干扰信号，提高可靠性；输出接口能将微处理器送出的弱电信号放大成强电信号，以驱动各种负载。因此，PLC采用了专门设计的输入/输出接口电路。常用的输入/输出接口电路如图1.2.2所示。

(1) 输入接口电路

输入接口电路一般由光电耦合电路和微电脑输入接口电路组成。

采用光电耦合电路实现了现场输入信号与CPU电路的电气隔离，增强了PLC内部与外部电路不同电压之间的电气安全，同时通过电阻分压及RC滤波电路，可滤掉输入信号的高频抖动和降低干扰噪声，提高PLC输入信号的抗干扰能力。图1.2.2(a)所示为直流输入的接口电路。

(2) 输出接口电路

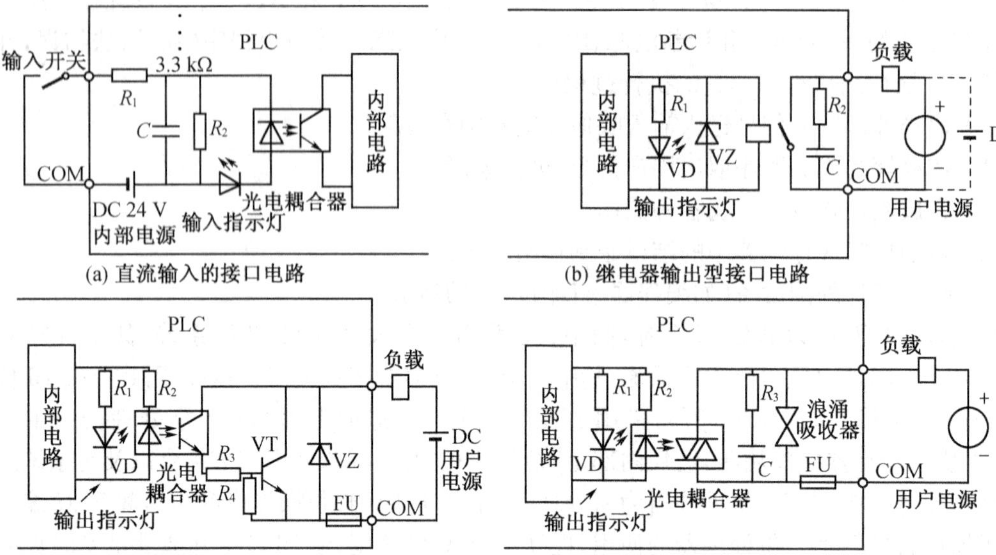

(a) 直流输入的接口电路　(b) 继电器输出型接口电路
(c) 晶体管输出型接口电路　(d) 晶闸管输出型接口电路

图 1.2.2　常用的 PLC 接口电路

输出接口电路一般由 CPU 输出电路和功率放大电路组成。

CPU 输出接口电路同样采用了光电耦合电路,使 PLC 内部电路在电气上完全与外部控制设备隔离,有效地防止了现场的强电干扰,以保证 PLC 能在恶劣的环境下可靠地工作。

功率放大电路是为了适应工业控制的要求,将 CPU 输出的信号加以放大,用于驱动不同动作频率和功率要求的外部设备。PLC 的输出电路一般有三种输出类型,即继电器输出(图 1.2.2(b))、晶体管输出(图 1.2.2(c))和晶闸管输出(图 1.2.2(d))。其中:继电器输出型为有触点输出方式,可用于接通或断开开关频率较低的大功率直流负载或交流负载电路,负载电流约为 2 A(AC 220 V)。晶体管输出型和晶闸管输出型为无触点输出方式,开关动作快、寿命长,可用于接通和断开开关频率较高的负载电路。晶闸管输出型常用于带交流电源的大功率负载,负载电流约为 1 A(AC 220 V)。晶体管输出型则用于带直流电源的小功率负载,负载电流约为 0.5 A(DC 30 V)。

4. 电源

PLC 配有开关电源,以供内部电路使用。与普通电源相比,PLC 电源的稳定性好、抗干扰能力强。对电网提供的电源稳定度要求不高,一般允许电源电压在其额定值±15%的范围内波动。许多 PLC 还向外提供直流 24 V 稳压电源,用于对外部传感器供电。

5. 其他接口电路

通信接口电路,PLC 通过这些通信接口可与打印机、监视器、其他 PLC、计算机等设备实现通信。PLC 与打印机连接,可将过程信息、系统参数等输出打印;与监视器连接,可将控制过程的图像显示出来;与其他 PLC 连接,可组成多机系统或连成网络,实现更大规模控制;与计算机连接,可组成多级分布式控制系统,实现控制与管理相结合。远程 I/O 系统也必须配备相应的通信接口模块。

扩展接口电路是 PLC 基本单元模块与其他功能模块连接的接口,以扩展 PLC 的控制功能。常用的 PLC 的扩展接口有 I/O(输入/输出)模块、高速计数模块、闭环控制模块、运动控制模块、中断控制模块等。

二、PLC 的工作原理

1. PLC 的工作方式

PLC 是采用“顺序扫描，不断循环”的方式进行工作的，即在 PLC 运行时，CPU 根据用户按控制要求编制好并存于用户存储器中的程序，按指令步序号(或地址号)做周期性循环扫描，如无跳转指令，则从第一条指令开始逐条顺序执行用户程序，直至程序结束。然后重新返回第一条指令，开始下一轮扫描。在每次扫描过程中，还要完成对输入信号的取样和对输出状态的刷新等工作。用户程序的执行可分为自诊断、通信服务、输入处理、程序执行及输出处理五个阶段，如图 1.2.3 所示。

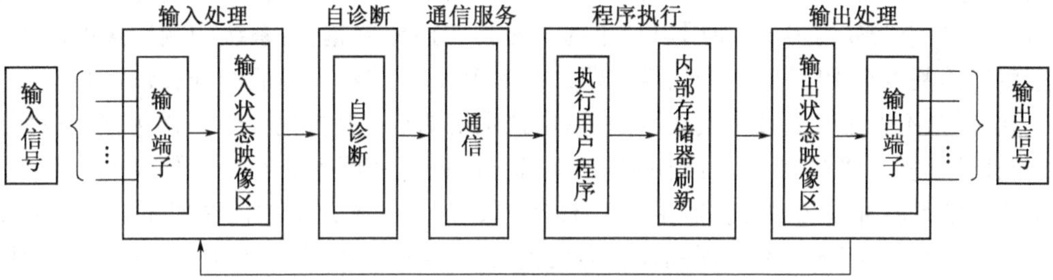

图 1.2.3　PLC 循环扫描示意图

(1) 自诊断

每次扫描用户程序之前，都先执行故障自诊断程序。自诊断部件包括 I/O 部分、存储器、CPU 等，并且通过 CPU 设置定时器来监视每次扫描是否超过规定的时间，发现异常停机，显示出错。若自诊断正常，继续向下扫描。

(2) 通信服务

PLC 检查是否有与编程器、计算机等的通信要求，若有，则进行相应处理。

(3) 输入处理

输入处理又称输入刷新。PLC 在输入刷新阶段，首先以扫描方式按顺序从输入锁存器中读入所有输入端子的状态或数据，并将其存入内存中为其专门开辟的暂存区——输入状态映像区中，这一过程称为输入取样或输入刷新。随后关闭输入端口，进入程序执行阶段。在程序执行阶段，即使输入端状态有变化，输入状态映像区中的内容也不会改变。变化了的输入信号的状态只能在下一个扫描周期的输入刷新阶段被读入。

(4) 程序执行

PLC 在程序执行阶段，按用户程序顺序扫描执行每条指令，从输入状态映像区中读取输入信号的状态，经过相应的运算处理后，将结果写入输出状态映像区。程序执行时 CPU 并不直接处理外部输入/输出接口中的信号。

(5) 输出处理

输出处理又称输出刷新。同输入状态映像区一样，PLC 内存中也有一块专门的区域称为输出状态映像区。当程序所有指令执行完毕时,输出状态映像区中所有输出继电器的状态在 CPU 的控制下被一次集中送至输出锁存储器中,并通过一定输出方式输出,推动外部相应执行元件工作,这就是 PLC 的输出刷新阶段。

可以看出,PLC 在一个扫描周期内,对输入状态的扫描只是在输入取样阶段进行,对输出赋的值也只有在输出刷新阶段才能被送出,而在程序执行阶段输入/输出被封锁,这种方式称为"集中取样、集中输出"。

2. *扫描周期*

扫描周期,即完成一次扫描(I/O 刷新、程序执行和监视服务)所需时间。由 PLC 的工作过程可知,一个完整的循环扫描周期 T 应为

$$T = (\text{读入 1 点的时间} \times \text{输入点数}) + (\text{运算速度} \times \text{程序步数}) + (\text{输出 1 点的时间} \times \text{输出点数}) + \text{监视服务时间。}$$

扫描周期的长短主要取决于三个因素:(1) CPU 执行指令的速度;(2) 每条指令占用的时间;(3) 执行指令条数的多少,即用户程序的长短。扫描周期越长,系统的响应速度越慢。现在厂家生产的基本型 PLC 的一个扫描周期大约为 10 ms,这对于一般的开关量控制系统来说是完全允许的,不但不会造成影响,反而可以增强系统的抗干扰能力。这是因为输入取样仅在输入刷新阶段进行,PLC 在一个工作周期的大部分时间里实际上是与外设隔离的。而工业现场的干扰常常是脉冲式的、短时的,由于系统响应较慢,往往要几个扫描周期才响应一次,而多次扫描后,因瞬间干扰而引起的误动作将会大大减少,从而提高了系统的抗干扰能力。但是对于控制时间要求较严格、响应速度要求较快的系统,就需要精心编制程序,必要时采取一些特殊功能,以减少因扫描周期长造成响应滞后的不良影响。

总之,采用循环扫描的工作方式,是 PLC 区别于微机和其他控制设备的最大特点,在学习时应充分注意。通过循环扫描工作方式,有效地实现输入信号的延时滤波作用,提高了 PLC 的抗干扰能力,同时要求输入信号的接通时间至少要保持一个扫描周期以上。

三、三菱 FX_{2N} 系列 PLC 的硬件配置

FX_{2N} 系列 PLC 是三菱公司 20 世纪 90 年代在 FX 系列 PLC 的基础上推出的新型产品,该机型是一种小型化、高速度、高性能、各方面都相当于 FX 系列中最高档次的小型 PLC,它的基本指令执行时间为 0.08 μs/指令,内置的程序存储器为 8k 步,可扩展到 16k 步,最大可扩展到 256 个 I/O 点,具有丰富的功能指令和强大的通信能力。FX_{2N} 系列 PLC 产品可分为基本单元、I/O 扩展单元、I/O 扩展模块及特殊模块等不同功能的模块式结构,这些模块按照一定的规则连接在一起可以实现不同的控制要求。

1. *FX_{2N} 系列基本单元*

基本单元包括 CPU、存储器、输入/输出接口及电源等,是 PLC 的主要部分,每个 PLC 控制系统中必须至少具有一个基本单元。

FX_{2N} 系列 PLC 左侧可以连接 1 个特殊功能扩展板,右侧可以连接最多 8 个 I/O 扩展单元和模块,模块编号为 N0.0～N0.7。可扩展连接的最大输入/输出点数各为 184 点,但合计输入/输出点数应在 256 点以内。对于不同的 PLC 型号,其扩展 I/O 点数不同,应区别对待。

图1.2.4为FX_{2N}系列PLC基本单元与扩展及功能模块连接示意图。

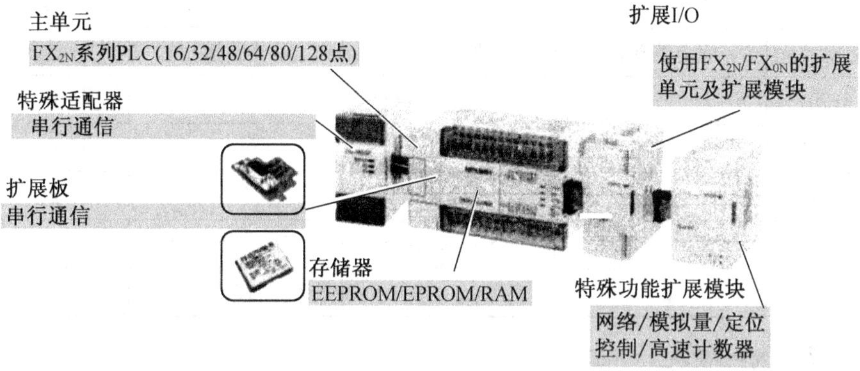

图1.2.4　FX_{2N}系列PLC基本单元与扩展及功能模块连接示意图

FX_{2N}系列基本单元的种类共有17种，如表1.2.1所示。

表1.2.1　FX_{2N}系列基本单元的种类

型号(AC电源 DC电源)			输入点数(DC 24 V)	输出点数(R,T)
继电器输出	晶闸管输出	晶体管输出		
FX_{2N}-16MR-001	FX_{2N}-16MS-001	FX_{2N}-16MT-001	8点	8点
FX_{2N}-32MR-001	FX_{2N}-32MS-001	FX_{2N}-32MT-001	16点	16点
FX_{2N}-48MR-001	FX_{2N}-48MS-001	FX_{2N}-48MT-001	24点	24点
FX_{2N}-64MR-001	FX_{2N}-64MS-001	FX_{2N}-64MT-001	32点	32点
FX_{2N}-80MR-001	FX_{2N}-80MS-001	FX_{2N}-80MT-001	40点	40点
FX_{2N}-128MR-001	—	FX_{2N}-128MT-001	64点	64点

2. FX_{2N}系列扩展单元

扩展单元是用于增加I/O点数或改变I/O点数比例的装置，扩展单元内有电源，内部没有CPU，只能和基本单元一起使用。FX_{2N}系列扩展单元的种类共有5种，如表1.2.2所示。

表1.2.2　FX_{2N}系列扩展单元的种类

型号(AC电源 DC电源)			输入点数(DC 24 V)	输出点数(R,T)
继电器输出	晶闸管输出	晶体管输出		
FX_{2N}-32ER	FX_{2N}-32ES	FX_{2N}-32ET	16点	16点
FX_{2N}-48ER	—	FX_{2N}-48ET	24点	24点

3. FX_{2N}系列扩展模块

扩展模块也是用于增加I/O点数或改变I/O点数比例的装置，扩展模块没有电源，内部没有CPU，只能和基本单元一起使用。扩展模块与扩展单元唯一不同的地方是扩展单元内有电源，两者都是用于扩展基本单元的I/O数量。FX_{2N}系列扩展模块的种类共有7种，如表1.2.3所示。

表 1.2.3 FX_{2N}系列扩展模块的种类

型号				输入点数(DC 24 V)	输出点数(R,T)
输入	继电器输出	晶闸管输出	晶体管输出		
FX_{2N}-16EX	—	—	—	16 点	—
FX_{2N}-16EX-C	—	—	—	16 点	—
FX_{2N}-16EXL-C	—	—	—	16 点	—
—	FX_{2N}-16EYR	FX_{2N}-16EYS	FX_{2N}-16EYT	—	16 点
—	—		FX_{2N}-16EYT-C	—	16 点

4. FX_{2N}系列特殊模块

特殊模块是具有专门用途的装置,常用的特殊模块有位置扩展模块、模拟量控制模块、计算机通信模块等。FX_{2N}系列特殊功能模块的种类如表 1.2.4 所示。

表 1.2.4 FX_{2N}系列特殊功能模块

分类	型号	名称	占用点数	耗电量
特殊功能扩展板	FX_{2N}-8AV-BD	容量适配器	—	20 mA
	FX_{2N}-232-BD	RS232 通信板	—	20 mA
	FX_{2N}-422-BD	RS422 通信板	—	60 mA
	FX_{2N}-485-BD	RS485 通信板	—	60 mA
	FX_{2N}-CNV-BD	FX_{0N}用适配器连接板	—	—
模拟量控制模块	FX_{0N}-3A	2CH 模拟输入,1CH 模拟输出	8	30 mA
	FX_{2N}-2AD	2CH 模数转换模块	8	30 mA
	FX_{2N}-4AD	4CH 模数转换模块	8	30 mA
	FX_{2N}-2AD-PT	2CH 温度传感器输入模块	8	30 mA
	FX_{2N}-4AD-PT	4CH 温度传感器输入模块	8	30 mA
	FX_{2N}-4AD-TC	4CH 热电偶传感器输入模块	8	30 mA
	FX_{2N}-2DA	2CH 数模转换模块	8	30 mA
	FX_{2N}-4DA	4CH 数模转换模块	8	30 mA
高速计数及脉冲输出模块	FX_{2N}-1HC	50 kHz 两相调整计数器	8	90 mA
	FX_{2N}-1PG	100 kps 脉冲输出模块	8	55 mA
位置定位模块	FX_{2N}-1GM	定位脉冲输出单元(1 轴)	8	自给
	FX_{2N}-10GM	定位脉冲输出单元(1 轴)	8	自给
	FX_{2N}-20GM	定位脉冲输出单元(2 轴)	8	自给
计算机通信模块	FX_{2N}-232IF	RS232C 通信接口	8	40 mA

四、思考与练习

1. 填空题

(1) PLC的基本结构由________、________、________、________、________组成。

(2) PLC的存储器包括________和________。

(3) PLC采用________的工作方式，是PLC区别于微机的最大特点。一个扫描周期可分为________、________、________、________、________。

(4) PLC是专为工业控制设计的，为了提高其抗干扰能力，输入/输出接口电路均采用________电路；输出接口电路有________、________、________三种输出方式，以适用于不同负载的控制要求。其中高速、大功率的交流负载，应选用________输出接口电路。

(5) PLC的“扫描速度”一般指________的时间，其单位为________。

(6) PLC的“存储容量”实际是指________的内存容量，它一般和________成正比。

(7) 主控模块可实现________功能，功能模块的配置则可实现一些________功能。因此，它的配置反映了PLC的功能强弱，是衡量PLC产品档次高低的一个重要标志。

2. 选择题

(1) (　　)是PLC的核心。

A. CPU　　B. 存储器

C. 输入/输出部分　　D. 通信接口电路

(2) 用户设备需输入PLC的各种控制信号，通过(　　)将这些信号转换成中央处理器接受和处理的信号。

A. CPU　　B. 输出接口电路

C. 输入接口电路　　D. EEPROM

(3) 扩展模块是为专门增加PLC的控制功能而设计的，一般扩展模块内没有(　　)。

A. CPU　　B. 输出接口电路

C. 输入接口电路　　D. 链接接口电路

(4) PLC每次扫描用户程序之前都可执行(　　)。

A. 与编程器等通信　　B. 自诊断

C. 输入取样　　D. 输出刷新

(5) 在PLC中，可以通过编程器修改或增删的是(　　)。

A. 系统程序　　B. 用户程序

C. 工作程序　　D. 任何程序

项目三　PLC 的软元件

【项目目标】

1. 掌握 FX_{2N}系列 PLC 性能指标。
2. 学会使用 FX_{2N}系列 PLC 内部软元件资源。

一、FX_{2N}系列 PLC 的性能指标

在选择和使用 PLC 时应注意 PLC 的性能指标，这样才能保证其正常工作。FX_{2N}系列 PLC 性能指标如表 1.3.1 所示。

表 1.3.1　FX_{2N}系列 PLC 性能指标

运行控制方式		存储程序反复运算方式(专用 LSI)，中断命令
输入/输出控制方式		批处理方式(执行 END 指令时)，但是有 I/O 刷新指令
程序语言		继电器符号＋步进梯形图方式(可用 SFC 表示)
程序存储器	最大存储容量	16k 步(含注释文件寄存器最大 16k)
	内置存储器容量	8k 步，RAM(内置锂电池后备)
	可选存储卡盒	RAM 8k 步，EEPROM 4k/8k/16k 步，EPROM 8k 步
指令种类	顺控指令	顺控指令 27 条，步进梯形图指令 2 条
	应用指令	128 种，298 个
运算处理速度	基本指令	0.08 μs/指令
	应用指令	1.52 μs/指令～数百微秒/指令
输入输出点数	扩展并用时输入点数	X0～X267　　184 点(八进制编号)
	扩展并用时输出点数	Y0～Y267　　184 点(八进制编号)
	扩展并用时总点数	256 点

（续表）

辅助继电器		① 一般用	M0～M499　500 点
		② 保持用	M500～M1023　524 点
		③ 保持用	M1024～M3071　2 048 点
		特殊用	M8000～M8255　156 点
状态寄存器	初始化	S0～S9　10 点	
	① 一般用	S10～S499　490 点	
	② 保持用	S500～S899　400 点	
	③ 信号用	S900～S999　100 点	
定时器	100 ms	T0～T199　200 点(0.1～3 276.7 s)	
	10 ms	T200～T245　46 点(0.01～327.67 s)	
	③ 1 ms 积算型	T246～T249　4 点(0.001～32.767 s)	
	③ 100 ms 积算型	T250～T255　6 点(0.1～3 276.7 s)	
计数器	① 16 位向上	C0～C99　100 点(0～32 767)	
	② 16 位向上	C100～C199　100 点(0～32 767)	
	① 32 位双向	C200～C219　20 点(－2 147 483 648～＋2 147 483 647)	
	② 32 位双向	C220～C234　15 点(－2 147 483 648～＋2 147 483 647)	
	② 32 位高速双向	C235～C255　6 点	
数据寄存器	① 16 位通用	D0～D199　200 点	
	② 16 位保持用	D200～D511　312 点	
	③ 16 位保持用	D512～D7999　7 488 点	
	16 位保持用	D8000～D8195　106 点	
	16 位保持用	V0～V7,Z0～Z7　16 点	
指针	JAMP,CALL 分支用	P0～P127　128 点	
	输入中断,计时中断	I0～I8　9 点	
	计数中断	I010～I060　6 点	
嵌套	主控	N0～N7　8 点	
常数	十进制(K)	16 位:－32 768～＋32 767 32 位:－2 147 483 648～＋2 147 483 647	
	十六进制(H)	16 位:0～FFFF　32 位:0～FFFFFFFF	

①②分别为非电池后备区和电池后备区,通过参数设置可相互转换;③为电池后备固定区,不可改。

二、FX_{2N}系列 PLC 内部软元件资源

通过前面的讲述知道,可以将 PLC 看成由继电器、定时器、计数器和其他功能模块构成,它与继电器控制的根本区别在于 PLC 采用软元件,通过程序将各元件联系起来实现各种控制功能。FX_{2N}系列 PLC 内部软元件资源即 PLC 的内部寄存器(软元件),从工业控制的角度来看 PLC,可把其内部寄存器看成是不同功能的继电器(即软继电器),由这些软继电器执行指令,从而实现 PLC 的各种控制功能。故在使用 PLC 之前最重要的是先了解 PLC 的内部寄存器及其地址分配情况。

1. 输入继电器(X0～X267)

输入继电器的作用是将外部开关信号或传感器的信号输入到 PLC,供 PLC 编制控制程序使用。输入继电器必须由外部信号驱动,不能用程序驱动,所以在程序中不可能出现其线圈。由于输入继电器(X)为输入映像寄存器中的状态,所以其触点的使用次数不限。

FX_{2N}系列 PLC 的输入继电器以八进制进行编号,FX_{2N}输入继电器的编号范围为 X0～X267(184 点),注意,它与输出继电器的和不能超过 256 点。基本单元输入继电器的编号是固定的,扩展单元和扩展模块是按与基本单元连接的模块开始顺序进行编号。例如:基本单元 FX_{2N}- 64M 的输入继电器编号为 X0～X037(32 点),如果接有扩展单元或扩展模块,则扩展的输入继电器从 X040 开始编号。

在使用三菱 FXGP 编程软件输入梯形图程序或语句表程序时,输入/输出继电器的编号是以三位数的形式出现的。例如:输入 X0 或 X000,会自动转换成 X000 显示;输入 Y0 或 Y000,会自动转换成 Y000 显示,其意义是相同的。

书中梯形图程序和语句表程序会以三位数的形式书写,在语言叙述或 PLC 接线图中会以简化形式书写。

2. 输出继电器(Y0～Y267)

输出继电器的作用是将 PLC 的执行结果向外输出,驱动外部设备(如接触器、电磁阀等)动作。输出继电器必须由 PLC 控制程序执行的结果来驱动。输入/输出继电器有无数个动合/动断触点,在编程时可随意使用。

FX_{2N}系列 PLC 的输出继电器也是八进制编号,其中 FX_{2N}编号范围为 Y0～Y267(184 点)。与输入继电器一样,基本单元的输出继电器编号是固定的,扩展单元和扩展模块的编号也是按与基本单元连接的部分开始顺序进行编号。

在实际使用中,输入/输出继电器的数量要看具体系统的配置情况。

3. 辅助继电器 M

辅助继电器 M 是用软件实现的,其作用与继电-接触器中的中间继电器相似,故又称中间继电器。它们不能接收外部的输入信号,也不能驱动外部输出,只能在 PLC 内部使用。辅助继电器有无数个动合/动断触点,在编程时可随意使用。另外,辅助继电器还具有一些特殊功能。辅助继电器的地址采用十进制编号。

(1) 通用辅助继电器 M0～M499,共 500 点,非保持型。

(2) 断电保持型辅助继电器 M500～M1023,共 524 点,保持型,由锂电池支持。通过参数设定,可以变更为非保持型辅助继电器。

(3) 断电保持型辅助继电器 M1024～M3071,共 2 048 点,固定保持型,不能通过参数设定而改变保持特性。

(4) 特殊辅助继电器 M8000～M8255,共 256 点,通常分为下面两大类:

① 触点利用型的特殊辅助继电器,这些继电器的线圈由 PLC 自行驱动,用户只可以利用其触点。

如:M8000 为运行监控用,PLC 运行时 M8000 接通。

M8002 为仅在运行开始时瞬间接通的初始脉冲继电器。

M8012 为产生 100 ms 时钟脉冲的特殊辅助继电器。

② 线圈驱动型特殊辅助继电器,用户驱动线圈后,PLC 做特定运行。

如:M8030 当锂电池电压跃落时,M8030 动作,指示灯亮,提醒用户及时更换锂电池。

M8033 为 PLC 停止时输出保持特殊辅助继电器。

M8034 为输出全部禁止特殊辅助继电器。

M8039 为定时扫描特殊辅助继电器。

4. 状态器 S

状态器 S 是用于编制顺序控制程序的一种编程元件(状态标志),它与步进指令配合使用。不用步进指令时,与辅助继电器一样,可作为普通的触点/线圈进行编程。

状态器的地址采用十进制编号。

(1) 初始状态继电器 S0～S9,共 10 点。

(2) 回零状态继电器 S10～S19,共 10 点。

(3) 通用状态继电器 S20～S499,共 480 点,没有断电保持功能,但是用程序可以将它们设定为有断电保持功能状态。

(4) 断电保持状态继电器 S500～S899,共 400 点。

(5) 报警用状态器 S900～S999,共 100 点。这 100 个状态器也可用作外部故障诊断输出。辅助继电器是 PLC 中数量最多的一种继电器,一般的辅助继电器与继电-接触器控制系统中的中间继电器相似。

在使用状态器时应注意:

① 状态器与辅助继电器一样有无数个动合/动断触点。

② 状态器不与步进顺控指令 STL 配合使用时,可作为辅助继电器 M 使用。

③ FX_{2N}系列 PLC 可通过程序设定,将 S20～S499 设置为有断电保持功能的状态器。

5. 定时器 T

定时器 T 相当于继电-接触器控制系统中的时间继电器。FX_{2N}系列 PLC 给用户提供最多 256 个定时器,这些定时器为加计数型预置定时器,定时时间按下式计算:

$$定时时间 = 时间脉冲单位 \times 预置值。$$

其中:时间脉冲单位有 1、10 和 100 ms 三种。预置值(设定值)为十进制常数 K,取值范围为 K1～K32767。预置值也可用作数据寄存器(D)的内容进行间接指定。在 PLC 中有两个与定时器有关的存储区,即设定值寄存器和当前值寄存器。

定时器的地址采用十进制编号。

(1) 常规定时器 T0～T245。

100 ms 定时器 T0～T199,共 200 点,定时时间 0.1～3 276.7 s;

10 ms 定时器 T200～T245,共 46 点,定时时间 0.01～327.67 s。

【例 1.3.1】 分析图 1.3.1 所示定时器 T200 应用实例的工作原理。

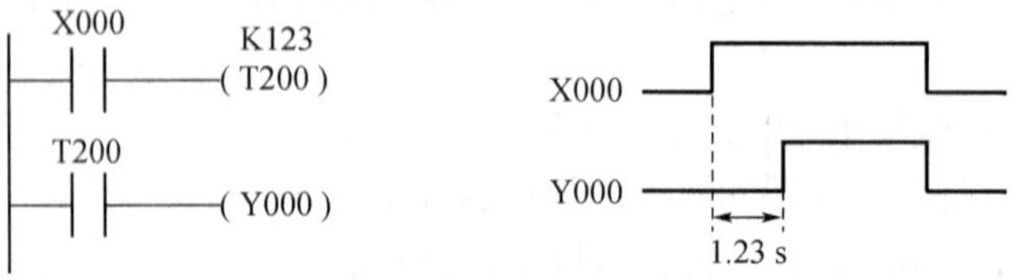

图 1.3.1　常规定时器 T200 应用实例

工作原理:如图 1.3.1 所示,当触发信号 X0 接通时,定时器 T200 开始工作,当前值寄存器对 10 ms 时钟脉冲进行累积计数,当该值与设定值 K123 相等时,定时时间到,定时器触点动作,即动合触点闭合,动断触点断开。触发信号断开,定时器复位,触点恢复常态。

(2) 累积定时器 T246～T255。

1 ms 累积定时器 T246～T249,共 4 点,定时时间 0.001～32.767 s;

100 ms 累积定时器 T250～T255,共 6 点,定时时间 0.1～3 276.7 s。

【例 1.3.2】 分析图 1.3.2 所示定时器 T250 应用实例的工作原理。

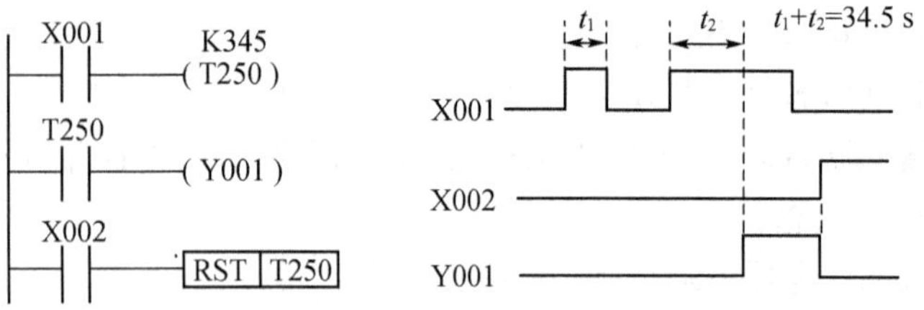

图 1.3.2　累积定时器 T250 应用实例

工作原理:如图 1.3.2 所示,当触发信号 X1 接通时,定时器开始工作,当前值寄存器对 100 ms 时钟脉冲进行累积计数,当该值与设定值相等时,定时时间到,定时器触点动作,即动合触点闭合,动断触点断开。若计数中间触发信号断开,当前值可保持。输入触发信号再接通或复电时,计数继续进行。当复位触发信号 X2 接通时,定时器复位,触点恢复常态。

6. 计数器 C

内部计数器 C 用来对 PLC 的内部映像寄存器(X、Y、M、S)提供的触点信号的上升沿进行计数,这种计数操作是在扫描周期内进行的,因此计数的频率受扫描周期制约,即需要计数的触点信号相邻的两个上升沿的时间必须大于 PLC 的扫描周期,否则将出现计数误差。

(1) 16 位递加计数器:通用型 C0～C99,共 100 点;断电保持型 C100～C199,共 100 点。设定值范围:K1～K32767。

【例 1.3.3】 分析图 1.3.3 所示通用计数器 C0 应用实例的工作原理。

工作原理:如图 1.3.3 所示,当触发信号 X11 每输入一个上升沿脉冲时,C0 当前值寄存器进行累积计数,当该值与设定值相等时,计数器触点动作,即动合触点闭合,同时控制了 Y1 的输出。复位触发信号 X10 接通时,计数器 C0 复位,触点恢复常态,Y1 停止输出。

(2) 32 位加/减计数器:通用型 C200～C219,共 20 点;断电保持型 C220～C234,共 15 点。

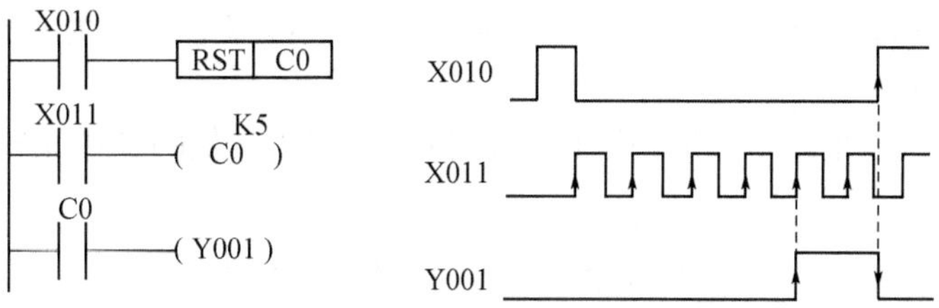

图 1.3.3　通用计数器 C0 应用实例

设定值范围：－K2147483648～＋K2147483647。

32 位双向计数是递加型计数还是递减型计数是由特殊辅助继电器 M8200～M8234 设定的。特殊辅助继电器接通(ON)时，为递减计数；断开(OFF)时，为递加计数。

递加计数时，当计数值达到设定值，触点动作并保持；递减计数时，计数值小于设定值则复位。

(3) 高速计数器：C235～C255，共 21 点。适用于高速计数器的 PLC 的输入端子有 6 点 X0～X5。如果这 6 个端子中的一个被高速计数器占用，则不能用于其他用途。

高速计数器类型：

1 相无启动/复位端子高速计数器 C235～C240；

1 相带启动/复位端子高速计数器 C241～C245；

1 相 2 输入(双向)高速计数器 C246～C250；

2 相输入(A－B 相型)高速计数器 C251～C255。

上面所列计数器均为 32 位递增/减型计数器。表 1.3.2 中列出了各个计数器对应输入端子的名称。

表 1.3.2　高速计数器表(X0、X2、X3：最高 10 kHz；X1、X4、X5：最高 7 kHz)

输入	1 相无启动/复位						1 相带启动/复位					1 相 2 输入(双向)					2 相输入(A－B 相型)				
	C235	C236	C237	C238	C239	C240	C241	C242	C243	C244	C245	C246	C247	C248	C249	C250	C251	C252	C253	C254	C255
X0	U/D						U/D			U/D		U	U		U		A	A		A	
X1		U/D					R			R		D	D		D		B	B		B	
X2			U/D					U/D			U/D		R		R			R		R	
X3				U/D				R			R			U		U			A		A
X4					U/D				U/D					D		D			B		B
X5						U/D			R					R		R			R		R
X6										S					S					S	
X7											S					S					S

注：U—加计数输入；D—减计数输入；A—A 相输入；B—B 相输入；R—复位输入；S—启动输入。

X6 和 X7 也是高速输入，但只能用作启动信号，而不能用于高速计数。不同类型的计数器可同时使用，但它们的输入不能共用。以 1 相无启动/复位高速计数器为例简单介绍。

1 相无启动/复位端子高速计数器 C235～C240，计数方式及触点动作与前述普通 32 位计数器相同。递加计数时，当计数值达到设定值时，触点动作并保持；递减计数时，到达计数值则复位。1 相 1 输入的计数方式取决于其对应标志 M8×××(×××为对应的计数器地址编号)。

【例 1.3.4】 分析图 1.3.4 所示高速计数器 C235 应用实例的工作原理。

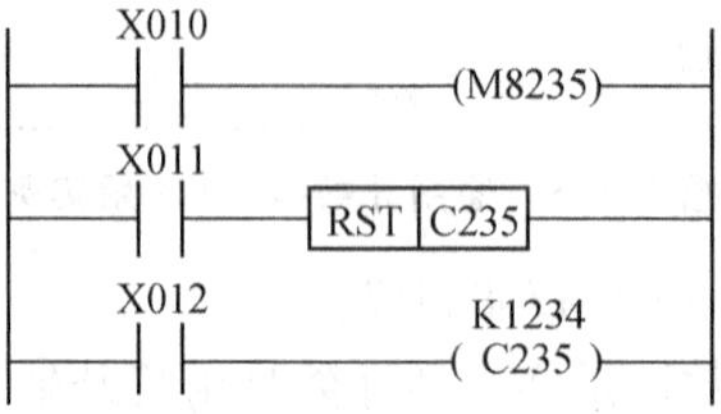

图 1.3.4　高速计数器 C235 应用实例

工作原理：如图 1.3.4 所示，X10 接通，方向标志置位 M8235，计数器 C235 递减计数；反之递加计数。当 X11 接通时，C235 复位。当 X12 接通时，C235 对 X0 输入的脉冲信号计数。

7. 指针与常数

指针(P/I)包括分支和子程序调用的指针(P)和中断用的指针(I)。在梯形图中，指针放在左侧母线的左边。

分支指针 P0～P63，共 64 点。指针作为标号，用来指定条件跳转、子程序调用等分支指令的跳转目标。

中断指针 I0□□～I8□□，共 9 点。分外部中断和内部定时中断：

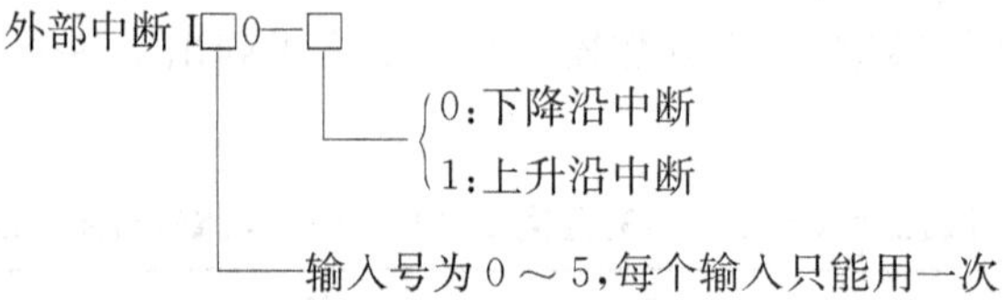

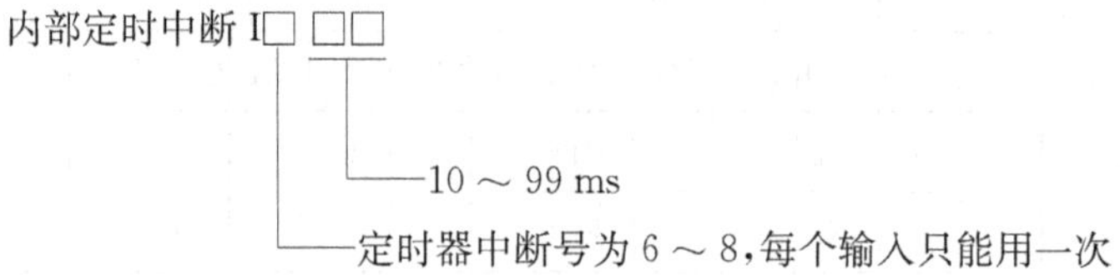

在 PLC 中常数也作为器件对待，它在存储器中占有一定的空间。PLC 最常用的常数有两种：一种是以 K 表示的十进制数，一种是以 H 表示的十六进制数。如：K100 表示十进制的 100；H64 表示十六进制的 64，对应的是十进制的 100。常数一般用于定时器、计数器的设定值或数据操作。

PLC 中的数据全部以二进制表示，最高位是符号位，0 表示正数，1 表示负数。在手持编程器或编程软件中，只能以十进制或十六进制形式进行数据输入或显示。

8. 数据寄存器 D/V/Z

数据寄存器为 16 位，最高位为符号位，可用两个数据寄存器合起来存放 32 位数据，最高位仍为符号位。

(1) 通用数据寄存器 D0～D199，共 200 点。

当 PLC 由运行到停止时，该类寄存器的数据均为 0，但当特殊辅助继电器 M8031 置 1，PLC 由运行转向停止时，数据可以保持。

(2) 断电保持数据寄存器 D200～D511,共 312 点。

(3) 特殊数据寄存器 D8000～D8255,共 256 点。

(4) 文件数据寄存器 D1000～D2999,共 2 000 点。

文件数据寄存器实际上是一类专用数据寄存器,用于存储大量的数据,例如采集数据、统计计算数据、多组控制数据等。500 点为一个单位。

(5) 变址寄存器 V/Z,共 2 点。

V 和 Z 都是 16 位的寄存器,可单独使用,也可合并用作 32 位寄存器,V 为高 16 位,Z 为低 16 位。

三、思考与练习

(1) FX_{2N}系列 PLC 的 X/Y 编号是采用(　　)进制。

A. 十六　　B. 八　　C. 十　　D. 二

(2) FX_{2N}的输出继电器最大可扩展到(　　)点。

A. 256　　B. 40　　C. 184　　D. 128

(3) FX_{2N}的初始化脉冲继电器是(　　)。

A. M8000　　B. M8001　　C. M8002　　D. M8003

(4) FX_{2N}系列 PLC 的定时器 T 的编号是采用(　　)进制。

A. 十　　B. 八　　C. 十六　　D. 二

(5) FX_{2N}系列 PLC 中,S 表示(　　)继电器。

A. 状态　　B. 辅助继电器　　C. 指针　　D. 特殊位

第二篇　FX_{2N}系列 PLC 的基本应用

项目一　电动机单向点动运行控制

【项目目标】

1. 学会使用 FX_{2N}的基本逻辑指令：LD、LDI、AND、ANI、OUT、END。
2. 掌握 PLC 的基本编程方法。
3. 了解 PLC 应用设计的步骤。

一、项目任务

在花园中要安装一个小型喷泉，水泵由一台小功率的三相异步电动机（额定电压 380 V，额定功率 5.5 kW、额定转速 1 378 r/min，额定频率 50 Hz）拖动，为确定电动机旋转方向是否正确，调试时需要对电动机进行点动控制。请思考有多少种方法可以实现电动机单向点动控制运行？会使用 PLC 进行控制吗？

二、项目分析

控制小功率电动机运行的方法有很多种。最简单的是在电动机与供电线路之间用一只刀开关来连接与控制，优点是成本低，缺点是这种方法仅适用于小功率电动机的近距离控制，不适合远距离控制，安全保护比较简单。在工业控制场合基本不采用这种方法，最常用的是由空气断路器、交流接触器、热继电器、按钮构成的控制电路，如图 2.1.1 所示。这种控制电路具有较完善的短路保护和过负荷保护功能。合上空气断路器 QF 后，按下“启动”按钮 SB，电动机运转，喷泉可以喷水；松开按钮 SB，电动机停转，水泵停止工作，其功能是典型的电动机单向点动运行控制。继电器点动控制电路原理图如图 2.1.2 所示，请用 PLC 实现喷泉水泵的点动控制。

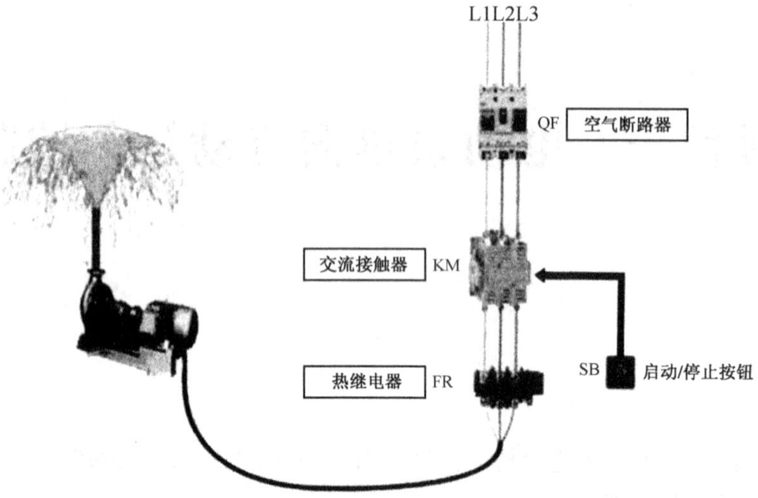

图 2.1.1 喷泉水泵实物电路图

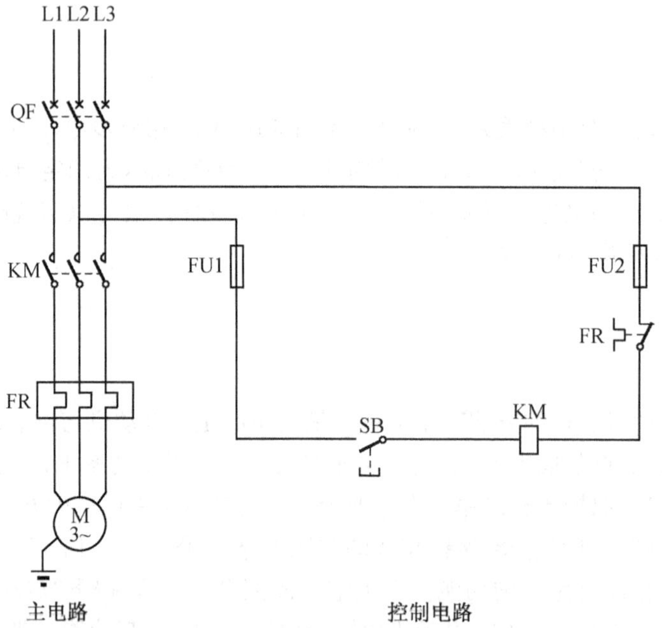

图 2.1.2 喷泉水泵继电-接触器点动控制电路原理图

三、相关指令

以上分析了用继电器实现电动机单向点动控制的工作原理,如果用 PLC 来实现对水泵电动机的点动控制,需要用到 LD、OUT、ANI、END 四条基本指令,LDI、AND 与上述相应指令有一定的关系。下面详细说明以上六条指令的功能,其余指令将在后续的项目中分批讲解。

FX$_{2N}$基本逻辑指令(一)

指令功能如表 2.1.1 所示。

表 2.1.1　基本指令功能表(一)

助记符、名称	功能说明	梯形图表示及可用元件	程序步
LD 取	逻辑运算开始,与主母线连接一动合触点	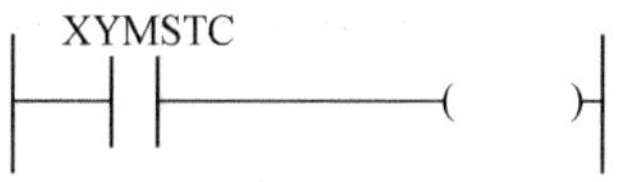	1
LDI 取反	逻辑运算开始,与主母线连接一动断触点	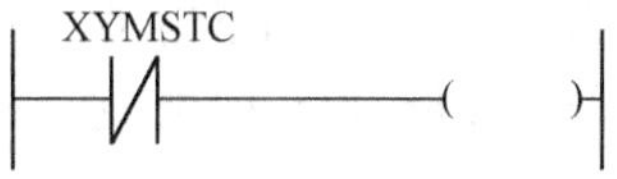	1
AND 与	串联连接动合触点		1
ANI 与非	串联连接动断触点		1
OUT 输出	线圈驱动指令	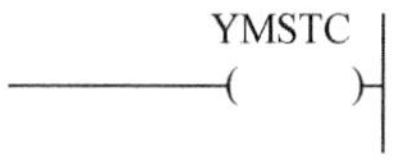	Y,M:1 S,特 M:2 T:3 C:3～5
END 结束	顺控程序结束	顺控程序结束返回到 0 步	0

1. LD、LDI 指令

LD:取指令,表示以动合触点开始一逻辑运算。

LDI:取反指令,表示以动断触点开始一逻辑运算。

操作数范围:LD、LDI 指令适用于所有的继电器,即 X、Y、M、S、T、C 的动合触点。

2. OUT 指令

输出指令,将运算结果输出到指定的继电器线圈。

操作数范围:OUT 指令适用于 Y、M、S、T、C。

特别注意:OUT 指令不能输出控制输入继电器 X,继电器 X 只能由 PLC 外部输入信号控制。

3. ANI、AND 指令

ANI:逻辑与非运算指令,表示串联一动断触点。

AND:逻辑与运算指令,表示串联一动合触点。

操作数范围:X、Y、M、S、T、C。

4. END 指令

程序结束指令。END 指令是一个无操作数的指令。

【例 2.1.1】 分析图 2.1.3 所示梯形图的工作原理。

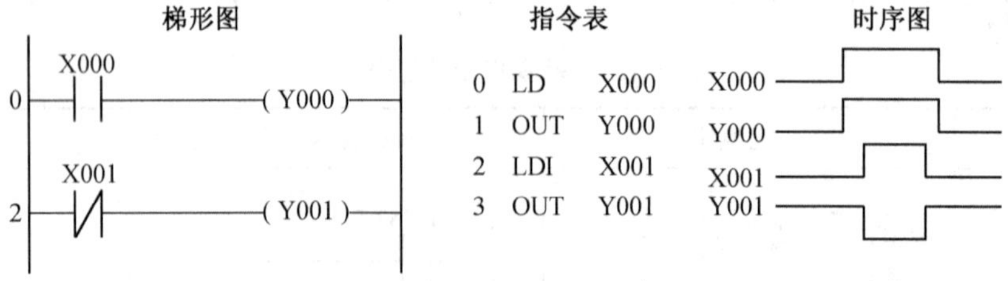

图 2.1.3　例 2.1.1 示意图

工作原理:如图 2.1.3 所示,当继电器 X0 接通时,动合触点 X0 接通,输出继电器 Y0 接通;当继电器 X1 断开时,动断触点 X1 接通,输出继电器 Y1 接通。

四、项目实施

1. 主电路设计

在 PLC 应用设计中应首先考虑主电路的设计,主电路是为电动机提供电能的通路,具有高电压、大电流的特点,主要由空气断路器、交流接触器、热继电器等器件组成,是 PLC 不能取代的。根据主电路中所选用电气元件的数量和类型,可确定 PLC 输入/输出点数。图 2.1.4 所示的主电路采用了 3 个元件(空气断路器、交流接触器、热继电器),可以确定主电路需要的输入/输出点数为 2 点,一个输出接点用来控制交流接触器 KM 的线圈,另一个输入接点是热继电器 FR 的辅助触点。

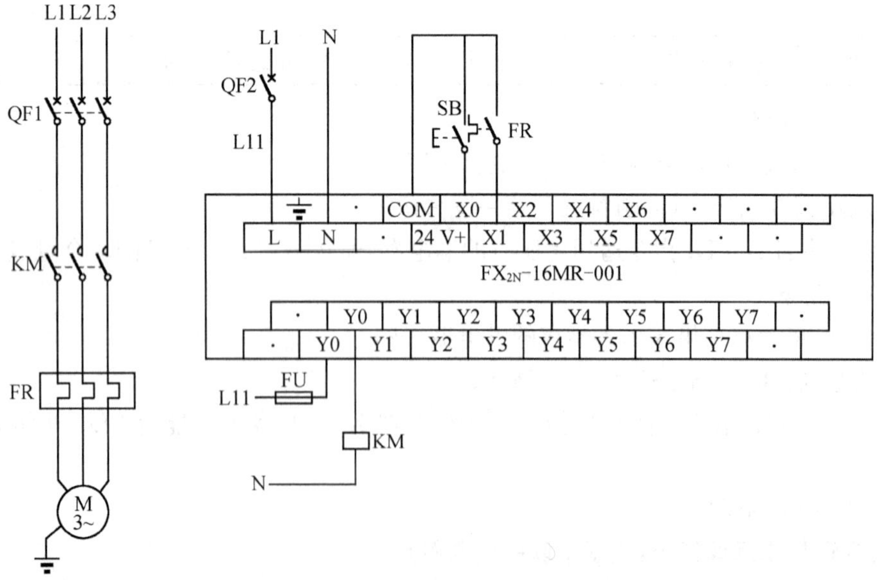

(a) 主电路　　(b) PLC控制电路

图 2.1.4　喷泉 PLC 点动控制原理图

2. 确定 I/O 点总数及地址分配

在第一个步骤中，仅仅确定了主电路中 PLC 所需的 I/O 点数，且每台电动机至少还有一个控制按钮，如图 2.1.4 中所示的按钮开关 SB。在 PLC 控制系统中按钮均是作为输入点，这样整个控制系统总的输入点数为 2 个，输出点数为 1 个。

为了将输入/输出控制元件与 PLC 的输入/输出点一一对应接线，需要对以上 3 个输入/输出点进行地址分配。I/O 地址分配如表 2.1.2 所示。

表 2.1.2　I/O 地址分配表

输入信号			输出信号		
1	X0	按钮 SB	1	Y0	交流接触器 KM
2	X1	热继电器 FR			

3. 控制电路

控制电路就是 PLC 电气原理图，是 PLC 应用设计的重要技术资料。从图 2.1.4 中所示的控制电路中可以看到，各元件的接线符合 PLC 的 I/O 分配情况。

4. 设备材料表

从原理图上可以看出实现电动机点动控制所需的元器件。元器件的选择应该以满足功能要求为原则，否则会造成资源的浪费。例如，进行 PLC 的选型时保留 20%的裕量即可，本项目控制中输入点数应选 2×1.2≈3 点；输出点数应选 1×1.2≈2 点(继电器输出)。通过查找三菱 FX_{2N}系列选型表，选定三菱 FX_{2N}-16MR-001(其中输入 8 点，输出 8 点，继电器输出)。通过查找电气元件选型表，可获得按钮、热继电器、交流接触器、空气断路器等元器件的常用型号。选择的元器件如表 2.1.3 所示。

表 2.1.3　设备材料表

序号	符号	设备名称	型号、规格	单位	数量	备注
1	M	电动机	Y-112M-4　380 V,5.5 kW,1 378 r/min,50 Hz	台	1	
2	PLC	可编程控制器	FX_{2N}-16MR-001	台	1	
3	QF1	空气断路器	DZ47-D25/3P	个	1	
4	QF2	空气断路器	DZ47-D10/1P	个	1	
5	FU	熔断器	RT18-32/6 A	个	1	
6	KM	交流接触器	CJX2(LC1-D)-12　线圈电压 220 V	个	1	
7	SB	按钮	LA39-11	个	1	
8	FR	热继电器	JRS1(LR1)-D09316/10.5 A	个	1	

5. 参考程序

请将图 2.1.5 所示梯形图输入到计算机中，编译后能直接得到图中右侧的语句表程序。当按下外部按钮 SB 时，X0 置位成 ON 状态，Y0 也置位成 ON 状态，外部 KM 吸合，喷泉工作；当松开外部按钮 SB 时，X0 置位成 OFF 状态，Y0 也置位成 OFF 状态，外部 KM 断开，喷泉停止工作。

梯形图

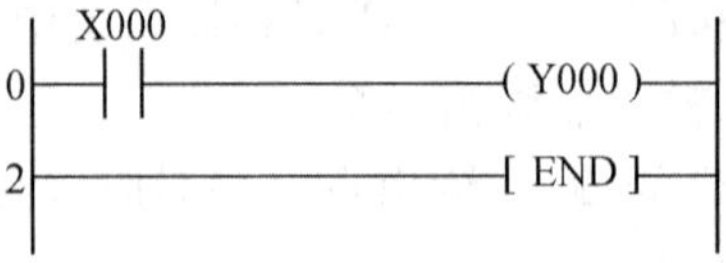

语句表

0 LD X000
1 OUT Y000
2 END

图 2.1.5 点动控制程序 1

图 2.1.6 所示梯形图程序中加入了热继电器的状态条件。当热保护没有过负荷动作时，动断触点 X1 为 ON 状态，操作外部按钮 SB 后控制喷泉工作或停止；当热保护过负荷动作时，动断触点 X1 为 OFF 状态，操作外部按钮 SB 将不能控制喷泉工作或停止。

梯形图

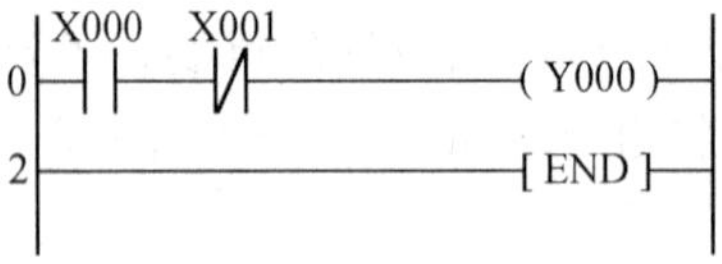

语句表

0 LD X000
1 ANI X001
2 OUT Y000
3 END

图 2.1.6 点动控制程序 2

梯形图程序的执行是对每一个逻辑行进行逻辑运算，运算结果输出给逻辑行最右侧的 PLC 规定的线圈。运算过程遵循从左到右、从上到下原则。从以上两个梯形图程序可以看出两者的差异，程序 1 中 Y000 的动作只与 X0 的输入状态有关，X0 的状态直接输出给 Y0。LD X000 表示开始逻辑运算，因为不存在第二个逻辑状态，结果(X0 的状态)通过 OUT Y000 指令输出给 Y0。

程序 2 中 Y0 与串联在一起的 X0 和 X1 两个输入的状态有关，X0 和 X1 进行逻辑与运算后结果才输出给 Y0。LD X000 表示开始逻辑运算，ANI X001 表示 X1 的动断触点的状态同 X0 进行逻辑与运算，结果：X0、X1 与运算后的结果通过 OUT Y000 指令输出给 Y0。

6. 运行调试

根据 PLC 控制原理图在实验台上连接 PLC 实验装置，检查无误后，将图 2.1.6 所示梯形图下载到 PLC 中，选择程序的监控模式，操作实验装置，观察程序的执行过程和实验结果。

(1) 按下外部按钮 SB，梯形图中 X0 动合触点闭合，观察 Y0 状态的改变。

(2) 松开外部按钮 SB，梯形图中 X0 动合触点断开，观察 Y0 状态的改变。

五、思考与练习

1. 选择题

(1) 动断触点与左母线相连接的指令是(　　)。

A. LDI　　B. LD　　C. AND　　D. OUT

(2) 线圈驱动指令 OUT 不能驱动下面(　　)软元件。

A. X　　B. Y　　C. T　　D. C

(3) 根据梯形图程序(图 2.1.7)，下列选项中语句表程序正确的是(　　)。

图 2.1.7　题(3)示意图

A.		B.		C.		D.	
LD	M0	LD	M0	LDI	M0	LDI	M0
ANI	X002	AND	X002	AND	X002	ANI	X002
AND	X003	ANI	X003	ANI	X003	AND	X003
OUT	Y000	OUT	Y000	OUT	Y000	OUT	Y000

(4) 图 2.1.8 中与下述语句表程序对应的正确梯形图的是(　　)。

0	LDI	X000
1	AND	X001
2	OUT	M0
3	OUT	Y000

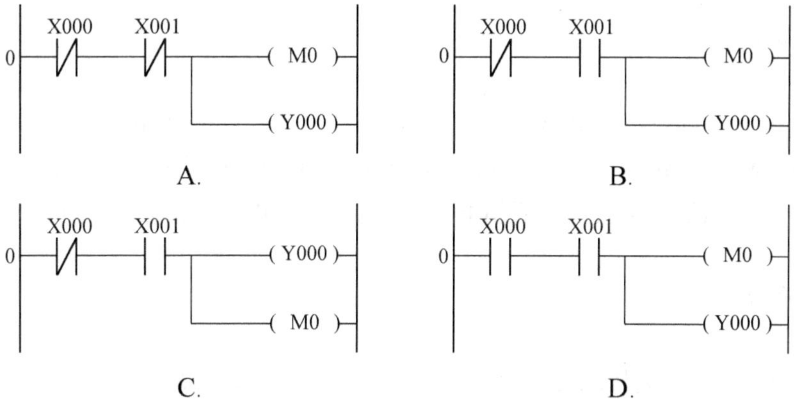

图 2.1.8　题(4)示意图

(5) 有一 PLC 控制系统,已占用了 16 个输入点和 8 个输出点,那么合理的 PLC 型号是(　　)。

A. FX$_{2N}$-16MR　　B. FX$_{2N}$-32MR　　C. FX$_{2N}$-48MR　　D. FX$_{2N}$-64MR

2. *应用拓展*

现有两台小功率(10 kW)的电动机,均采用点动控制方式,两台电动机独立控制,用一个 PLC 设计控制系统。请规范设计,完成主电路、控制电路、I/O 地址分配、PLC 程序及元件选择。

项目二　电动机单向连续运行控制

【项目目标】

1. 学会使用 PLC 的基本逻辑指令:OR、ORI、ANB、ORB、SET、RST。
2. 掌握由继电-接触器控制电路转换成 PLC 程序的方法。
3. 进一步掌握 PLC 应用设计的步骤。

一、项目任务

在花园中要安装一个小型喷泉,水泵是一台小功率的三相异步电动机(额定电压 380 V,额定功率 5.5 kW,额定转速 1 378 r/min,额定频率 50 Hz)。要求按下启动按钮,喷泉连续喷涌;按下停止按钮,喷泉停止喷水。请用 PLC 实现水泵的单向连续运行控制。

二、项目分析

采用空气断路器、交流接触器、热继电器和一只控制按钮,实现了对于小功率电动机的单向点动控制。要实现电动机单向连续运行,需要采用两只控制按钮及使用交流接触器的自保持功能,如图 2.2.1 所示。继电-接触器控制电路工作原理如图 2.2.2 所示,合上空气断路器

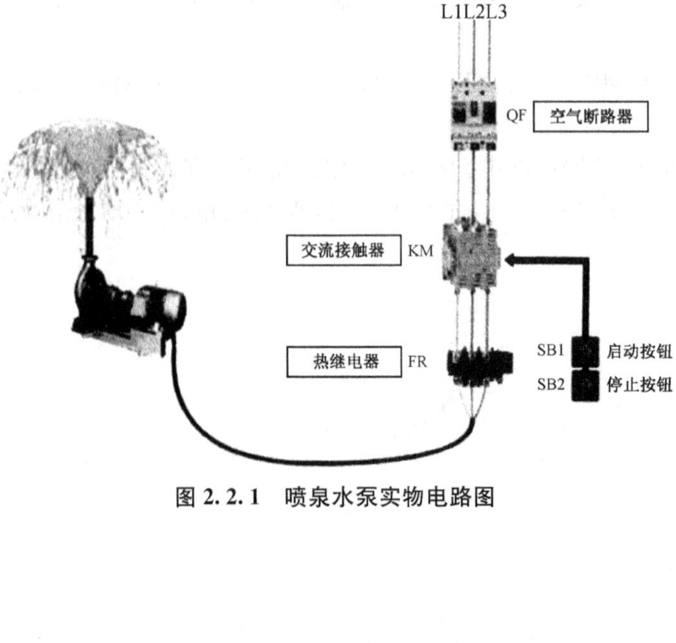

图 2.2.1　喷泉水泵实物电路图

QF 后，按下启动按钮 SB1，KM 得电吸合，电动机运行；松开按钮 SB1，因在启动按钮两端并联了交流接触器 KM 的动合触点，为 KM 导通提供了另一条供电通路，从而实现了控制电路的自保持，电动机可以保持连续运行；按下停止按钮 SB2，KM 失电断开，电动机停止运行。这是典型的电动机单向连续运行控制电路。

请用 PLC 实现小型喷泉的连续喷涌控制。

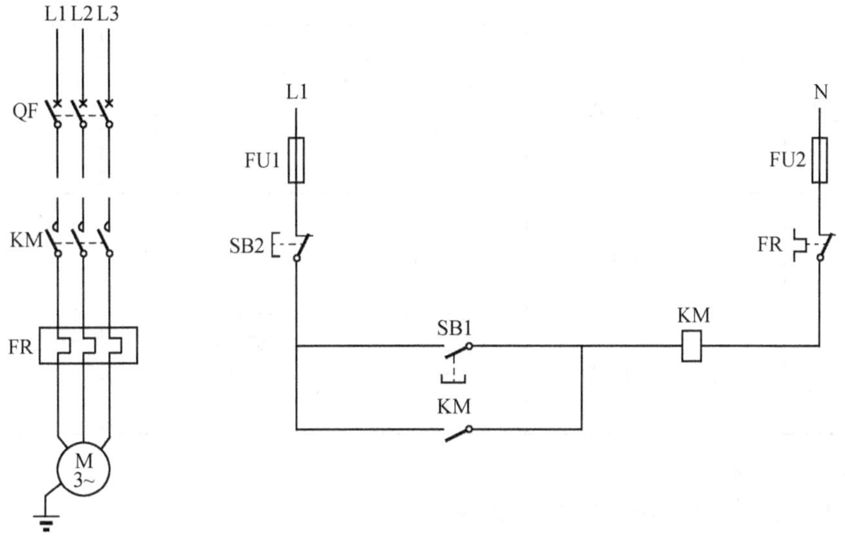

(a) 主电路　　(b) 控制电路

图 2.2.2　水泵连续运行继电-接触器控制图

三、相关指令

FX_{2N}基本逻辑指令（二）

触点的并联及电路块的串并联指令功能如表 2.2.1 所示。

表 2.2.1　基本指令功能表（二）

助记符、名称	功能说明	梯形图表示及可用元件	程序步
OR 或	并联连接动合触点	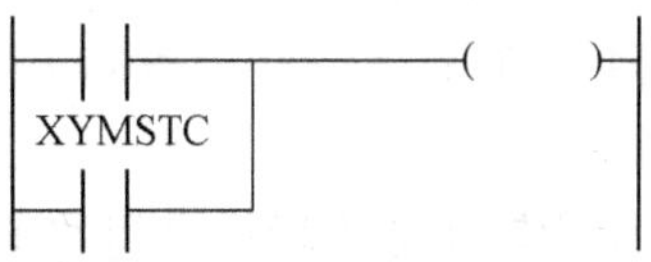	1
ORI 或非	并联连接动断触点	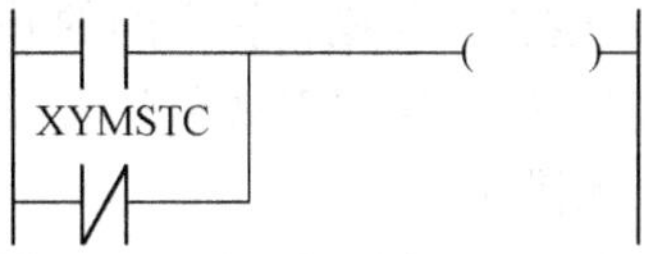	1

(续表)

助记符、名称	功能说明	梯形图表示及可用元件	程序步
ANB 电路块与	并联电路块的串联连接	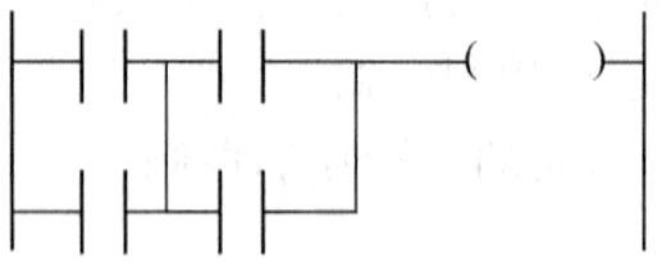	1
ORB 电路块或	串联电路块的并联连接	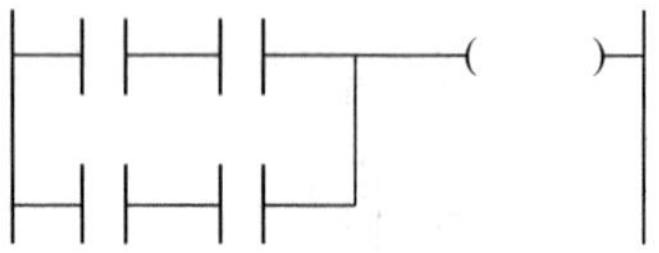	1
SET 置位	动作保持	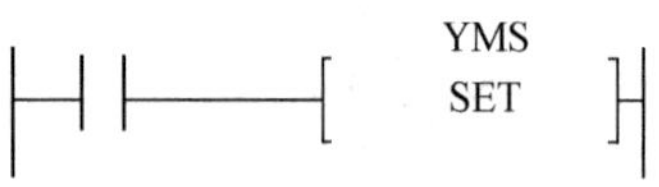	Y,M:1 S,特殊 M,T,C:2 D,V,Z,特殊 D:3
RST 复位	消除动作保持	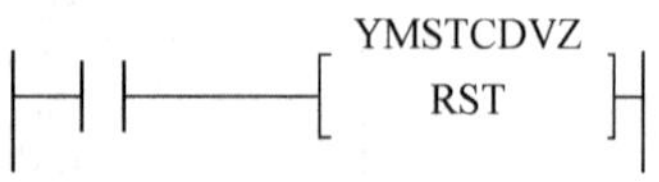	

1. OR 和 ORI 指令

OR:逻辑或运算指令,表示并联一动合触点。

ORI:逻辑或非运算指令,表示并联一动断触点。

【例 2.2.1】 分析图 2.2.3 所示梯形图的工作原理。

梯形图

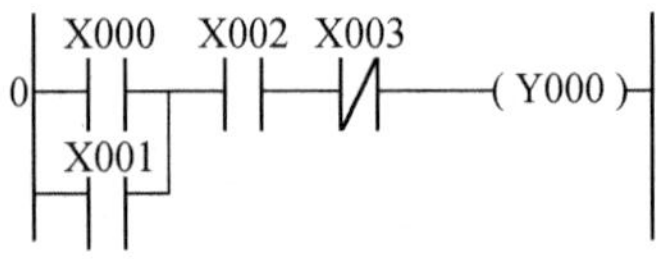

指令表

0 LD X000　　3 ANI X003

1 OR X001　　4 OUT Y000

2 AND X002

时序图

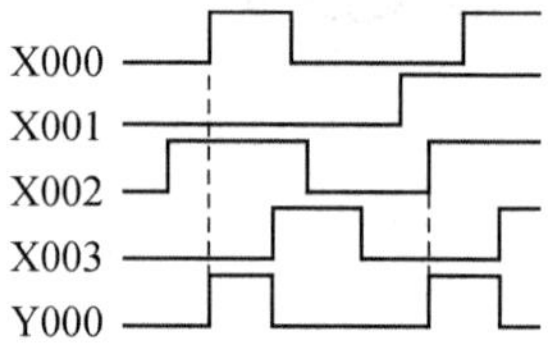

图 2.2.3　例 2.2.1 示意图

工作原理:如图 2.2.3 所示,当继电器 X0 或 X1 接通、且 X2 接通、X3 断开时,输出继电器 Y0 接通。

操作数范围:X、Y、M、S、T、C。

2. ANB 和 ORB 指令

ANB:块与指令,表示逻辑块与逻辑块之间的串联。

ORB:块或指令,表示逻辑块与逻辑块之间的并联。

ANB 和 ORB 用于多个指令块的串联和并联,每一个指令块必须用 LD 或 LDI 指令开始。

注意:这两条指令均无操作数。

【例 2.2.2】 分析图 2.2.4 所示梯形图的工作原理。

梯形图

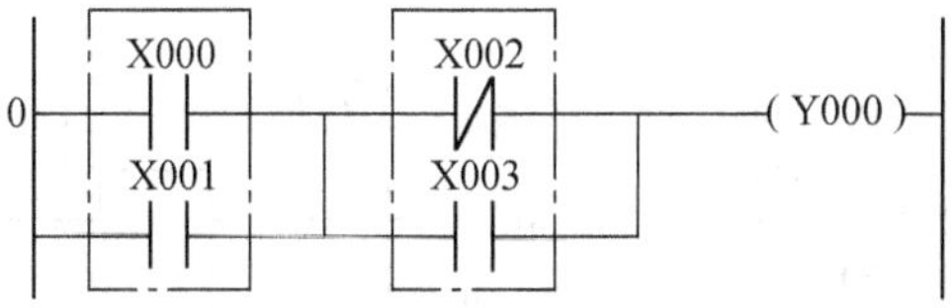

指令表

0	LD	X000
1	OR	X001
2	LDI	X002
3	OR	X003
4	ANB	
5	OUT	Y000

图 2.2.4　例 2.2.2 示意图

工作原理：如图 2.2.4 所示，编程的顺序是先将 X0 和 X1 并在一起形成块一，再将 X2 非和 X3 并在一起形成块二，最后将两个块串联。这里的“串联”操作用前面所讲的 AND 指令是难以完成的，故可用 ANB 指令来实现两组触点块相与。

【例 2.2.3】　分析图 2.2.5 所示梯形图的工作原理。

梯形图

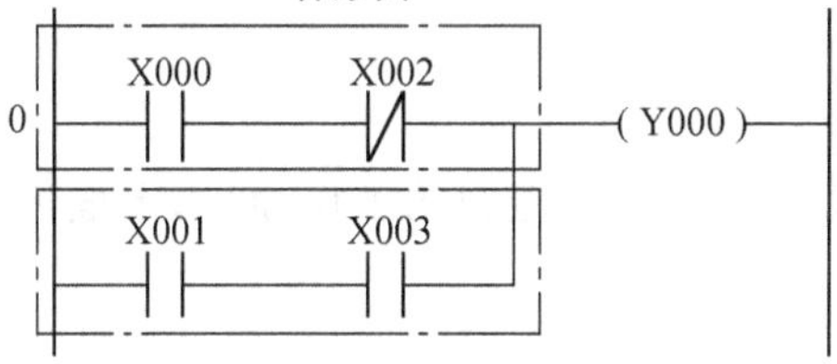

指令表

0	LD	X000
1	ANI	X002
2	LD	X001
3	AND	X003
4	ORB	
5	OUT	Y000

图 2.2.5　例 2.2.3 示意图

工作原理：如图 2.2.5 所示，编程的顺序是先将 X0 和 X2 非串在一起形成块一，再将 X1 和 X3 与串一起形成块二，最后将两个块相并联。这里的“并联”操作用前面所讲的 OR 指令是难以完成的，故可用 ORB 指令来实现两组触点块相或。

【例 2.2.4】　分析图 2.2.6 所示梯形图的工作原理。

梯形图

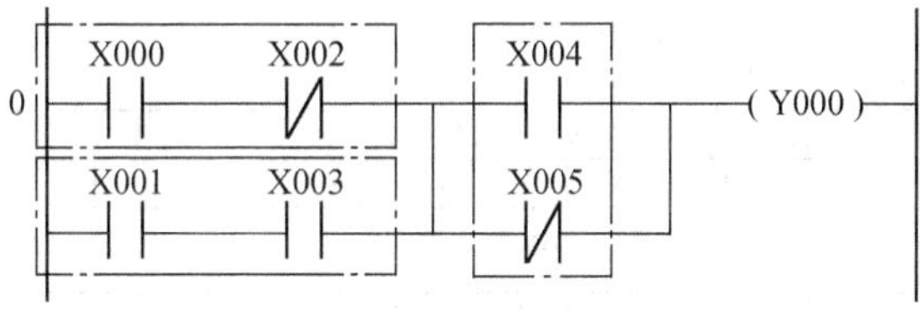

指令表

0	LD	X000
1	ANI	X002
2	LD	X001
3	AND	X003
4	ORB	
5	LD	X004
6	ORI	X005
7	ANB	
8	OUT	Y000

图 2.2.6　例 2.2.4 示意图

工作原理：如图 2.2.6 所示，编程的顺序是先将 X0 和 X2 非串在一起形成块一，再将 X1 和 X3 与串在一起形成块二，将两者相并联形成块三，然后将 X4 和 X5 非并在一起形成块四，最后将两块串联。

3. SET 和 RST 指令

SET：置位指令。当触发信号接通时，使指定元件接通并保持，或指定当前值及寄存器置 1。

RST：复位指令。当触发信号接通时，使指定元件断开并保持，或指定当前值及寄存器清零。

【例 2.2.5】　分析图 2.2.7 所示梯形图的工作原理。

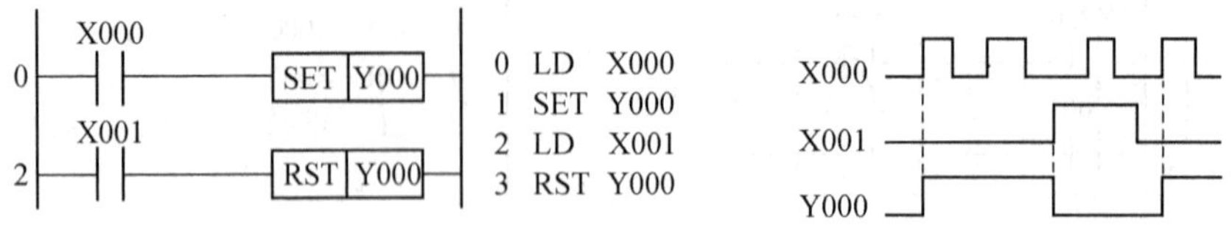

图 2.2.7 例 2.2.5 示意图

工作原理:如图 2.2.7 所示,X0 为置位触发信号,X1 为复位触发信号。当 X0 接通时,输出 Y0 接通并保持,无论 X0 是否变化,直至 X1 接通,输出 Y0 才会断开。

对同一编号的元件,SET、RST 可多次使用,顺序也可随意,但只有最后执行者有效。

操作数适用范围:SET 指令适用于 Y、M、S;RST 指令适用于 Y、M、S、D、V、Z、T、C。

四、项目实施

前面讲述了继电-接触器电路实现电动机连续运行控制的工作原理,下面用 PLC 来实现电动机的单向连续运行控制。

1. 主电路设计

如图 2.2.8 所示的主电路中采用了 3 个电气元件,分别为空气断路器 QF1、交流接触器 KM、热继电器 FR。其中,KM 的线圈与 PLC 的输出点连接,FR 的辅助触点与 PLC 的输入点连接,可以确定主电路中需要 1 个输入点与 1 个输出点。

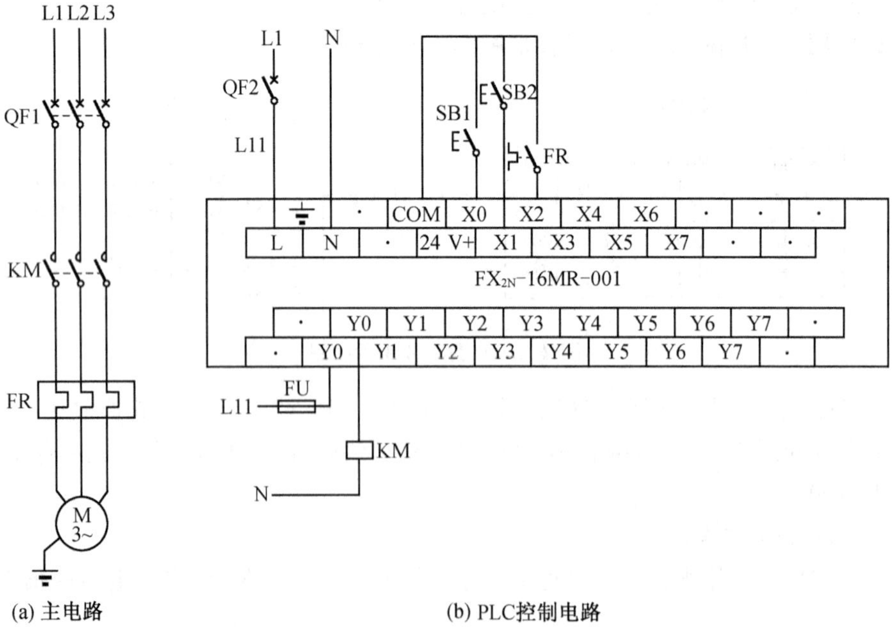

(a) 主电路 (b) PLC控制电路

图 2.2.8 PLC 控制单向连续运行控制原理图

2. 确定 I/O 点总数及地址分配

控制电路中有两个控制按钮,一个是启动按钮 SB1,另一个是停止按钮 SB2。这样整个系统总的输入点数为 3 个，输出点数为 1 个。PLC 的 I/O 地址分配如表 2.2.2 所示。

表 2.2.2　I/O 地址分配表

输入信号			输出信号		
1	X0	启动按钮 SB1	1	Y0	交流接触器 KM
2	X1	停止按钮 SB2			
3	X2	热继电器 FR			

3. 控制电路

PLC 控制的电动机单向连续运行电气原理图如图 2.2.8 所示。

4. 设备材料表

控制中输入点数应选 3×1.2≈4 点，输出点数应选 1×1.2≈2 点（继电器输出）。通过查找三菱 FX$_{2N}$系列选型表，选定三菱 FX$_{2N}$-16MR-001（其中输入 8 点，输出 8 点，继电器输出）。通过查找电气元件选型表，选择的元器件列表如表 2.2.3 所示。

表 2.2.3　设备材料表

序号	符号	设备名称	型号、规格	单位	数量	备注
1	M	电动机	Y-112M-4　380 V,5.5 kW,1 378 r/min,50 Hz	台	1	
2	PLC	可编程控制器	FX$_{2N}$-16MR-001	台	1	
3	QF1	空气断路器	DZ47-D25/3P	个	1	
4	QF2	空气断路器	DZ47-D10/1P	个	1	
5	FU	熔断器	RT18-32/6 A	个	2	
6	KM	交流接触器	CJX2(LC1-D)-12　线圈电压 220 V	个	1	
7	FR	热继电器	JRS1(LR1)-D09316/10.5 A	个	1	
8	SB	按钮	LA39-11	个	2	

5. 程序设计

方法一：根据继电-接触器控制原理转换梯形图程序设计。

(1) 程序设计

继电-接触器控制电路中的元件触点是通过不同的图形符号和文字符号来区分的，而 PLC 的触点的图形符号只有动合和动断两种，对于不同的软元件是通过文字符号来区分的。例如：图 2.2.9(a)中所示的热继电器与停止按钮 SB2 的图形、文字符号都不相同。

第一步：将所有元件的动断、动合触点直接转换成 PLC 的图形符号，接触器 KM 线圈替换成 PLC 的线圈符号。在继电-接触器控制电路中的熔断器是为了短路保护，PLC 程序不需要保护，这类元件在程序中是可以省略的。替换后如图 2.2.9(b)所示。

第二步：根据 I/O 分配表，将图 2.2.9(b)中继电器的图形符号替换为 PLC 的软元件符号。替换后如图 2.2.9(c)所示。

第三步：程序优化。采用转换方式编写的梯形图不符合 PLC 的编程原则，应进行优化。

PLC 程序中的每一个逻辑行从左母线开始,逻辑行运算后的结果输出给相应软继电器的线圈,然后与右母线连接,在软继电器线圈右侧不能有任何元件的触点。从转换后的图 2.2.9(c)中可以看到,在线圈右侧有热保护继电器的动断触点,在程序优化后改为线圈的左侧,逻辑关系不变。图 2.2.9(d)中的程序就是典型的具有自保持、热保护功能的电动机连续运行控制梯形图程序。

语句表程序如下:

步序	指令	
0	LD	X000
1	OR	Y000
2	ANI	X001
3	ANI	X002
4	OUT	Y000

在梯形程序中,X0 与 Y0 先并联,然后与 X1、X2 串联,因每次逻辑运算只能有两个操作数,所以将 X0 和 Y0 进行或运算后结果只有一位,再与后续进行运算。X0 与 Y0 的并联读作 X0 或 Y0,或运算为 OR 指令。

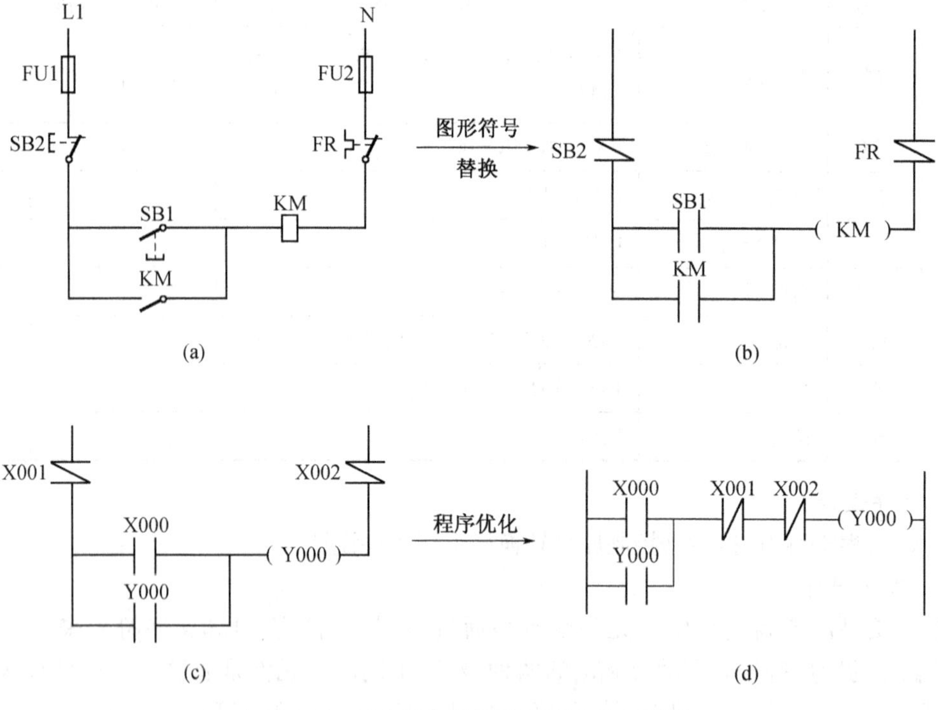

图 2.2.9 继电器电路转换 PLC 程序示意图

(2) 程序分析

按下启动按钮 SB1,输入继电器 X0 的动合触点闭合,输出继电器 Y0 线圈得电,Y0 动合触点闭合自锁,使交流接触器 KM 的线圈得电,KM 主触点闭合,电动机得电连续运转。

按下停止按钮 SB2,输入继电器 X1 的动断触点断开,输出继电器 Y0 线圈失电,使交流接触器 KM 的线圈失电,KM 主触点断开,电动机失电停止运转。

电动机发生过载时，FR 动合触点闭合，输入继电器 X2 的动断触点断开，使输出继电器 Y0 线圈失电，电动机失电停止运转。

方法二：利用 SET/RST 指令实现控制要求。

(1) 程序设计

程序及指令表如图 2.2.10 所示。

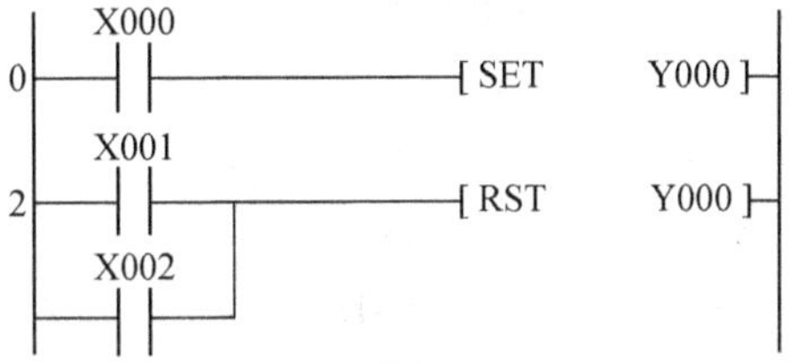

步序	指令	
0	LD	X000
1	SET	Y000
2	LD	X001
3	OR	X002
4	RST	Y000

图 2.2.10　利用置位、复位指令实现编程

(2) 程序分析

按下启动按钮 SB1，输入继电器 X0 的动合触点闭合，执行置位指令，输出继电器 Y0 线圈得电，使交流接触器 KM 的线圈得电，KM 主触点闭合，电动机得电连续运转。

按下停止按钮 SB2，输入继电器 X1 的动断触点闭合，执行复位指令，输出继电器 Y0 线圈失电，使交流接触器 KM 的线圈失电，KM 主触点断开，电动机失电停止运转。

电动机过载时，FR 动合触点闭合，输入继电器 X2 的动断触点闭合，执行复位指令，使输出继电器 Y0 线圈失电，电动机失电停止运转。

6. 运行调试

根据 PLC 控制原理图在实验台上连接 PLC 实验装置，检查无误后，将图 2.2.9 所示梯形图下载到 PLC 中，选择程序的监控模式，操作实验装置，观察程序的执行过程和实验结果。

(1) 按下外部启动按钮 SB1，梯形图中 X0 动合触点闭合，观察 Y0 线圈和动合触点的动作情况。

(2) 松开外部启动按钮 SB1，梯形图中 X0 动合触点断开，观察 Y0 线圈和动合触点的动作情况。

(3) 按下外部停止按钮 SB2，梯形图中 X0 动断触点断开，观察 Y0 线圈和动合触点的动作情况。

五、思考与练习

1. 选择题

(1) 单个动合触点与前面的触点进行串联连接的指令是(　　)。

A. AND　　B. OR　　C. ANI　　D. ORI

(2) 单个动断触点与上面的触点进行并联连接的指令是(　　)。

A. AND　　B. OR　　C. ANI　　D. ORI

(3) 表示逻辑块与逻辑块之间并联的指令是(　　)。

A. AND　　B. ANB　　C. OR　　D. ORB

(4) 集中使用 ORB 指令的次数不超过(　　)。

A. 1 次　　B. 2 次　　C. 8 次　　D. 10 次

(5) 根据梯形图程序图 2.2.11，下列选项中语句表程序正确的是(　　)。

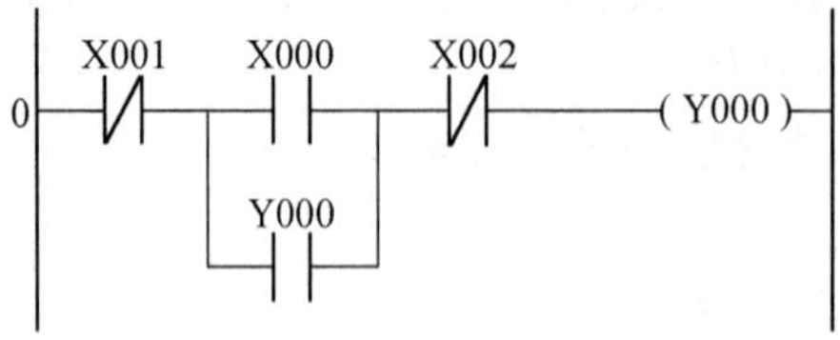

图 2.2.11　题(5)示意图

A.

0	LDI	X001
1	OR	X000
2	OR	Y000
3	ANI	X002
4	OUT	Y000

B.

0	LDI	X001
1	LD	X000
2	OR	Y000
3	ANB	
4	ANI	X002
5	OUT	Y000

C.

0	LDI	X001
1	AND	X000
2	AND	Y000
3	ANI	X002
4	OUT	Y000

D.

0	LDI	X001
1	OR	X000
2	OR	Y000
3	ANB	
4	ANI	X002
5	OUT	Y000

(6) 图 2.2.12 中,与语句表程序对应的正确梯形图是(　　)。

0	LDI	X001	5	LD	X005
1	AND	X000	6	AND	X006
2	OR	X003	7	ORB	
3	ANI	X002	8	OUT	Y000
4	AND	X004	9	OUT	M0

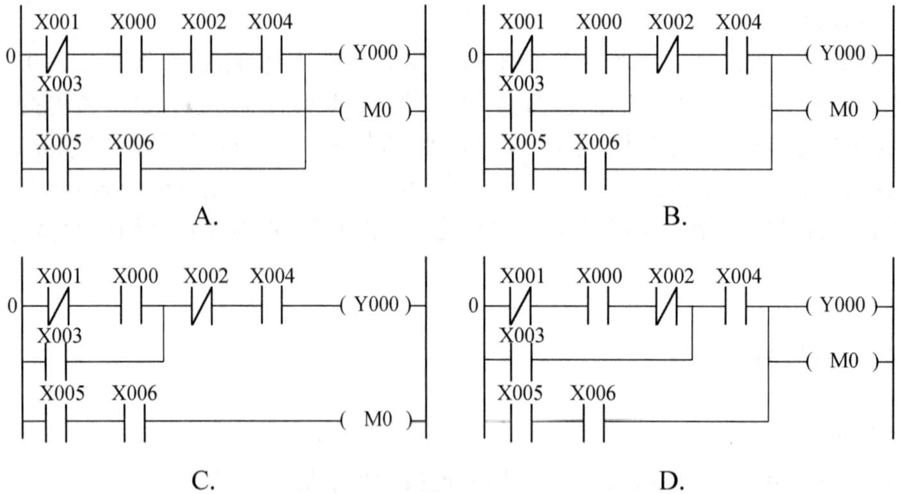

图 2.2.12　题(6)示意图

2. 应用拓展

现有两台小功率(10 kW)的电动机,均采用直接启动控制方式,请设计一个 PLC 控制系统,要求实现当 1 号电动机启动后,2 号电动机才允许启动,停止时各自独立停止。请完成主电路、控制电路、I/O 地址分配、PLC 程序及元件选择,编制规范的技术文件。

项目三　电动机正、反转运行控制

【项目目标】

1. 学会使用 PLC 的基本逻辑指令：LDP、LDF、ANDP、ANDF、ORP、ORF 以及脉冲指令 PLS、PLF。
2. 学习由 PLC 基本结构程序逐步编程的方法。
3. 学习 PLC 的编程规则。

一、项目任务

在生产应用中，经常遇到要求电动机具有正、反转控制功能。例如：电梯上下运行、天车的上下提升和左右运行、数控机床的进刀退刀等均需要对电动机进行正、反转控制。图 2.3.1 所示是卷扬机的上下运行控制。要求实现当按下正转按钮时，小车上行；按下停止按钮时，小车停止运行。按下反转按钮时，小车下行；按下停止按钮时，小车停止运行。电动机为三相异步电动机（额定电压 380 V，额定功率 15 kW，额定转速 1 378 r/min，额定频率 50 Hz）。

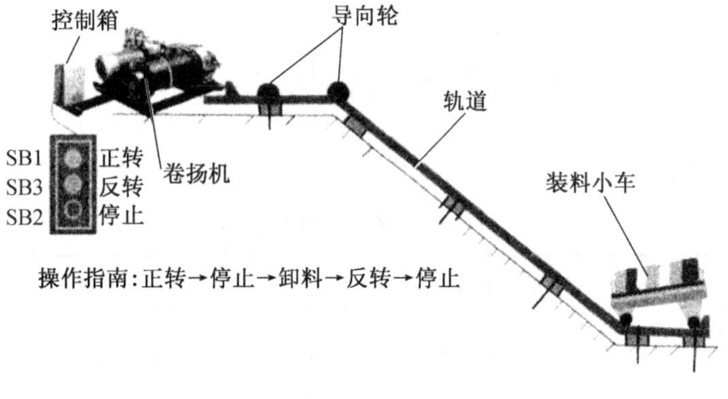

图 2.3.1　卷扬机运行控制实物模拟图

二、项目分析

继电-接触器控制电路如图 2.3.2 所示。图 2.3.2(a)中，KM1 吸合时，电动机正转，小车上行；KM2 吸合时，电动机反转，小车下行。由于电动机的电气特性要求，电动机在运行过程中不能直接反向运行，操作时，先按停止按钮，待电动机停止后，再启动反向运行；另外控制电动机的 KM1 和 KM2 不能同时吸合，否则会造成短路故障，这就要求接触器 KM1 和 KM2 必须互锁。图 2.3.2(b)为具有交流接触器互锁的控制电路，图 2.3.2(c)为具有交流接触器、按钮双重互锁的控制电路。

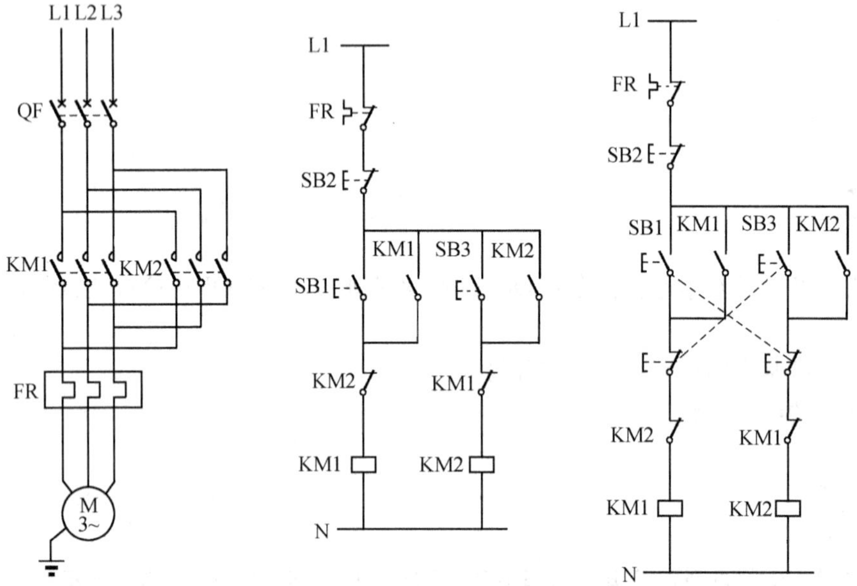

(a) 主电路　(b) 交流接触器互锁控制电路　(c) 交流接触器、按钮双重互锁控制电路

图 2.3.2　卷扬机正、反转继电-接触器控制电路

三、相关指令

FX$_{2N}$基本逻辑指令(三)

微分指令功能如表 2.3.1 所示。

表 2.3.1　基本指令功能表(三)

助记符、名称	功能说明	梯形图表示及可用元件	程序步
PLS 上升沿脉冲	上升沿微分输出	[PLS YM 特殊M除外]	1
PLF 下降沿脉冲	下降沿微分输出	[PLF YM 特殊M除外]	1
LDP 取脉冲上升沿	上升沿检出运算开始	XYMSTC ┤↑├ ( )	2

（续表）

助记符、名称	功能说明	梯形图表示及可用元件	程序步
LDF 取脉冲下降沿	下降沿检出运算开始	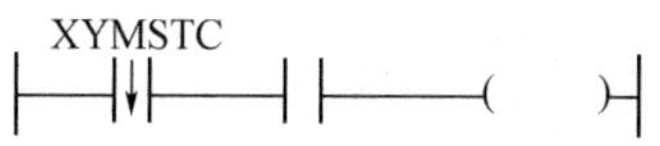	2
ANDP 与脉冲上升沿	上升沿检出串联连接		2
ANDF 与脉冲下降沿	下降沿检出串联连接		2
ORP 或脉冲上升沿	上升沿检出并联连接	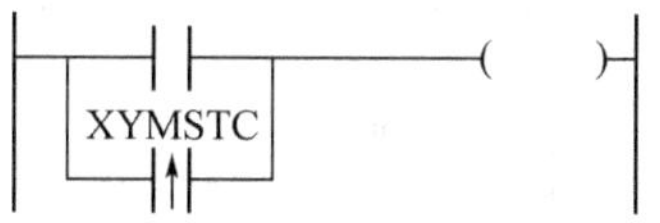	2
ORF 或脉冲下降沿	下降沿检出并联连接	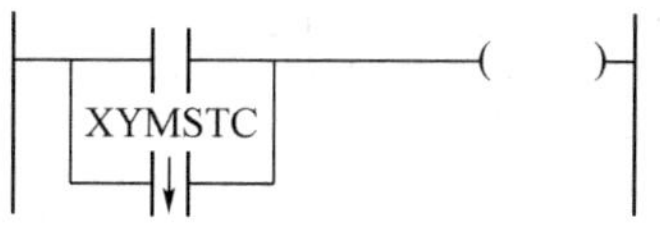	2

1. PLS 和 PLF 指令

PLS：上升沿微分输出指令。当 PLC 检测到触发信号由 OFF 到 ON 的跳变时，指定的继电器仅接通一个扫描周期。

PLF：下降沿微分输出指令。当 PLC 检测到触发信号由 ON 到 OFF 的跳变时，指定的继电器仅接通一个扫描周期。

2. LDP、LDF、ANDP、ANDF、ORP、ORF 指令

LDP、ANDP、ORP：上升沿微分指令，是进行上升沿检出的触点指令，仅在指定位软元件的上升沿时（OFF→ON 变化时）接通一个扫描周期。

LDF、ANDF、ORF：下降沿微分指令，是进行下降沿检出的触点指令，仅在指定位软元件的下降沿时（ON→OFF 变化时）接通一个扫描周期。

程序步数：2 步。

操作数范围：X、Y、M、S、T、C。

图 2.3.3 中所示的两个梯形图程序执行的动作相同。两种情况都在 X0 由 OFF→ON 变化时，M6 接通一个扫描周期。

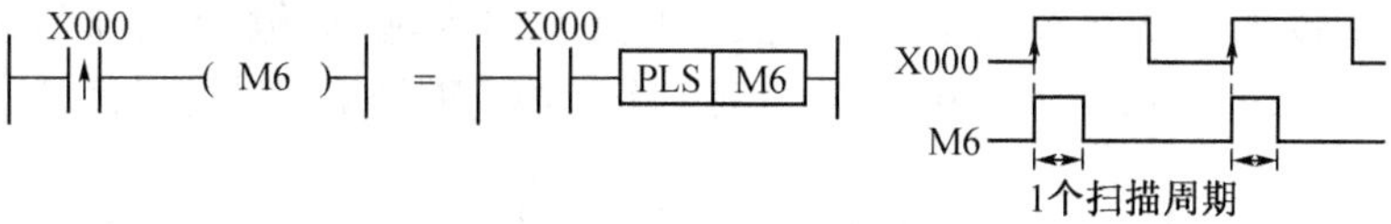

图 2.3.3　在基本指令中应用

【例 2.3.1】　如图 2.3.4 所示，X0～X2 由 ON→OFF 时或由 OFF→ON 变化时，M0 或 M1 仅有一个扫描周期接通。

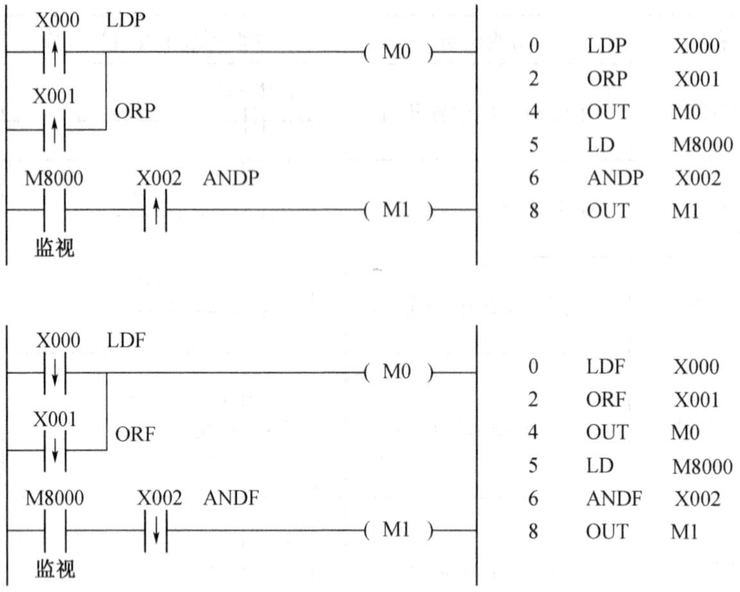

图 2.3.4 程序说明

PLC 的编程规则

编程是 PLC 实现工业控制的关键,基本指令的编程是学习 PLC 程序设计的基础。下面主要介绍一些基本电路和基本功能程序以及由它们组成的简单应用系统。

(1) 尽量减少控制过程中的输入/输出信号。

因为输入/输出信号与 I/O 点数有关,所以从经济角度来看应尽量减少 I/O 点数。其他类型的继电器因是纯软件方式,不需要考虑数量问题,因此不需要用复杂的程序来解决触点的使用次数。

(2) PLC 采用循环扫描工作方式,扫描梯形图的顺序是自左向右、自上而下,因此梯形图的编写也应按此顺序,避免输入/输出的滞后现象。

图 2.3.5 所示两段程序。图 2.3.5(a)中,PLC 第一次进入循环扫描时,虽然外部触点 X0 已经闭合,但由于第一个扫描到的触点是 M0,所以 Y0 不会有输出;第二次进入循环扫描时,此时触点 M0 已接通,则输出继电器 Y0 接通。这种情况在继电-接触器控制电路中是不存在的,只要触点 X0 接通,Y0 立刻有输出。把这种现象称为输入/输出的滞后现象。应将图 2.3.5(a)改画成图 2.3.5(b)所示的梯形图,当第一个扫描周期结束后,输出继电器 Y0 就接通了。

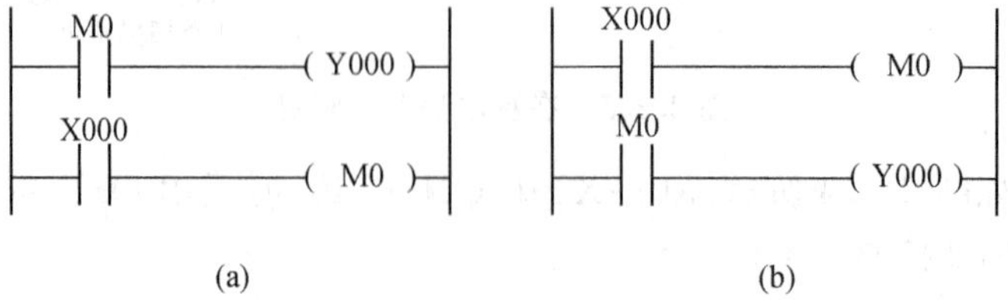

图 2.3.5 输入/输出的滞后现象

(3) 同一编号的输出元件在一个程序中使用两次，即形成双线圈输出(图 2.3.6(a))，双线圈输出容易引起误操作，应尽量避免。但不同编号的输出元件可以并行输出(图 2.3.6(b))。

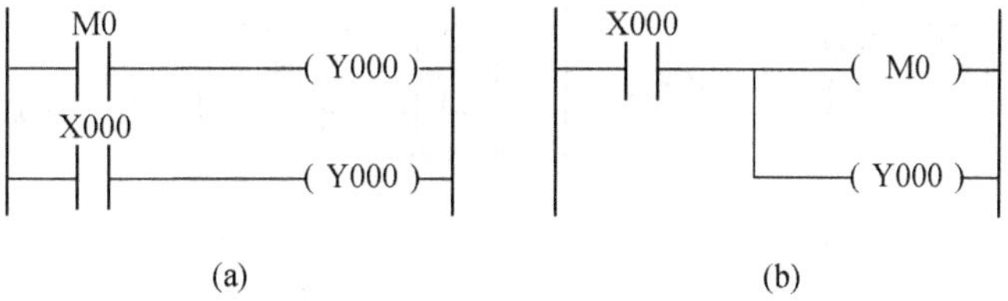

图 2.3.6　双线圈及并行输出

(4) 对于有复杂逻辑关系的程序段，应按照先复杂后简单的原则编程，这样可以节省程序存储空间，减少扫描时间。

简化原则：对输入，应使“左重右轻”“上重下轻”；对输出，应使“上轻下重”。

变换依据：等效，即程序的功能保持不变。

图 2.3.7 所示两段程序，其逻辑关系完全相同，但由其指令表可知，采用图 2.3.7(b)程序要比采用图 2.3.7(a)程序好得多。

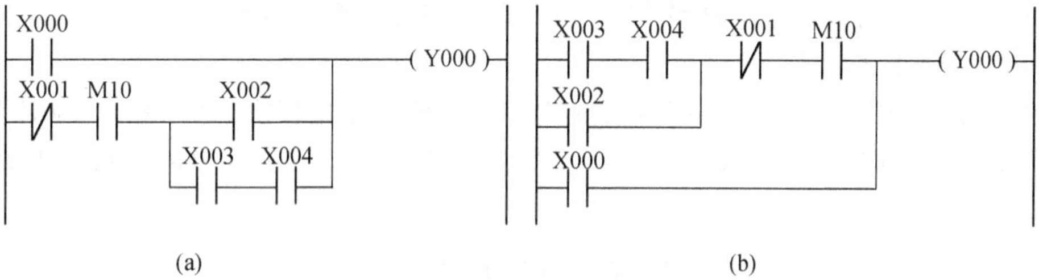

图 2.3.7　复杂逻辑程序段的编程

程序(a)指令表如下：			程序(b)指令表如下：		
0	LD	X000	0	LD	X003
1	LDI	X001	1	AND	X004
2	AND	M10	2	OR	X002
3	LD	X002	3	ANI	X001
4	LD	X003	4	AND	M10
5	AND	X004	5	OR	X000
6	ORB		6	OUT	Y000
7	ANB				
8	ORB				
9	OUT	Y000			

(5) 应注意避免出现无法编程的梯形图。

简化原则：以各输出为目标，找出形成输出的每一条通路，逐一处理。

触点处于垂直分支上(又称桥式电路)以及触点处于母线之上的梯形图均不能编程，在设计程序时应避免出现。对于不可避免的情况，可将其逻辑关系作等效变换，如图 2.3.8 所示。

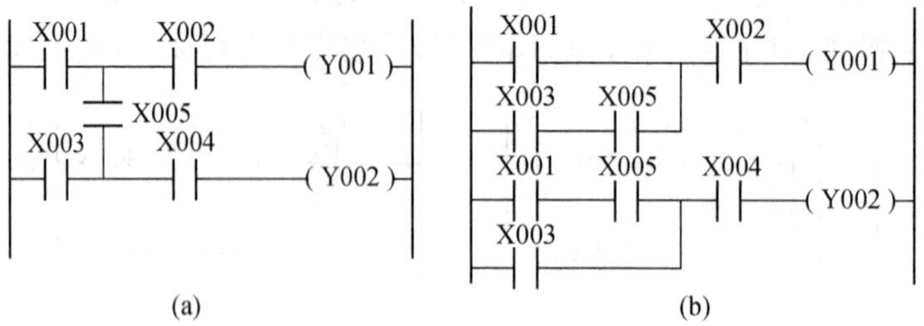

图 2.3.8 桥式电路的等效

四、项目实施

用 PLC 来实现电动机正、反转运行控制如下。

1. 主电路设计

如图 2.3.9 所示的主电路采用了 4 个电气元件,分别为空气断路器 QF1、交流接触器 KM1 和 KM2、热继电器 FR。其中,KM 的线圈与 PLC 的输出点连接,FR 的辅助触点与 PLC 的输入点连接,这样可以确定主电路中需要 1 个输入点与 2 个输出点。

2. 确定 I/O 点总数及地址分配

在控制电路中还有 3 个控制按钮,正转启动按钮 SB1、停止按钮 SB2、反转启动按钮 SB3。这样整个系统总的输入点数为 4 个,输出点数为 2 个。PLC 的 I/O 分配的地址如表 2.3.2 所示。

表 2.3.2 I/O 地址分配表

输入信号			输出信号		
1	X0	正转启动按钮 SB1	1	Y0	交流接触器 KM1
2	X1	停止按钮 SB2	2	Y1	交流接触器 KM2
3	X2	反转启动按钮 SB3			
4	X3	热继电器 FR			

3. 控制电路

PLC 控制的电动机正、反转运行接线原理图如图 2.3.9 所示。

4. 设备材料表

控制中输入点数应选 4×1.2≈5 点,输出点数应选 2×1.2≈3 点(继电器输出)。通过查找三菱 FX_{2N}系列选型表,选定三菱 FX_{2N}-16MR-001(其中输入 8 点,输出 8 点,继电器输出)。通过查找电气元件选型表,选择的元器件列表如表 2.3.3 所示。

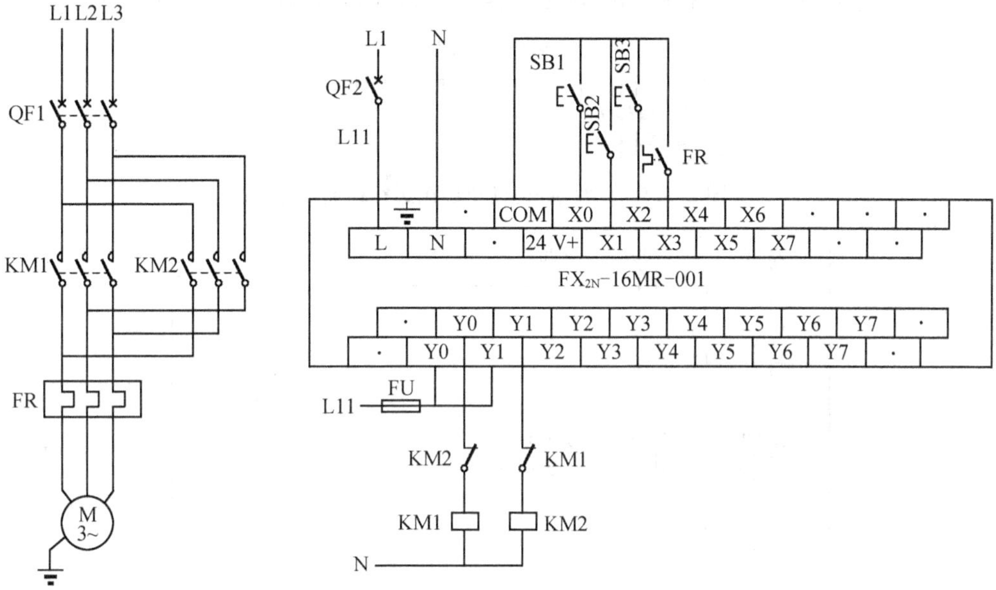

(a) 主电路　　　　(b) PLC控制电路

图 2.3.9　PLC 正、反转运行控制原理图

表 2.3.3　设备材料表

序号	符号	设备名称	型号、规格	单位	数量	备注
1	M	电动机	Y-112M-4　380 V,15 kW,1 378 r/min,50 Hz	台	1	
2	PLC	可编程控制器	FX_{2N}-16MR-001	台	1	
3	QF1	空气断路器	DZ47-D40/3P	个	1	
4	QF2	空气断路器	DZ47-D10/1P	个	1	
5	FU	熔断器	RT18-32/6 A	个	2	
6	KM	交流接触器	CJX2(LC1-D)-32　线圈电压 220 V	个	2	
7	SB	按钮	LA39-11	个	3	
8	FR	热继电器	JRS1(LR1)-D40353/28.5 A	个	1	

5. 程序设计

前面学习了由继电-接触器控制原理图转换为梯形图程序的设计方法，下面介绍采用 PLC 典型梯形图程序，逐步增加相应功能的编程方法来编程。

方法一：利用典型梯形图结构编程。

第一步：根据不同的控制功能，按单个功能块进行设计。例如，在当前项目中先不考虑正转与反转之间的关系，就可以看作是一个正转电动机的起停控制和一个反转电动机的起停控制。电动机正转时，有启动按钮 SB1，停止按钮 SB2，输出继电器为 KM1；电动机反转时，有启动按钮 SB3，停止按钮 SB2，输出继电器为 KM2。控制电路均是典型的电动机连续运行控制电路，如图 2.3.10 所示。根据 I/O 分配表 2.3.2 可分别设计出正转和反转控制程序，如图

2.3.11 所示。可以看到,两个程序的结构是一样的,只要修改对应的输入/输出点符号即可。

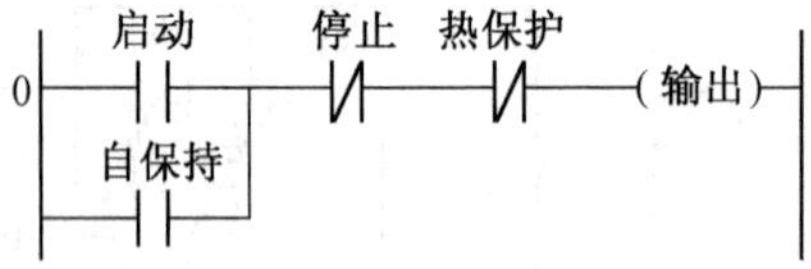

图 2.3.10 典型的电动机连续运行控制程序

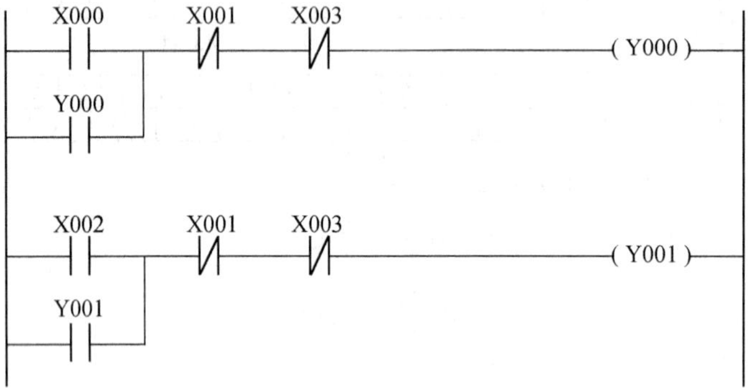

图 2.3.11 正、反转的程序

第二步:考虑到两交流接触器不能同时输出的问题,需要在各自的逻辑行中增加具有互锁功能的动断触点,如图 2.3.12 所示。

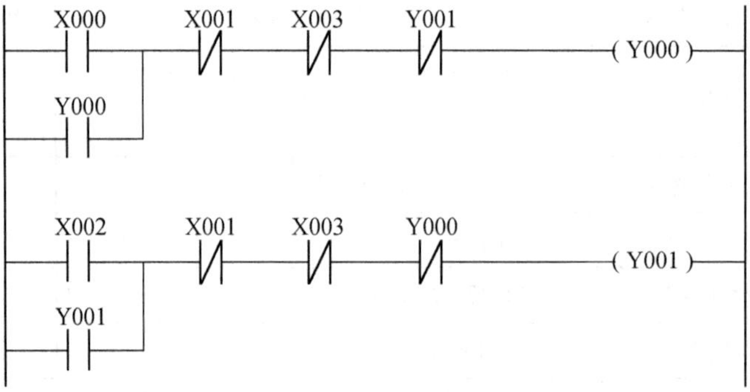

图 2.3.12 接触器互锁的正、反转程序

第三步:下面考虑启动按钮之间的互锁问题,在各自的逻辑行中增加具有按钮互锁功能的动断触点,如图 2.3.13 所示。

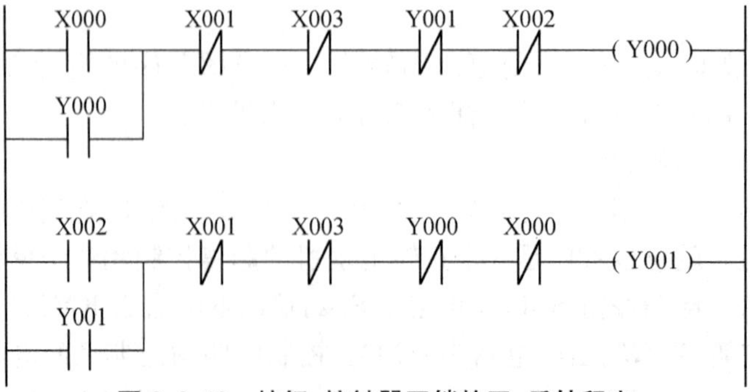

图 2.3.13 按钮、接触器互锁的正、反转程序

方法二：利用脉冲指令编程，实现相同功能。

PLC 的编程方法和可利用的指令很多，利用脉冲指令编程也能实现相同功能。梯形图程序如图 2.3.14 所示。

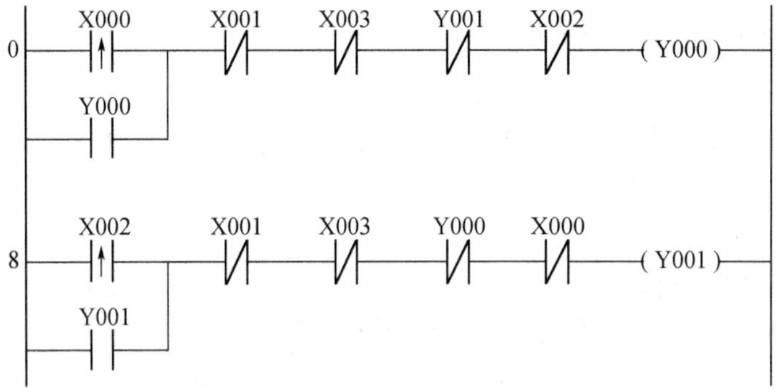

图 2.3.14　利用脉冲指令的正、反转程序

正、反转控制中有一个需要特别注意的问题，PLC 程序控制与电气控制存在一定的差别，应采取相应的措施，避免造成电气故障。

例如，在图 2.3.13 所示程序中，如果此时电动机正转运行，按下反转启动按钮 X2，Y0 会停止输出，Y1 开始工作，逻辑关系是正确的；由于 PLC 输出是集中输出，即 Y0 的状态改变与 Y1 的状态改变是同时的，外部交流接触器的触点完成吸合或断开约需 0.1 s，远远低于 PLC 程序执行的速度，KM1 还没有完全断开的情况下 KM2 吸合，会造成短路等电气故障。

在图 2.3.9 所示 PLC 控制电路中，采取的办法是增加 KM1、KM2 之间的硬件互锁，这就解决了高速的 PLC 程序执行与低速的电气元件之间的时间问题。今后在遇到这类问题时，应首先考虑硬件互锁。

6. 运行调试

根据 PLC 控制原理图在实验台上连接 PLC 实验装置，检查无误后，将图 2.3.13 所示梯形图下载到 PLC 中，选择程序的监控模式，操作实验装置，观察程序的执行过程和实验结果。

(1) 按下外部正转启动按钮 SBl，梯形图中 X0 动合触点闭合，观察 Y0 线圈、Y0 动合触点及动断触点的动作情况。

(2) 按下外部停止按钮 SB2，梯形图中 X1 动断触点断开，观察 Y0 线圈、Y0 动合触点及动断触点的动作情况。

(3) 按下外部反转启动按钮 SB3，梯形图中 X2 动合触点闭合，观察 Y1 线圈、动合触点及动断触点动作情况。

(4) 按下外部停止按钮 SB2，梯形图中 X1 动断触点断开，观察 Y1 线圈、Y1 动合触点及动断触点的动作情况。

五、思考与练习

1. 选择题

(1) 输出继电器的动合触点在逻辑行中可以使用(　　)。

A. 1 次　　B. 10 次　　C. 100 次　　D. 无限次

(2) 在正、反转或其他控制电路中,如果存在交流接触器同时动作会造成电气故障时,应增加(　　)解决办法。

A. 按钮互锁　　B. 内部输出继电器互锁

C. 内部输入继电器互锁　　D. 外部继电器互锁

(3) 表示逻辑块与逻辑块之间串联的指令是(　　)。

A. AND　　B. ANB　　C. OR　　D. ORB

(4) 根据梯形图程序图 2.3.5,当 X0 接通时,图(a)比图(b)中的 Y0 输出动作时间差(　　)。

A. 1 s　　B. 多 1 个扫描周期　　C. 少 1 个扫描周期　　D. 100 ms

2. 应用拓展

在电动机控制中,交流接触器的主触点会因电弧烧结在一起而不易断开。请用 PLC 设计电动机直接启动控制系统,要求实现按下停止按钮后,检测交流接触器是否断开,如果没有断开,PLC 输出控制报警指示灯显示。请完成主电路、控制电路、I/O 地址分配、PLC 程序及元器件选择,编制规范的技术文件。程序下载到 PLC 中运行,并模拟故障现象。

项目四　两台电动机主控选择运行控制

【项目目标】

1. 学会使用 PLC 的基本逻辑指令：主控指令 MC、MCR。
2. 掌握主控指令的编程方法。
3. 学会用单按键实现起停控制的方法。

一、项目任务

有两台小功率的电动机，1＃电动机功率为 5.5 kW，2＃电动机功率为 7.5 kW。在负荷较大时，采用 2＃电动机工作；负荷较小时，采用 1＃电动机工作。利用外部转换开关切换 1＃与 2＃电动机启动和停止按钮控制电动机运行。两台电动机选择运行控制仿真图如图 2.4.1 所示。

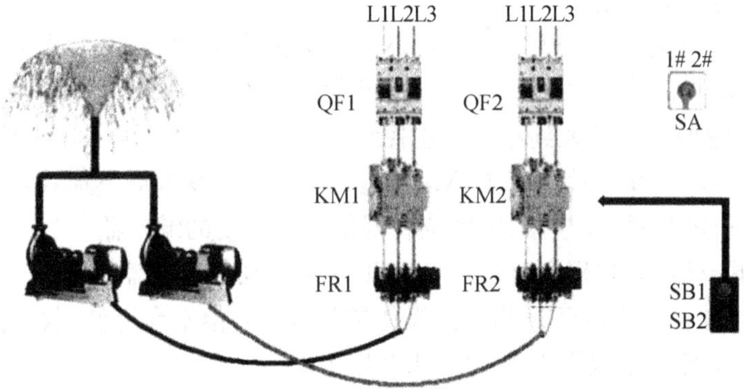

图 2.4.1　两台电动机主控选择运行控制仿真图

二、项目分析

两台电动机均采用直接启动控制方式。控制过程如下：

当转换开关 SA 在 1＃位置时，按下启动按钮 SB1，1＃电动机启动运行，按下停止按钮 SB2，电动机停止运行。

当转换开关 SA 在 2＃位置时，按下按钮 SB2，2＃电动机启动运行，再次按下按钮 SB2，

2#电动机停止运行(为单按钮控制方式)。

三、相关指令

FX_{2N}基本逻辑指令(四)

主控继电器指令功能如表 2.4.1 所示。

表 2.4.1　基本指令功能表(四)

助记符、名称	功能说明	梯形图表示及可用元件	程序步
MC 主控	公共串联点的连接线圈	MC N YM	3
MCR 主控复位	公共串联点的清除线圈	MCR N	2

MC:主控继电器开始指令。

MCR:主控继电器复位指令。

功能:当预置触发信号接通时,执行 MC 和 MCR 之间的指令;当预置触发信号断开时,跳过 MC 和 MCR 之间的指令,执行 MCR 后面的指令。

MC 和 MCR 应成对使用。

主控指令可嵌套使用,最大可编写 8 级(N7)。无嵌套结构时,可多次使用 N0 编制程序,N0 的使用次数无限制;有嵌套结构时,嵌套级 N 的编号按顺序增大(N0→N1→N2→N3→N4→N5→N6→N7),返回时则从大到小退出主控结构。

当预置触发信号为 OFF 时,MC 和 MCR 之间的指令操作数如下形式:

现状保持:累积定时器、计数器、用置位和复位指令驱动的继电器。

变为断开的继电器:非累积定时器、用 OUT 指令驱动的继电器。

操作数使用范围:MC 和 MCR 指令的操作数是 Y、M,但不允许使用特殊辅助继电器。

【例 2.4.1】 主控指令应用 1,如图 2.4.2 所示。

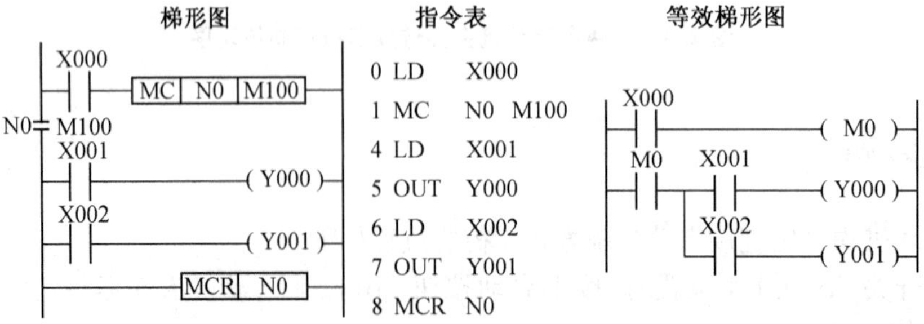

图 2.4.2　例 2.4.1 示意图

工作原理：输入 X0 接通时，执行从 MC　N0 到 MCR　N0 之间的指令。输入 X0 断开时，不执行从 MC　N0 到 MCR　N0 之间的指令，并且 Y0、Y1 保持断开状态。

【例 2.4.2】 主控指令应用 2，如图 2.4.3 所示。

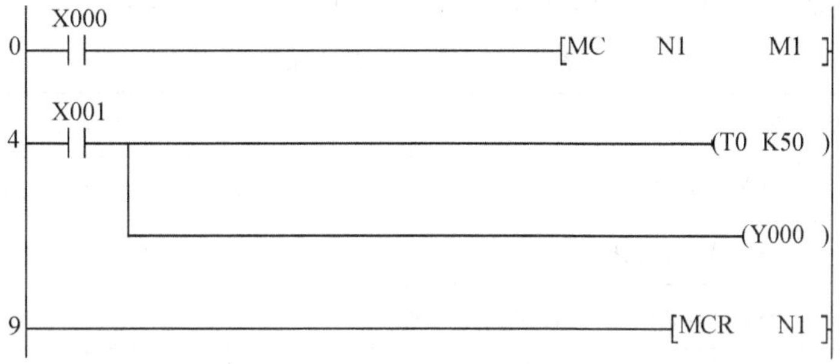

图 2.4.3　例 2.4.2 示意图

工作原理：输入 X0 接通时，梯形图中 X0 动合触点闭合，执行 MC　N1 到 MCR　N1 之间的指令。若 X1 接通，定时器 T0 开始定时，输出 Y0 接通。当 X0 断开时，T0 和 Y0 状态断开，即 T0 失电复位，Y0 线圈失电。

【例 2.4.3】 主控指令应用 3，如图 2.4.4 所示。

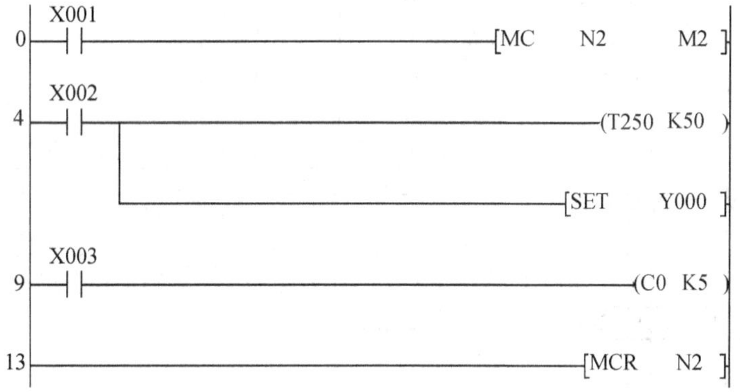

图 2.4.4　例 2.4.3 示意图

工作原理：输入 X1 接通时，梯形图中 X1 动合触点闭合，执行 MC　N2 到 MCR　N2 之间的指令。若 X2 接通，定时器 T250 开始定时，输出 Y0 被置位，X3 每接通一次，C0 计数一次。当 X1 断开时，T250、Y0 和 C0 保持接通状态，即 T250 不复位，Y0 线圈不失电，C0 不复位。

四、项目实施

下面用 PLC 来实现项目任务的控制要求。

1. 主电路设计

两台电动机直接控制的主电路各自独立，如图 2.4.5 主电路所示，采用的控制元件有 2 个交流接触器，2 个热继电器。可以确定主电路需要的输出点数为 2 点，输入点数为

2 点。

2. 确定 I/O 点总数及地址分配

根据控制要求,在控制电路中还有转换开关 SA、启动按钮 SB1 和停止按钮 SB2。这样整个系统总的输入点数为 5 个,输出点数为 2 个。I/O 地址分配如表 2.4.2 所示。

表 2.4.2 I/O 地址分配表

输入信号			输出信号		
1	X0	转换开关 SA	1	Y0	交流接触器 KM1
2	X1	SB1:1#启动按钮	2	Y1	交流接触器 KM2
3	X2	SB2:1#停止按钮,2#控制按钮			
4	X3	热继电器 FR1			
5	X4	热继电器 FR2			

3. 控制电路

根据 I/O 地址分配表绘制 PLC 控制电气原理图如图 2.4.5 所示。

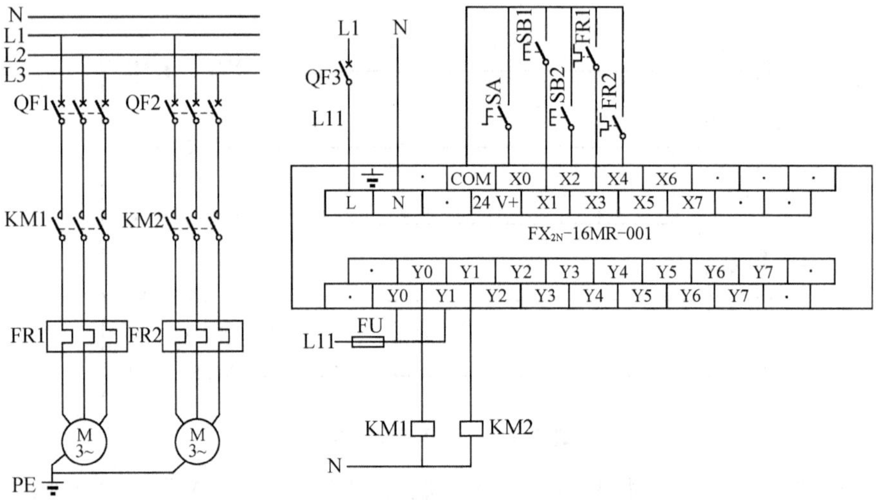

(a) 主电路　　(b) PLC控制电路

图 2.4.5 PLC 控制原理图

4. 设备材料表

本控制中输入点数应选 5×1.2≈6 点,输出点数应选 2×1.2≈3 点(继电器输出)。通过查找三菱 FX_{2N}系列选型表,选定三菱 FX_{2N}-16MR-001(其中输入 8 点,输出 8 点,继电器输出)。通过查找电气元件选型表,选择的元器件列表如表 2.4.3 所示。

表 2.4.3　设备材料表

序号	符号	设备名称	型号、规格	单位	数量	备注
1	M1	电动机	Y-112M-4　380 V,5.5 kW,1 378 r/min,50 Hz	台	1	
2	M2	电动机	Y-112M-4　380 V,7.5 kW,1 440 r/min,50 Hz	台	1	
2	PLC	可编程控制器	FX_{2N}-16MR-001	台	1	
3	QF1	空气断路器	DZ47-D25/3P	个	1	
4	QF2	空气断路器	DZ47-D40/3P	个	1	
5	QF3	空气断路器	DZ47-D10/1P	个	1	
6	FU	熔断器	RT18-32/6 A	个	2	
7	KM1	交流接触器	CJX2(LC1-D)-12　线圈电压 220 V	个	1	
8	KM2	交流接触器	CJX2(LC1-D)-16　线圈电压 220 V	个	1	
9	SB	按钮	LA39-11	个	2	
10	FR1	热继电器	JRS1(LR1)-D09316　整定电流 10.5 A	个	1	
11	FR2	热继电器	JRS1(LR1)-D16321　整定电流 14.3 A	个	1	
12	SA	转换开关	NP2-BJ21	个	1	

5. 程序设计

(1) 参考程序如图 2.4.6 所示。

(2) 程序分析。

图 2.4.6 梯形图程序是采用了 MC、MCR 主控指令编写的。程序中从 MC　N0　M0 逻辑行开始，到 MCR　N0 逻辑行是一个程序段，当 X0 内部继电器动合点接通时，执行 MC　N0　M0 与 MCR　N0 之间的程序，否则跳过这段程序，执行 MCR　N0 之后的程序。程序中从 MC　N1　M1 逻辑行开始，到 MCR　N1 逻辑行又是一个程序段，当 X0 内部继电器动断触点接通时，执行 MC　N1　M1 与 MCR　N1 之间的程序，否则跳过这段程序，执行 MCR　N1 之后的程序。所以，当转换开关旋转到闭合位置时，X0 动合触点接通，执行 MC　N0　M0 与 MCR　N0 之间的程序，在此条件下，按下启动按钮 SB1，X1 接通，Y0 输出，1＃电动机自保持运行；按下停止按钮 SB2，X2 的动断触点断开，Y0 停止输出，1＃电动机停止运行。

当转换开关旋转到断开位置时，X0 动断触点接通，执行 MC　N1　M1 与 MCR　N1 之间的程序，在此条件下，按下按钮 SB2，X2 接通一次，接通时间为一个扫描周期，M10 接通一个扫描周期，在第 17 步时，根据动合触点 M10 与此时为动断触点闭合的 M11 形成接通状态，所以 M11 得电，控制 Y1 输出，2＃电动机自保持运行。程序在下一个扫描周期运行到第 17 步时，由动合触点 M11 与动断触点的 M10 形成接通状态，所以 M11 形成自保持状态，控制 M11 线圈得电，控制 Y1 输出；再按下按钮 SB2，X2、M10 接通一次，形成一个扫描周期的接通脉冲，M11 失电并保持失电状态，Y1 停止输出，1＃电动机停止运行。这是一个典型的单按键起停控制应用电路。

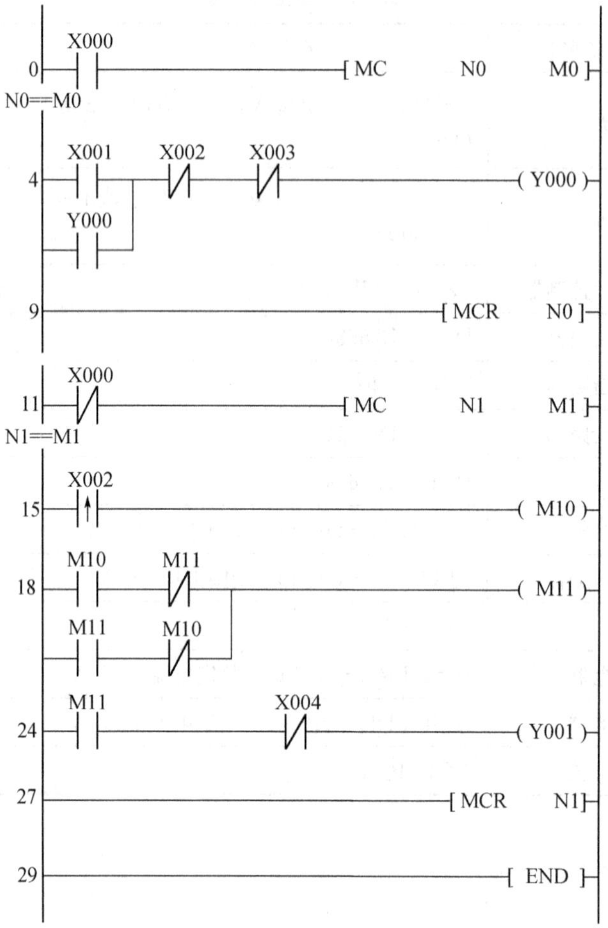

图 2.4.6　PLC 程序示意图

6. 运行调试

根据 PLC 控制原理图在实验台上连接 PLC 实验装置,检查无误后,将图 2.4.6 所示梯形图下载到 PLC 中,选择程序的监控模式,操作实验装置,观察程序的执行过程和实验结果。

(1) 将转换开关 SA 旋转到 1#位置,梯形图中 X0 动合触点闭合,动断触点断开,按下按钮 SBl,观察 Y0 的状态。按下 SB2,观察 Y0、Yl 的状态。

(2) 将转换开关 SA 旋转到 2#位置,梯形图中 X0 动合触点断开,动断触点闭合,按下按钮 SBl,观察 Y0 的状态。按下按钮 SB2,观察 Y0、Y1 的状态;再次按下按钮 SB2,观察 Y1 的状态。

(3) 在上述(1)的操作过程中,l#电动机运行时,将转换开关 SA 由 1#位置切换到 2#位置时,观察 Y0 的状态。

(4) 在上述(2)的操作过程中,2#电动机运行时,将转换开关 SA 由 2#位置切换到 1#位置时,观察 Y0 的状态。

五、思考与练习

1. 选择题

(1) 主控指令 MC、MCR 可嵌套使用，最大可编写(　　)级。

A. 1　　B. 2　　C. 8　　D. 10

(2) 当预置触发信号为 OFF 时，MC 和 MCR 之间的控制继电器状态保持的是(　　)。

A. 累积定时器　　B. 非累积定时器

C. 非累积计数器　　D. 用 OUT 指令驱动的继电器

(3) 主控指令嵌套级 N 的编号顺序是(　　)，返回时的顺序是(　　)。

A. 从大到小　　B. 从小到大　　C. 随机嵌套　　D. 同一数码

(4) 下述指令中属于下降沿微分输出的指令是(　　)。

A. LDP　　B. ANDP　　C. PLF　　D. ORF

(5) SET 指令不能输出控制的继电器是(　　)。

A. Y　　B. D　　C. M　　D. S

2. 应用拓展

根据本项目的要求，如果使用转换开关 SA，按钮 SB1、SB2、SB3、SB4 元器件，当转换开关 SA 闭合时，按下启动按钮 SB1，1＃电动机启动运行；按下停止按钮 SB2，1＃电动机停止运行。当转换开关 SA 断开时，按下启动按钮 SB3，2＃电动机启动运行；按下停止按钮 SB4，2＃电动机停止运行。不使用 MC、MCR 指令实现上述控制要求。请完成主电路、控制电路、I/O 地址分配、PLC 程序及元器件选择，并编制规范的技术文件。

项目五　运料小车两地往返运动控制

【项目目标】

1. 学会使用内部定时器指令 T(T0～T255)。
2. 理解由 PLC 基本结构程序逐步编程的方法。
3. 掌握内部定时器的各种分类及使用方法。

一、项目任务

在自动化生产线中，要求小车在两地之间自动往返运行的情况很多，这是典型的顺序控制，利用定时器或计数器可实现控制要求。如图 2.5.1 所示，小车在煤场和煤仓两地间自动往返运煤。选择三相异步电动机(额定电压 380 V，额定功率 15 kW，额定转速 1 378 r/min，额定频率 50 Hz)控制小车运行。

控制过程：按下启动按钮 SB1，小车左行。当小车到达煤场后，触发行程开关 SQ1，小车停留 5 s，装料。定时时间到后，小车启动右行，当小车到达煤仓后，触发行程开关 SQ2，小车停留 8 s，卸料。定时时间到后，小车左行回到煤场准备下一次的运煤过程。按下停止按钮 SB2，小车停止运行。

请用 PLC 实现小车在煤场和煤仓两地间自动往返运动(参考项目三：电动机的正、反转控制)。

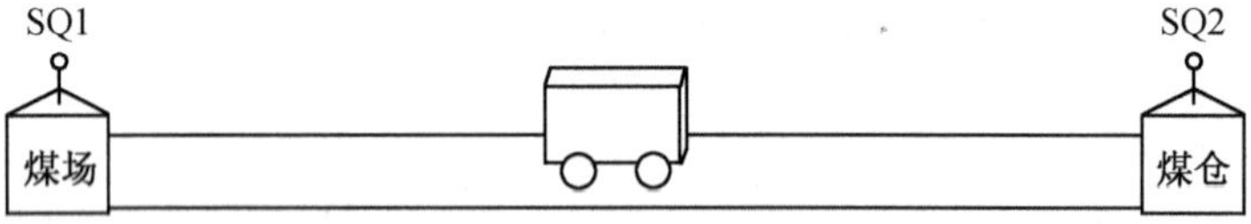

图 2.5.1　小车在煤场和煤仓两地间自动往返运动模拟图

二、项目分析

小车的往返运行，实质是电动机的正、反转控制。根据电动机正、反转的要求，主电路中 KM1 吸合时，电动机正转运行；KM2 吸合时，电动机反转运行。电动机在运行过程中不能直接反向运行。在操作过程中，当小车到达煤场后，停留数秒，待电动机停止后，再启动反向运行(相当于小车装料)；同样，当小车到达煤仓后，停留数秒，待电动机停止后，再启动正向运行(相当于小车卸料)。

三、相关知识

FX_{2N}系列 PLC 定时器的功能及应用

（一）定时器的编号和功能

FX_{2N}系列 PLC 共有 256 个定时器，编号为 T0～T255，每个定时组件的设定值范围为 1～32 767。定时器在 PLC 中的作用相当于通电延时时间继电器，它有一个设定值寄存器（一个字长），一个当前值寄存器（一个字长）以及动合和动断触点（可无限次使用）。对于每一个定时器，这三个量使用同一地址编号，但使用场合不一样。

定时器通常以用户程序存储器内的常数 K 作为设定值，也可以使用数据寄存器 D 的内容作为设定值。这里使用的数据寄存器应有断电保持功能。

定时器按功能可分为通用定时器和累积定时器两大类，每类又分两种。

1. 通用定时器 T0～T245

通用定时器分为 100 ms 和 10 ms 两种。100 ms 通用定时器 T0～T199，共 200 个，每个设定值范围为 0.1～3 276.7 s，其中 T192～T199 可在子程序或中断服务程序中使用。10 ms 通用定时器 T200～T245，共 46 个，每个设定值范围为 0.01～327.67 s。

2. 累积定时器 T246～T255

累积定时器分为 100 ms 和 1 ms 两种。1 ms 累积定时器 T246～T249，共 4 个，每个设定值范围为 0.001～32.767 s。考虑到一般实用程序的扫描时间都要大于 1 ms，所以该定时器一般设计成以中断方式工作，可以在子程序或中断服务程序中使用。100 ms 累积定时器 T250～T255，共 6 个，每个设定值范围为 0.1～3 276.7 s。100 ms 累计定时器不能在子程序或中断服务程序中使用。

通用与累积定时器的异同：当驱动逻辑为 ON 后，定时器的动作是相同的，但是，当驱动逻辑为 OFF 或者 PLC 断电后，通用定时器立即复位，而累积定时器并不复位；当驱动逻辑再次为 ON 或者 PLC 恢复通电后，累积定时器在上次计时时间的基础上继续累加，直到定时时间到达为止。

（二）定时器的基本应用

【例 2.5.1】 分别用不同基准时间的通用定时器实现当 X0 接通时间超过 2 s 后 Y1 输出，当 X0 断开时，Y1 停止输出。图 2.5.2 所示为 T50 通用定时器用法；图 2.5.3 所示为 10 ms通用定时器用法。

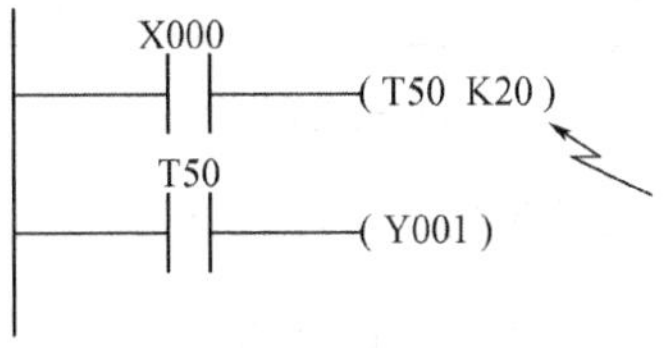

(a) 梯形图

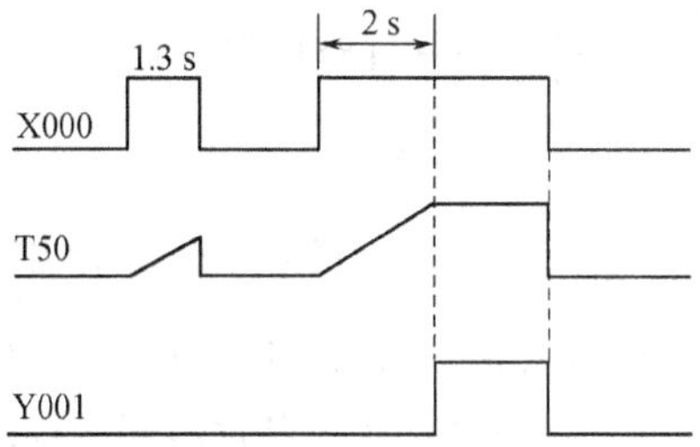

(b) 波形图

图 2.5.2　通用定时器 T50 的常规用法

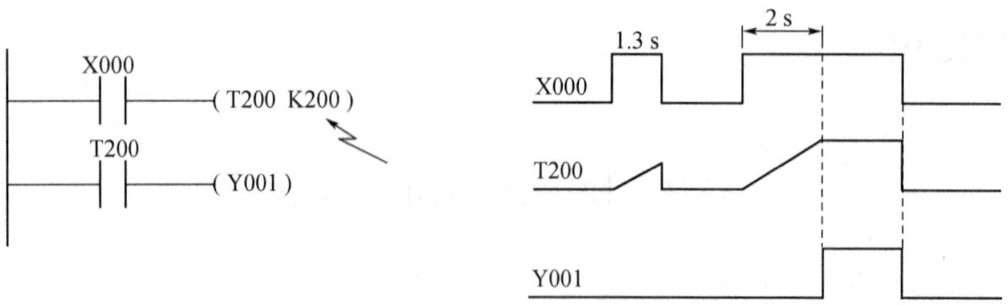

(a) 梯形图　　(b) 波形图

图 2.5.3　通用定时器 T200 的常规用法

工作原理：图 2.5.2，2.5.3 所示程序均是实现累计定时 2 s 的程序，不同之处为两者的基准时间不同。X0 为 ON 后，定时器开始计时，中间断电或 X0 为 OFF 后，定时器停止计数，并且复位。当 X0 再次为 ON 后，定时器重新开始定时计数，直到定时时间到达 2 s，定时器触点动作输出。在 X0 变为 OFF 后自动复位。

【例 2.5.2】 图 2.5.4 所示为 1 ms 累积定时器的应用方法；图 2.5.5 为 100 ms 累计定时器应用及复位方法。

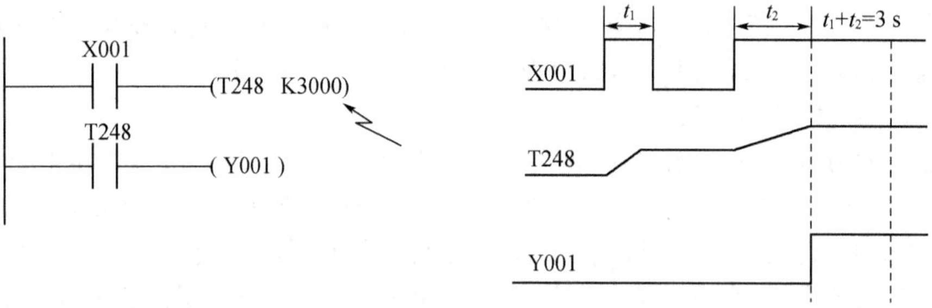

(a) 梯形图　　(b) 波形图

图 2.5.4　累计定时器 T248 的使用

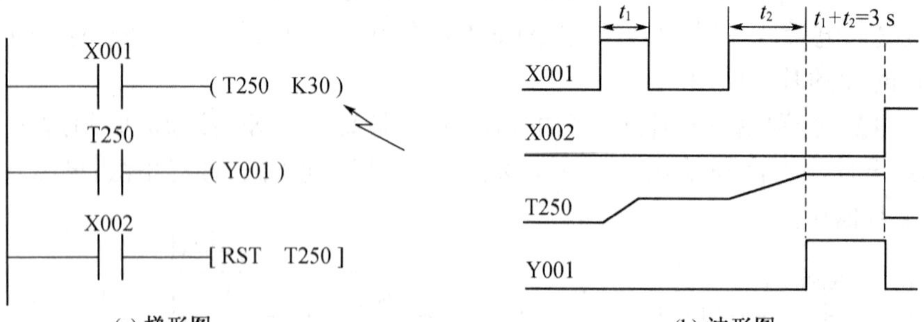

(a) 梯形图　　(b) 波形图

图 2.5.5　累计定时器 T250 的使用与复位

工作原理：图 2.5.4，2.5.5 所示的程序均是实现累计定时 3 s 的程序，不同之处为两者的基准时间不同。X1 为 ON 后，定时器开始计时。中间断电或 X1 为 OFF 后，定时器停止计数，但不会复位。当 X1 再次为 ON 后，定时器在原来计数值的基础上继续计时，直到定时时间到达 3 s 为止。

累计定时器不会自动复位，只有使用复位指令时才能复位。例如图 2.5.5 程序中当 X2 为 ON 后，定时器 T250 复位。

（三）定时器的应用拓展

【例 2.5.3】 用定时器 T0 实现断电延时。要求当 X0 接通时，Y0 输出；当 X0 断开时，Y0 延时 5 s 后断开。实现方法如图 2.5.6 所示。

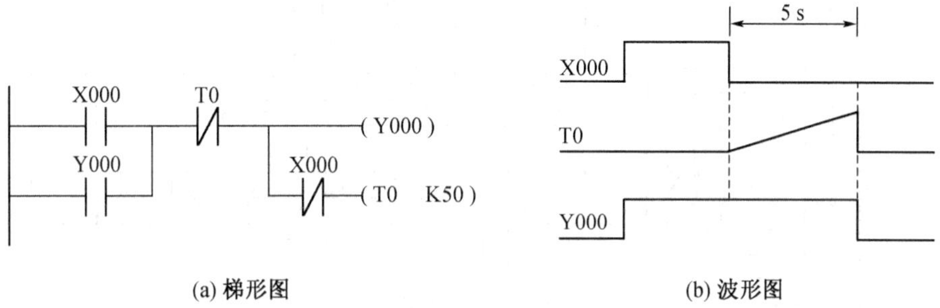

图 2.5.6　用定时器 T0 实现断电延时

工作原理：FX_{2N}系列的定时器只有通电延时功能，没有断电延时功能，在图 2.5.6 程序中，通过 X0 的动断触点与控制的时序关系实现了断电延时的控制作用。

当 X0 为 ON 时，Y0 输出，此时定时器 T0 不工作；当 X0 为 OFF 时，Y0 保持输出，定时器 T0 开始工作，定时时间到达 5 s 后 Y0 停止输出，从而实现了断电延时控制功能。

【例 2.5.4】 用定时器实现占空比可调的闪烁控制电路。实现方法如图 2.5.7 所示。

工作原理：在图 2.5.7 程序中，首先 T0 开始工作，1 s 后 T0 定时时间到，Y0 输出并保持，同时控制 T1 开始定时工作，T1 在 2 s 后定时时间到，控制 T0 的复位和 Y0 停止输出，复位后 T0 开始下次的定时控制。

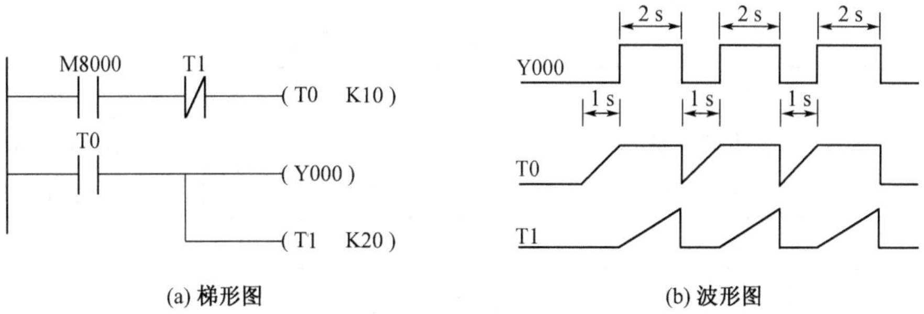

图 2.5.7　用定时器实现占空比可调的闪烁控制电路

从程序中可以看到，修改 T0 的定时时间可以改变 Y0 低电平控制时间，修改 T1 的定时时间可以改变 Y0 的高电平输出时间。

四、项目实施

用 PLC 来实现小车自动往返运行控制。

1. 主电路设计

如图 2.5.8 所示,主电路中四个元器件,空气断路器 QF1、热继电器 FR、正转控制交流接触器 KM1、反转控制交流接触器 KM2。可以确定主电路中需要 1 个输入点与 2 个输出点。

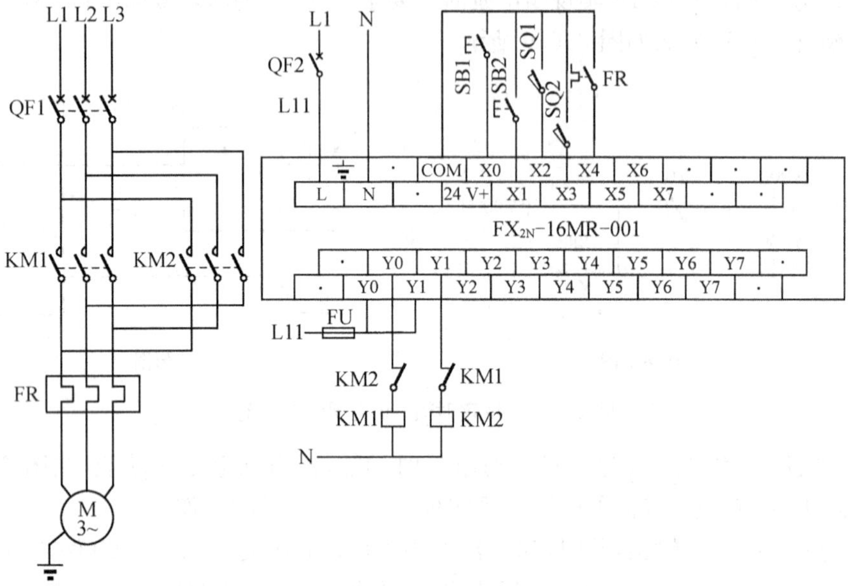

(a) 主电路　　(b) PLC控制电路

图 2.5.8　小车往返运行 PLC 控制原理图

2. 确定 I/O 点总数及地址分配

控制电路中有两个控制按钮,启动按钮 SB1 和停止按钮 SB2;两个行程开关 SQ1 和 SQ2。控制系统总的输入点数为 5 个,输出点数为 2 个。PLC 的 I/O 分配的地址如表 2.5.1 所示。

表 2.5.1　I/O 点总数及地址分配

输入信号			输出信号		
1	X0	启动按钮 SB1	1	Y0	左行交流接触器 KM1
2	X1	停止按钮 SB2	2	Y1	右行交流接触器 KM2
3	X2	行程开关 SQ1			
4	X3	行程开关 SQ2			
5	X4	热继电器 FR			

3. 控制电路

运料小车两地往返运动控制电气原理图如图 2.5.8 所示。

4. 设备材料表

本控制中输入点数应选 5×1.2≈6 点,输出点数应选 2×1.2≈3 点(继电器输出)。通过查找三菱 FX_{2N}系列选型表,选定三菱 FX_{2N}-16MR-001(其中,输入 8 点,输出 8 点,继电器输出)。通过查找电气元件选型表,选择的元器件列表如表 2.5.2 所示。

表 2.5.2　设备材料表

序号	符号	设备名称	型号、规格	单位	数量	备注
1	M	电动机	Y-112M-4　380 V,15 kW,1 378 r/min,50 Hz	台	1	
2	PLC	可编程控制器	FX_{2N}-16MR-001	台	1	
3	QF1	交流断路器	DZ47-D32/3P	个	1	
4	QF2	交流断路器	DZ47-D10/1P	个	1	
5	FU	熔断器	RT18-32/6 A	个	2	
6	KM	交流接触器	CJX2(LC1-D)-32　线圈电压 220 V	个	2	
7	SB	按钮	LA39-11	个	2	
8	FR	热继电器	JRS1(LR1)-D40353/28.6 A	个	1	
9	SQ	行程开关	LX19-001	个	2	

5. 程序设计

前面学习了用 PLC 实现电机的正、反转控制，在此基础上采用逐步增加相应功能的编程方法来实现顺序控制，从中借鉴程序设计的思路。图 2.5.9 为小车往返运行流程图。

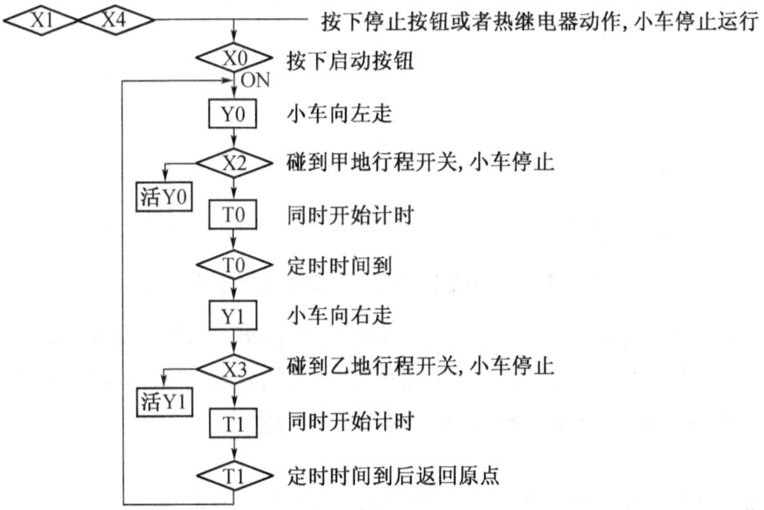

图 2.5.9　小车往复运动流程图

第一步：根据项目三的电动机正、反转控制程序结构，结合本项目的 I/O 分配表及控制要求对原程序进行修改，由于没有反转按钮，原 X2 的位置符号待定，修改后的程序结构图如图 2.5.10 所示。

第二步：增加行程开关和定时控制的程序。

(1) 当小车左行到位后，行程开关 SQ1 闭合，既是定时器 T0 工作的条件，也是输出继电器 Y0 失电的条件，T0 后面的参数 K50 是表示定时时间为 5 s。

(2) 当小车右行到位后，行程开关 SQ2 得电，既是定时器 T1 工作的条件，也是输出继电电

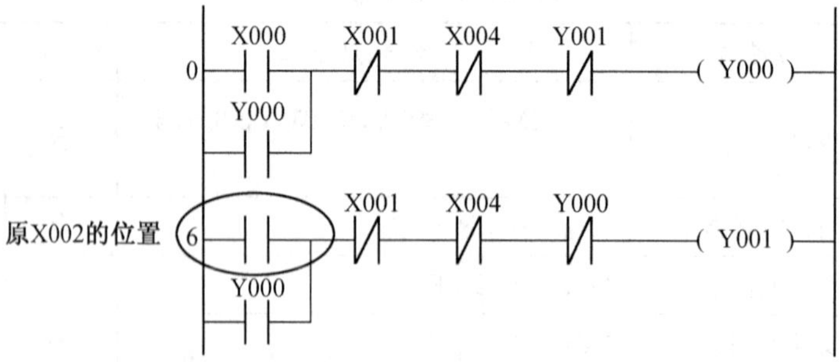

图 2.5.10 程序结构图

器 Y1 失电的条件,T1 后面的参数 K80 是表示定时时间为 8 s。

在程序中添加行程开关触发定时器及使输出继电器失电的程序段,图 2.5.11 所示为增加行程开关和定时控制的程序。

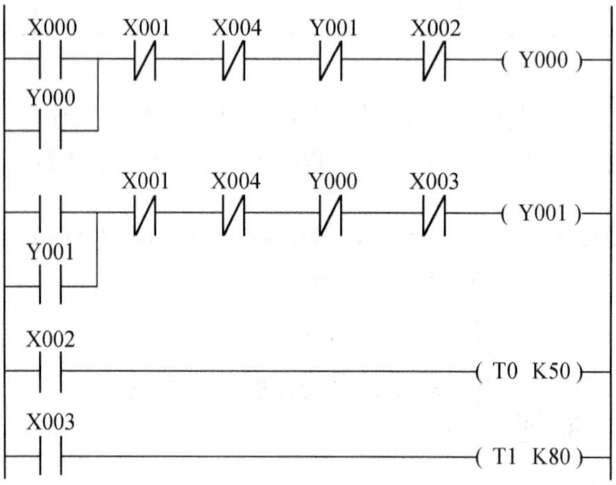

图 2.5.11 增加行程开关和定时控制的程序

第三步:下面考虑定时时间到使电动机继续运行的问题。T0 时间到,是小车右行启动的条件;T1 时间到,是小车左行启动的条件。在程序中添加定时器动合触点触发小车运行的程序段,图 2.5.12 所示为运料小车两地自动往返运行控制程序。

程序说明:

按下启动按钮 SB1,输入继电器 X0 闭合,输出继电器 Y0 线圈得电,交流接触器 KM1 的线圈得电,电动机正转运行,小车左行。

小车到达煤场后,行程开关 SQ1 动作,输出继电器 Y0 线圈失电,交流接触器 KM1 的线圈失电,小车停止运行,定时器 T0 开始计时。定时 5 s 后,输出继电器 Y1 线圈得电,交流接触器 KM2 的线圈得电,电动机反转运行,小车自动右行。

小车到达煤仓后,行程开关 SQ2 动作,输出继电器 Y1 线圈失电,交流接触器 KM2 的线圈失电,小车停止运行,定时器 T1 开始计时。定时 8 s 后,输出继电器 Y0 线圈得电,交流接触器 KM1 的线圈得电,电动机正转运行,小车自动左行。

小车在煤场和煤仓两地之间往返运动。

按下停止按钮 SB2,输入继电器 X1 断开,使输出继电器 Y0 或 Y1 线圈失电,电动机停止

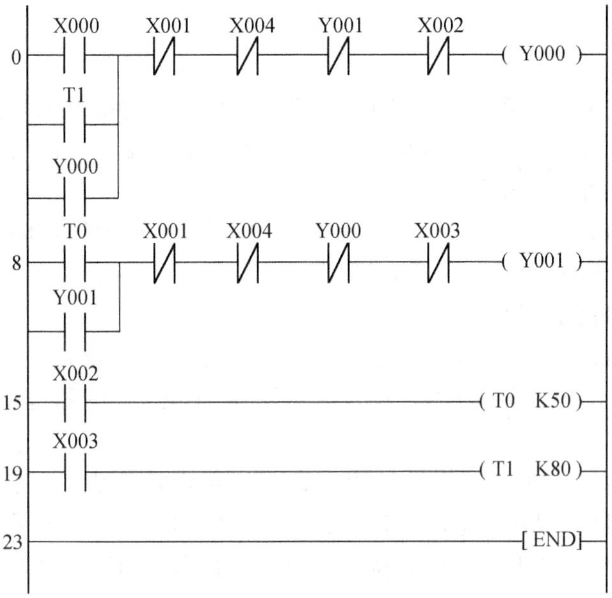

步序	指令		
0	LD	X000	
1	OR	T1	
2	OR	Y000	
3	ANI	X001	
4	ANI	X004	
5	ANI	Y001	
6	ANI	X002	
7	OUT	Y000	
8	LD	T0	
9	OR	Y001	
10	ANI	X001	
11	ANI	X004	
12	ANI	Y000	
13	ANI	X003	
14	OUT	Y001	
15	LD	X002	
16	OUT	T0	K50
19	LD	X003	
20	OUT	T1	K80
23	END		

图 2.5.12　运料小车两地自动往返运动控制程序

运行。电动机发生过载时，FR 动作，输入继电器 X4 断开，使输出继电器 Y0 或 Y1 线圈失电，电动机停止运行。

6. 运行调试

根据 PLC 控制原理图在实验台上连接 PLC 实验装置，检查无误后，将图 2.5.12 所示梯形图下载到 PLC 中，选择程序的监控模式，操作实验装置，观察程序的执行过程和实验结果。

(1) 按下启动按钮 SB1，梯形图中 X0 动合触点闭合，观察 Y0 的动作情况。

(2) 行程开关 SQ1 被触发，观察定时器 T0 和继电器 Y0、Y1 的动作情况。

(3) T0 定时时间到，观察定时器 T0 和继电器 Y0、Y1 的动作情况。

(4) 行程开关 SQ2 被触发，观察定时器 T1 和继电器 Y0、Y1 的动作情况。

(5) T1 定时时间到，观察定时器 T1 和继电器 Y0、Y1 的动作情况。

(6) 按下外部停止按钮 SB2，梯形图中 X1 动断触点断开，观察 Y0、Y1 的动作情况。

(7) 将 X4 置 ON 状态，观察 Y0、Y1 的动作情况。

五、思考与练习

1. 选择题

(1) FX_{2N}系列 PLC 中最常用的两种常数是 K 和 H，其中以 K 表示的是(　　)进制数。

A. 二　　B. 八　　C. 十　　D. 十六

(2) FX_{2N}系列 PLC 中通用定时器的编号为(　　)。

A. T0～T256　　B. T0～T245　　C. T1～T256　　D. T1～T245

(3) FX_{2N}系列通用定时器分 100 ms 和(　　)两种。

A. 1 000 ms　　B. 10 ms　　C. 1 ms

(4) FX_{2N}系列累计定时器分 1 ms 和(　　)两种。

A. 1 000 ms　　B. 100 ms　　C. 10 ms

(5) FX_{2N}系列通用定时器与累计定时器的区别在于(　　)。

A. 当驱动逻辑为 OFF 或 PLC 断电时,通用定时器立即复位,而累计定时器并不复位,再次通电或驱动逻辑再次为 ON 时,累计定时器在上次定时时间的基础上继续累加,直到定时时间到达为止

B. 当驱动逻辑为 OFF 或 PLC 断电时,累计定时器立即复位,而通用定时器并不复位,再次通电或驱动逻辑再次为 ON 时,通用定时器在上次定时时间的基础上继续累加,直到定时时间到达为止

C. 当驱动逻辑为 OFF 或 PLC 断电时,通用定时器不复位,而累积定时器也不复位

D. 当驱动逻辑为 OFF 或 PLC 断电时,通用定时器复位,而累计定时器也复位

2. *应用拓展*

图 2.5.13 所示六盏彩灯,要求实现霓虹灯效果,请用 PLC 内部定时器设计程序。要求实现按下按钮 SB 后,彩灯 HL1、HL3、HL5 亮,彩灯 HL2、HL4、HL6 灭;2 s 后,彩灯 HL1、HL3、HL5 闪 3 下熄灭,此时彩灯 HL2、HL4、HL6 亮。同样 2 s 后,彩灯 HL2、HL4、HL6 闪 3 下熄灭,此时彩灯 HL1、HL3、HL5 亮,然后循环。当再次按下按钮 SB 后,所有彩灯熄灭。请完成主电路、控制电路、I/O 地址分配、PLC 程序及元件选择,编制规范的技术文件。程序下载到 PLC 中运行,并模拟霓虹灯效果。

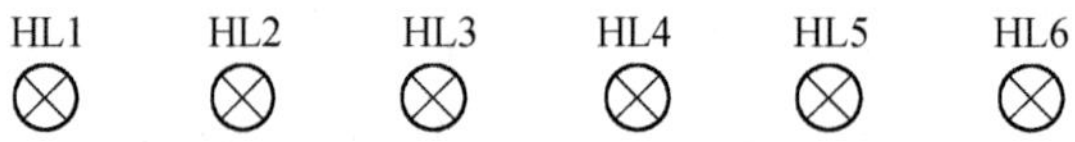

图 2.5.13　六盏彩灯控制示意图

项目六　电动机星-三角降压启动运行控制

【项目目标】

1. 掌握 PLC 的基本逻辑指令：MPS、MRD 和 MPP 指令。
2. 了解由继电器控制电路转换成 PLC 程序的方法。
3. 学会应用布尔表达式进行 PLC 程序设计。
4. 进一步了解 PLC 应用设计的步骤。

一、项目任务

如图 2.6.1 所示，有一台功率较大的三相异步电动机（额定电压 380 V，额定功率 37 kW，额定转速 1 378 r/min，额定频率 50 Hz），采用星-三角降压启动的方法进行控制，请用 PLC 实现控制要求。

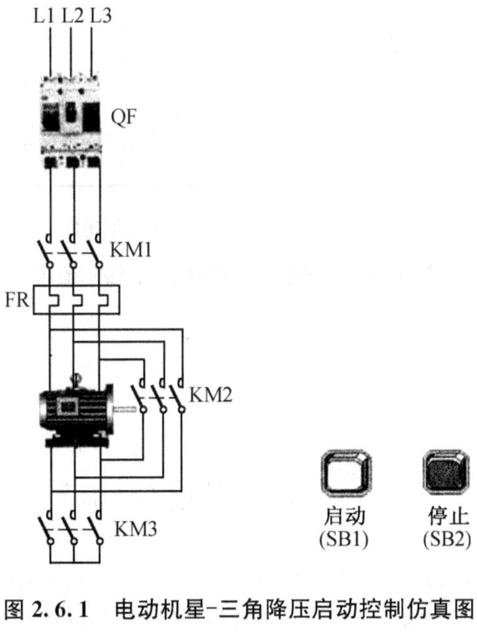

图 2.6.1　电动机星-三角降压启动控制仿真图

二、项目分析

在工业应用场合，较大功率电动机常采用星-三角降压启动控制方式，在继电器控制电路中，通常采用 1 个空气断路器、3 个交流接触器、1 个热继电器、若干按钮等电器元件构成控制电路。如图 2.6.2 所示，合上 QF 后，按下启动按钮 SB1，KM1 吸合并形成自保，同时 KM3 吸合，电动机按星形连接降压启动，同时通电延时定时器 KT 线圈得电开始工作；到达定时器 KT 延时时间后，其延时动断触点断开，KM3 失电，其延时动合触点闭合，KM2 得电，电动机按三角形连接运行。按下按钮 SB2，KM1 、KM2 均失电，电动机停转。

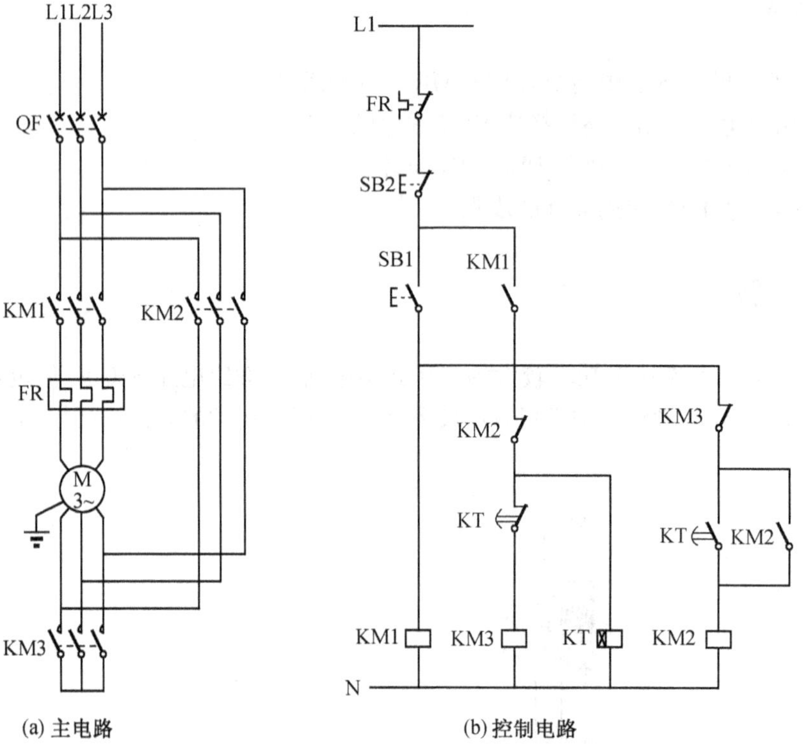

图 2.6.2 电动机星-三角降压启动继电-接触器控制原理图

三、相关指令

FX$_{2N}$基本逻辑指令(五)

在程序中如果有几个分支输出，并且在分支点和输出之间有串联运算时，需要在第一次运算到该支点时，将该支点处的结果入栈保存。栈存储器与多重输出指令如表 2.6.1 所示。

表 2.6.1　栈存储器与多重输出指令表

助记符、名称	功能	梯形图表示和可用软元件	程序步
MPS 进栈	连接点数据入栈	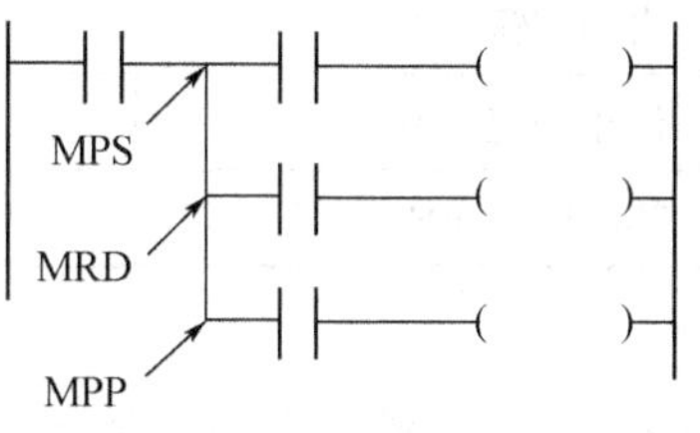	1
MRD 读栈	从堆栈读出连接点数据		1
MPP 出栈	从堆栈读出连接点数据并复位		1

MPS：推入堆栈。将指令处的运算结果压入栈中存储，并执行下一步指令。

MRD：读出堆栈。将栈中由 MPS 指令存储的结果读出，需要时可反复读出，栈中的内容不变。

MPP：弹出堆栈。将栈中由 MPS 指令存储的结果读出，并清除栈中的内容。

FX 系列 PLC 中有 11 个栈存储器，故 MPS 和 MPP 嵌套使用必须少于 11 次，并且 MPS 和 MPP 必须成对使用。

【例 2.6.1】 多重输出指令的应用如图 2.6.3 所示。

梯形图

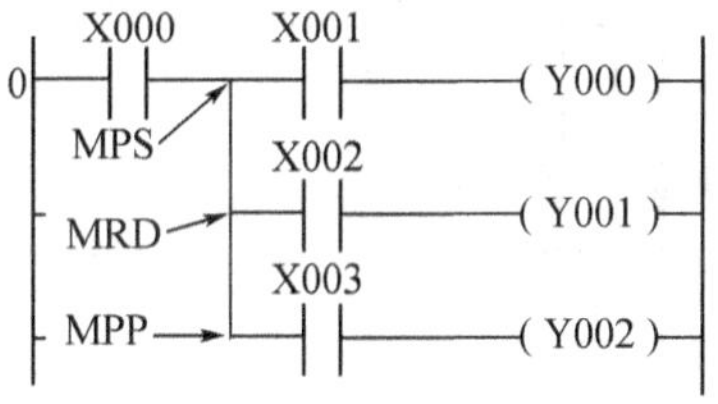

指令表

0	LD	X000	5	AND	X002
1	MPS		6	OUT	Y001
2	AND	X001	7	MPP	
3	OUT	Y000	8	AND	X003
4	MRD		9	OUT	Y002

图 2.6.3　例 2.6.1 示意图

工作原理：这是一个利用多重输出指令进行分支执行的程序。利用 MPS 指令，存储运算的中间结果在驱动输出 Y0 后，通过 MRD 指令读取存储的中间结果，然后进行 Y1 的逻辑控制，最后通过 MPP 指令读取后并清除了存储的中间结果，进行 Y2 的逻辑控制。

四、项目实施

1. 主电路设计

如图 2.6.4 所示的主电路共采用了 5 个元件，其中 1 个热继电器 FR，3 个交流接触器 KM1、KM2 和 KM3，1 个空气断路器 QF。可以确定主电路需要的输入点数为 1 点，输出点数为 3 点。

2. 确定 I/O 点总数及地址分配

根据控制要求，在控制电路中还有启动按钮 SB1 和停止按钮 SB2，这样整个系统总的输入点数为 3 个，输出点数为 3 个。I/O 地址分配如表 2.6.2 所示。

表 2.6.2 I/O 地址分配表

输入信号			输出信号		
1	X0	启动按钮 SB1	1	Y0	交流接触器 KM1
2	X1	停止按钮 SB2	2	Y1	交流接触器 KM2
3	X2	热继电器 FR	3	Y2	交流接触器 KM3

3. 控制电路设计

PLC 控制的电动机星-三角降压启动控制电气原理图如图 2.6.4 所示。

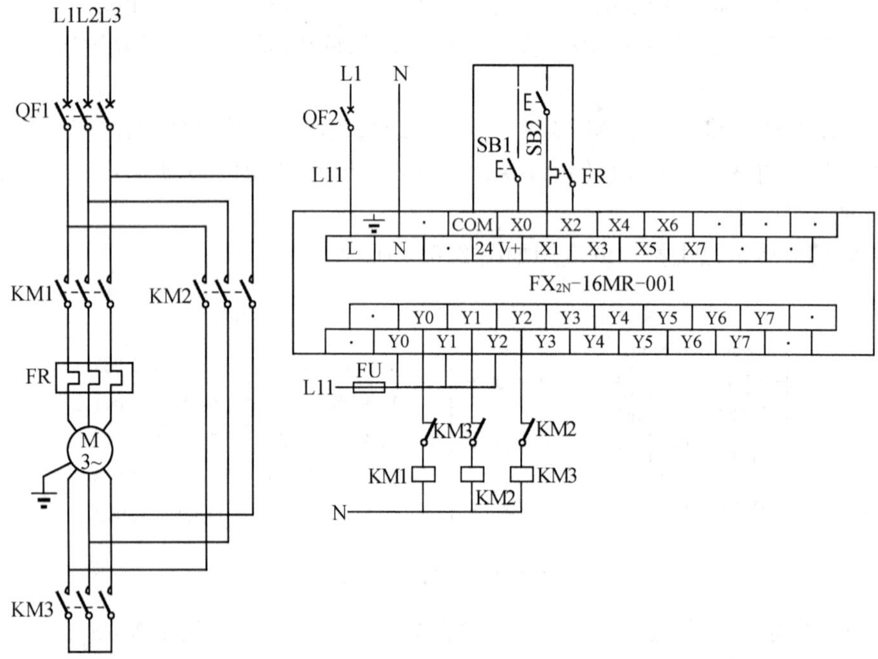

(a) 主电路 (b) PLC控制电路

图 2.6.4 PLC 控制电动机星-三角降压启动控制原理图

4. 设备材料表

本控制中输入点数应选 3×1.2≈4 点,输出点数应选 3×1.2≈4 点(继电器输出)。通过查找三菱 FX_{2N}系列选型表,选定三菱 FX_{2N}- 16MR - 001(其中输入 8 点,输出 8 点,继电器输出)。通过查找电气元件选型表,选择的元器件列表如表 2.6.3 所示。

表 2.6.3 设备材料表

序号	符号	设备名称	型号、规格	单位	数量	备注
1	M	电动机	Y - 112M - 4 380 V,37 kW,1 378 r/min,50 Hz	台	1	
2	PLC	可编程控制器	FX_{2N}- 16MR - 001	台	1	

（续表）

序号	符号	设备名称	型号、规格	单位	数量	备注
3	QF1	空气断路器	DZ47 - D100/3P	个	1	
4	QF2	空气断路器	DZ47 - D10/1P	个	1	
5	FU	熔断器	RT18 - 32/6 A	个	2	
6	KM	交流接触器	CJX2(LC1 - D)- 80　线圈电压 220 V	个	3	
7	SB	按钮	LA39 - 11	个	2	
8	FR	热继电器	JRS1(LR1)- D63361	个	1	

5. 程序设计

(1) 根据继电-接触器控制原理转换为梯形图程序设计方法设计程序。

① 由继电-接触器控制电路转换 PLC 程序的过程如图 2.6.5 所示。

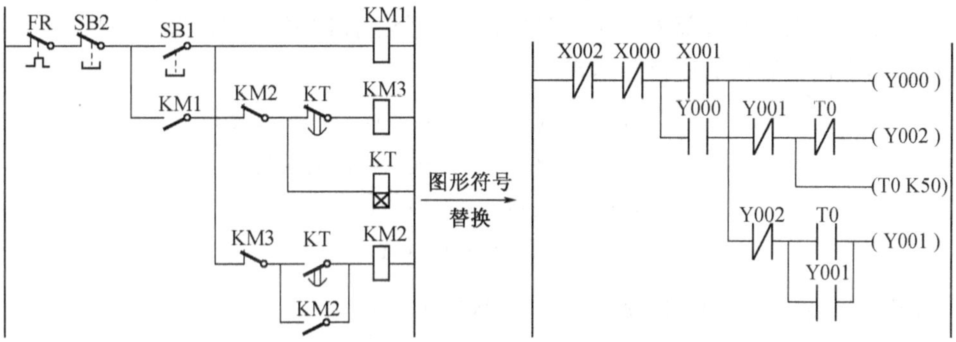

图 2.6.5　继电-接触器电路转换 PLC 程序示意图

② 语句表程序如下所示。

0	LDI　X002	7	MRD	14	MPP
1	ANI　X000	8	ANI　Y001	15	ANI　Y002
2	LD　X001	9	MPS	16	LD　T0
3	OR　Y000	10	ANI　T0	17	OR　Y001
4	ANB	11	OUT　Y002	18	ANB
5	MPS	12	MPP	19	OUT　Y001
6	OUT　Y000	13	OUT　T0　K50		

上述程序实现了电动机星-三角降压启动控制，但在由梯形图程序转换为语句表程序过程中，使用了 MPS(堆栈)和 MPP(出栈)指令，如图 2.6.6 所示，A、B、E 三个点的状态相同，C、D 两个点的状态也相同。当程序执行到 A 点时，使用了 MPS 指令(程序步 5)，将 A 点左面的运算结果保存到堆栈存储器中，第二个逻辑输出从 B 点开始，由于 OUT 指令不影响 A 点的状态，所以在 B 点时，可以直接使用 A 点的状态，这是一个特殊位置，在第四个输出行时，即 E 点使用了 MPP 出栈指令，读出 A 点的结果，直接与后续开关状态进行逻辑运算即可。C、D 两个点是同样的操作过程。使用堆栈指令可以解决一些复杂的梯形图编程问题。

此外,还可根据布尔表达式编写梯形图程序,实现对上述梯形图程序的进一步优化。

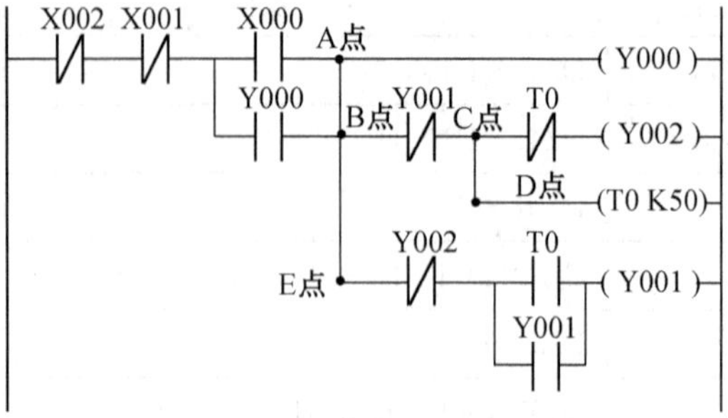

图 2.6.6　梯形图程序转换语句表程序特殊位置示意图

(2) 根据布尔表达式进行程序设计。

对于输入/输出信号不是很多的控制系统,以每个内部和外部输出线圈为基础,写出各种输出线圈之间的逻辑关系,即布尔表达式。由表达式写出梯形图并进行优化即可。

例如在本题中有三个外部输出线圈 Y0、Y1、Y2 分别控制 KM1、KM2、KM3。有一个内部输出线圈 T0,下面是它们的逻辑表达式:

$$\mathrm{Y000} = (\mathrm{X000} + \mathrm{Y000}) \cdot \overline{\mathrm{X001}} \cdot \overline{\mathrm{X002}};$$
$$\mathrm{T0} = (\mathrm{X000} + \mathrm{Y000}) \cdot \overline{\mathrm{X001}} \cdot \overline{\mathrm{X002}};$$
$$\mathrm{Y002} = \mathrm{Y000} \cdot \overline{\mathrm{T0}} \cdot \overline{\mathrm{Y001}};$$
$$\mathrm{Y001} = \mathrm{Y000} \cdot \mathrm{T0} \cdot \overline{\mathrm{Y002}}。$$

① 根据布尔表达式写出的梯形图程序如图 2.6.7 所示。

② 语句表程序,请填写在下表中。

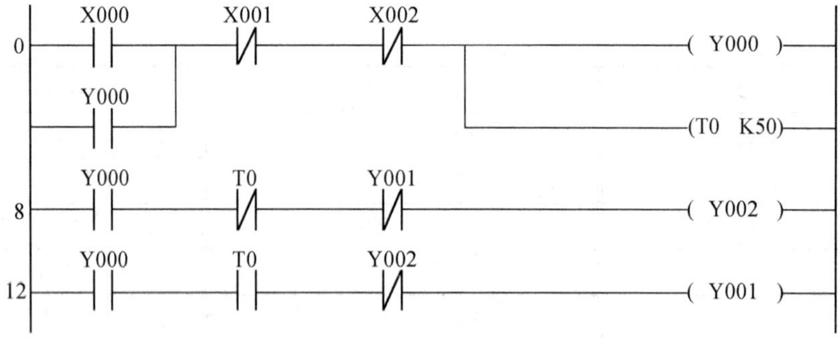

图 2.6.7　根据布尔表达式编写的梯形图程序

0		6		12	
1		7		13	
2		8		14	
3		9		15	
4		10			
5		11			

6. 运行调试

根据 PLC 控制原理图在实验台上连接 PLC 实验装置，检查无误后，将图 2.6.7 所示梯形图下载到 PLC 中，选择程序的监控模式，操作实验装置，观察程序的执行过程和实验结果。

(1) 按下外部启动按钮 SB1，梯形图中 X0 动合触点闭合，观察 Y0、Y1、Y2、T0 的动作情况。

(2) 按下外部停止按钮 SB2，梯形图中 X1 动断触点断开，观察 Y0、Yl、Y2、T0 的动作情况。

五、思考与练习

1. 选择题

(1) 将栈中由 MPS 指令存储的结果读出并清除栈中内容的指令是(　　)。

A. SP　　B. MPS　　C. MPP　　D. MRD

(2) FX 系列 PLC 中有(　　)个栈存储器。

A. 11　　B. 10　　C. 8　　D. 16

(3) MPS 和 MPP 嵌套使用必须少于(　　)次。

A. 11　　B. 10　　C. 8　　D. 16

(4) 根据梯形图 2.6.8，下列选项中语句表程序正确的是(　　)。

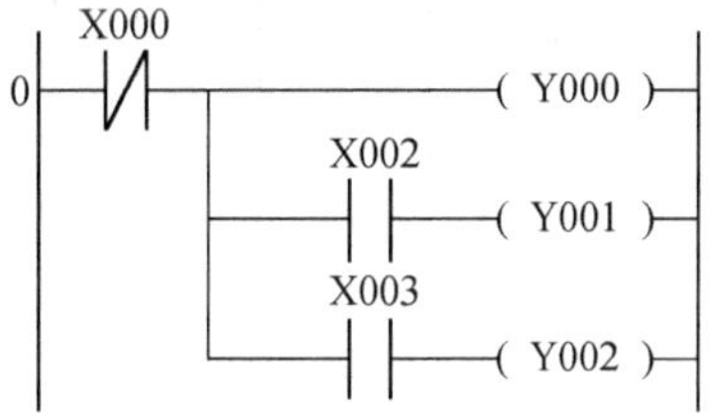

图 2.6.8　题(4)示意图

A.

```
LDI   X000
OUT   Y000
MPS
AND   X002
OUT   Y001
MPP
AND   X003
OUT   Y002
```

B.

```
LDI   X000
OUT   Y000
MPS
AND   X002
OUT   Y001
MRD
AND   X003
OUT   Y002
```

C.

```
LDI   X000
MPS
OUT   Y000
MRD
AND   X002
OUT   Y001
MPP
AND   X003
OUT   Y002
```

D.

```
LDI   X000
OUT   Y000
MPP
AND   X002
OUT   Y001
MPP
AND   X003
OUT   Y002
```

(5) 图 2.6.9 中，与语句表程序对应的梯形图是(　　)。

0 LD X000	8 OUT Y001
1 MPS	9 MPP
2 AND X001	10 AND X004
3 MPS	11 OUT Y002
4 ANI X002	12 MPP
5 OUT Y000	13 AND X005
6 MRD	14 OUT Y003
7 AND X003	

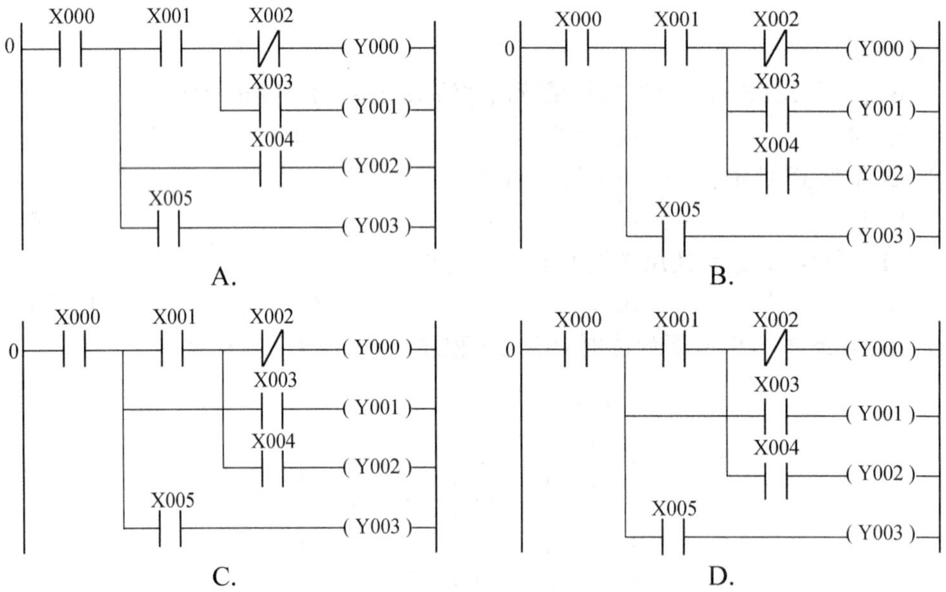

图 2.6.9 题(5)示意图

2. 应用拓展

如本项目任务所描述,有一台功率较大的三相异步电动机(额定电压 380 V,额定功率 37 kW,额定转速 1 378 r/min,额定频率 50 Hz),如果采用自耦降压启动的方法进行控制,请用 PLC 实现控制。

项目七　抢答器设计

【项目目标】

1. 学会 LED 显示器在 PLC 中的使用。
2. 巩固利用基本指令实现功能控制的编程方法。
3. 熟悉 PLC 应用设计的步骤。
4. 了解 PLC 的故障诊断。

一、项目任务

设计一个四组抢答器,图 2.7.1 为抢答器仿真图。控制要求是:任一组抢先按下按键后,七段数码显示器能及时显示该组的编号并使蜂鸣器发出响声,同时锁住抢答器,使其他组按键无效,只有按下复位开关后方可再次进行抢答。

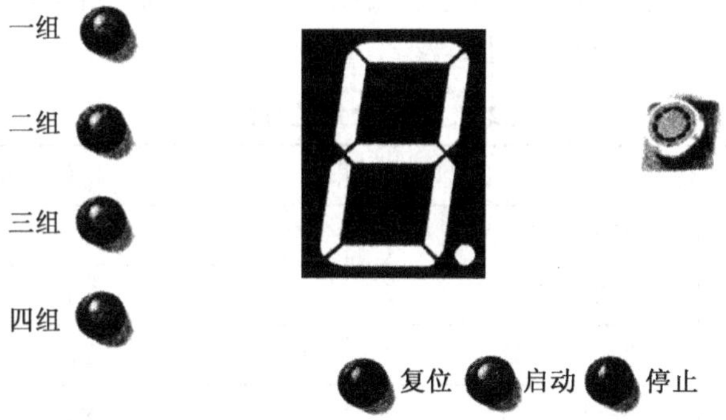

图 2.7.1　四组抢答器控制仿真图

二、项目分析

通过分析项目任务,知道需要对四组按键按下时的先后顺序进行比较,要解决的问题是将最快按下的组以数字的形式显示出来。具体分析如下:

(1) 如果第 1 组首先按下按键,通过 PLC 内部辅助继电器形成自保,控制其他组不形成自保,就可以实现按键的顺序判断。

(2) 其他各组的设计方式同第 1 组,可以实现哪一组先按下,哪一组就能自保。

(3) 自保后,只有通过复位按键才能解除自保,从而进入下一次的抢答操作。

(4) LED 显示器用于显示“1”“2”“3”“4”四个组的组号。共阳极 LED 是由七个条形的发光二极管组成的,它们的阳极连接在一起,如图 2.7.2 所示。只要让对应位置的发光二极管点亮,即可显示一定的数字字符。例如 b、c 段发光二极管点亮则显示字符“1”。

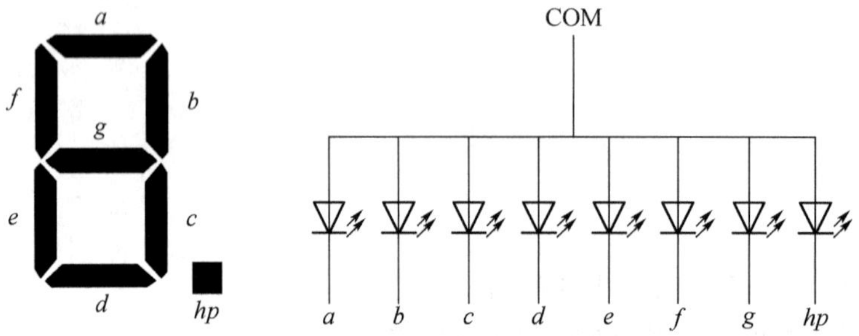

图 2.7.2 七段码显示器原理图

三、项目实施

1. 主电路及控制电路设计

在此项目中,主电路较简单,故与控制电路一起绘制控制原理图。整个系统的控制原理图如图 2.7.3 所示。LED 的 $a \sim g$ 分别接 PLC 的 Y1～Y7。

2. 确定 I/O 点总数及地址分配

在项目详细分析中确定了输入量为 7 个按钮开关;输出为 8 个,其中 1 个为蜂鸣器,7 个与 LED 连接。PLC 的 I/O 分配的地址如表 2.7.1 所示。

表 2.7.1 I/O 地址分配表

输入信号			输出信号		
1	X0	复位开关 RST	1	Y0	蜂鸣器
2	X1	按键 1 SB1	2	Y1	a
3	X2	按键 2 SB2	3	Y2	b
4	X3	按键 3 SB3	4	Y3	c
5	X4	按键 4 SB4	5	Y4	d
6	X5	启动按钮 RUN	6	Y5	e
7	X6	停止按钮 STOP	7	Y6	f
			8	Y7	g

3. 设备材料表

根据控制原理图及 I/O 分配表,控制系统中 PLC 输入点数应选 7×1.2≈9 点,输出点数应选 8×1.2≈10 点(继电器输出),选定三菱 FX_{2N}-32MR-001(输入 16 点,输出 16 点,继电器输出)。相关元器件如表 2.7.2 所示。

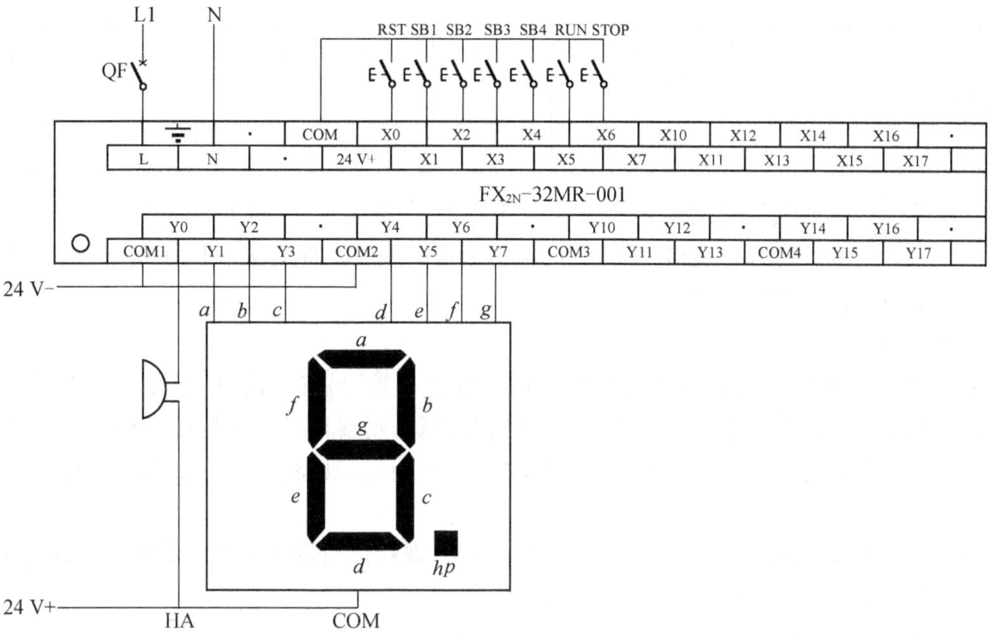

图 2.7.3　抢答器控制原理

表 2.7.2　设备材料表

序号	符号	设备名称	型号、规格	单位	数量	备注
1	PLC	可编程控制器	FX_{2N} - 32MR - 001	台	1	
2	SB	按钮	LA39 - 11	个	7	
3	QF	空气断路器	DZ47 - D25/3P	个	1	
4	LED	数码管	LDS - 20101BX	个	1	
5	HA	蜂鸣器	AD16 - 16	个	1	

4. 程序设计

根据控制原理进行程序设计，程序如图 2.7.4 所示。

在程序中，M1、M2、M3、M4 分别对应四个组的按键，哪一组的按键先按下，哪一组的内部继电器就会先自保，通过互锁使其他三个内部继电器不能形成自保。

LED 显示数字字符需要 7 个输出，每一个字符的输出又不一样，把每个组的状态转换成 LED 对应的输出，可以称为 LED 译码。如表 2.7.3 所示，在第 2 组优先按下按键时，M2 自保，PLC 需要输出的是 a、b、d、e 和 g 段，其他各组的输出对应均在表中列出。

表 2.7.3　LED 输出对应表

		a(Y1)	b(Y2)	c(Y3)	d(Y4)	e(Y5)	f(Y6)	g(Y7)
"1"组	M1		1	1				
"2"组	M2	1	1		1	1		1

(续表)

		a(Y1)	b(Y2)	c(Y3)	d(Y4)	e(Y5)	f(Y6)	g(Y7)
“3”组	M3	1	1	1	1			1
“4”组	M4		1	1			1	1

程序设计是根据表格找出与每个输出继电器有关的状态，从而编写一个逻辑运行程序。例如，Y1 为 LED 的输出，从表格中可以看到，只要 M2 或 M3 有输出，则 Y1 输出，这样就可以根据表格编写其他各段的程序了。

5. 运行调试

根据 PLC 控制原理图在实验台上连接 PLC 实验装置，检查无误后，将图 2.7.4 所示梯形图下载到 PLC 中，选择程序的监控模式，操作实验装置，观察程序的执行过程和实验结果。

(1) 按下启动按钮 RUN，梯形图中 X5 动合触点闭合，观察 M5 线圈和动合触点的动作情况。

(2) 按下按键 SB1，梯形图中 X1 动合触点闭合，观察定时器 T0、M1 线圈、M1 动合触点、M1 动断触点和 Y0～Y7 线圈的动作情况及数码管的显示结果。

(3) 按下复位按键 RST，梯形图中 X0 动断触点断开，观察定时器 M1 线圈、M1 动合触点、M1 动断触点和 Y0～Y7 线圈的动作情况及数码管的显示结果。

(4) 分别按下按键 SB2、SB3、SB4，重复(2)(3)的过程，观察 M2、M3、M4 线圈和触点、Y0～Y7 线圈的动作情况及数码管的显示结果。

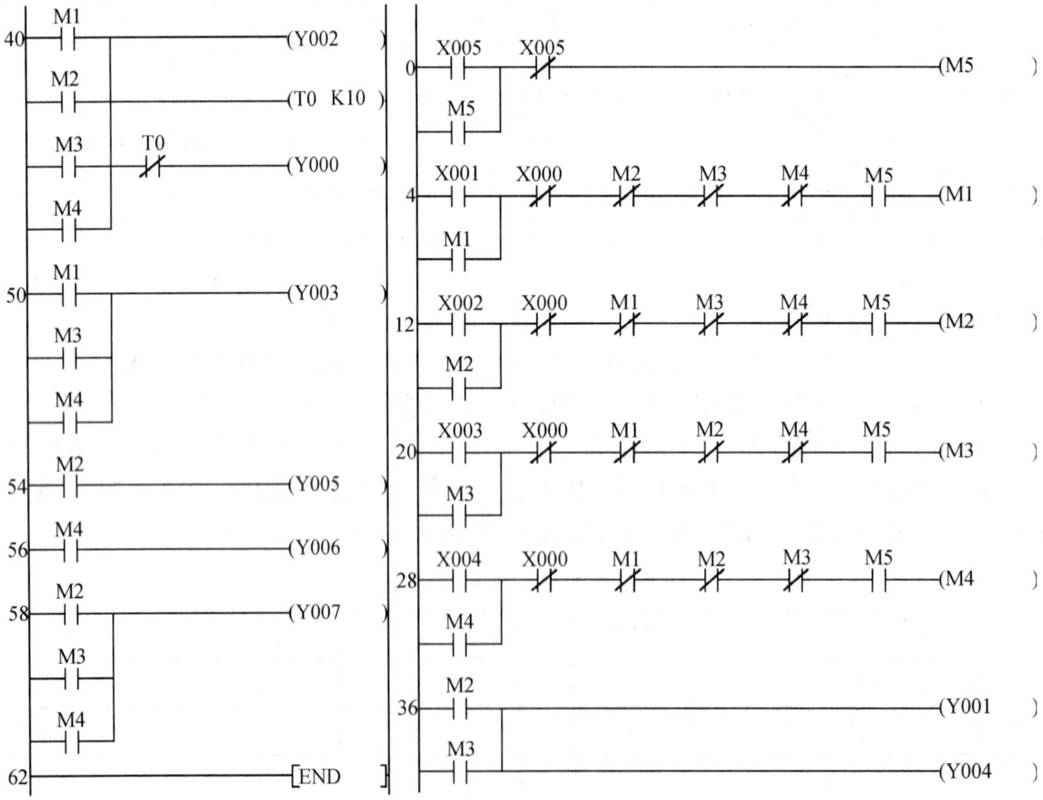

图 2.7.4　抢答器 PLC 程序

四、相关知识

PLC 的故障诊断

FX_{2N}系列 PLC 具有自诊断功能，主要检测 PLC 内部特殊部分的电气故障和程序规则错误，通过查询内部相应特殊功能寄存器或继电器，可以获得相应故障代码，为解除故障提供依据。当 PLC 发生异常时，首先检查电源电压、PLC 及 I/O 端子的螺钉和接插件是否松动以及有无其他异常。然后根据 PLC 基本单元上设置的各种 LED 的指示灯状况，按下述要领检查是 PLC 自身故障还是外部设备故障。图 2.7.5 为 FX_{2N}系列 PLC 的面板图，各 LED 指示灯的功能如图中所示。根据指示灯状况可以诊断 PLC 故障原因。

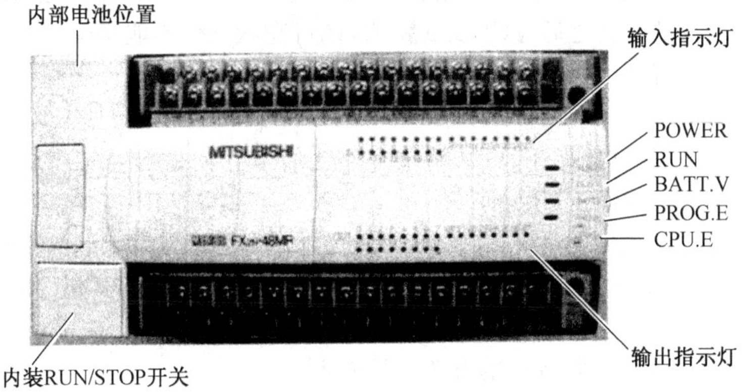

图 2.7.5　FX_{2N}系列 PLC 的面板图

1. 电源指示(【POWER】LED 指示)

当向 PLC 基本单元供电时，基本单元表面上设置的【POWER】LED 指示灯会亮。如果电源合上但【POWER】LED 指示灯不亮，请确认电源接线是否正确。另外，若同一电源有驱动传感器等时，请确认有无负载短路或过电流。若不是上述原因，则可能是 PLC 内混入导电性异物或其他异常情况，使基本单元内的熔断器熔断，此时可通过更换熔断器来解决。

如果是由于外围电路元器件较多而引起的 PLC 基本单元电流容量不足时，需要使用外接的 DC 24 V 电源。

2. 内部电池指示(【BATT. V】LED 灯亮)

电源接通，若电池电压下降，则该指示灯亮，特殊辅助继电器 M8006 动作。此时需要及时更换 PLC 内部电池，否则会影响片内 RAM 对程序的保持，也会影响定时器、计数器的稳定工作。

3. 出错指示一(【PROG. E】LED 闪烁)

当程序语法错误(如忘记设定定时器或计数器的常数等)、电路不良、电池电压的异常下降，或者有异常噪声、导电性异物混入等原因而引起程序内存的内容变化时，该指示灯会闪烁。PLC 处于 STOP 状态，同时输出全部变为 OFF。在这种情况下，应检查程序是否有错，检查有无导电性异物混入和高强度噪声源。

发生错误时，8009、8060～8068 中的一值被写入特殊数据寄存器 D8004 中，假设这个写入 D8004 中的内容是 8064，则通过查看 D8064 的内容便可知道出错代码。与出错代码相对应的实际出错内容参见 PLC 的错误代码表。

4. 出错指示二(【CPU. E】LED 灯亮)

在系统运行以后也就启动了看门狗(Watchdog Timer, WDT)的计数器，WDT 就开始自动计数，如果到了一定的时间还不去清 WDT，那么 WDT 计数器就会溢出从而引起中断，造成系统复位。由于 PLC 内部混入导电性异物或受外部异常噪声的影响，导致 CPU 失控或运算周期超过 200 ms，则 WDT 出错，该灯一直亮，PLC 处于 STOP 状态，同时输出全部都变为 OFF。此时可进行断电复位，若 PLC 恢复正常，请检查一下有无异常噪声源和导电性异物混入的情况。另外，请检查 PLC 的接地是否符合要求。

检查过程如果出现【CPU. E】LED 灯亮且闪烁，请进行程序检查。如果 LED 依然一直保持灯亮状态时，请确认一下程序运算周期是否过长(监视 8012 可知最大扫描时间)。

如果进行了全部的检查之后，【CPU. E】LED 的灯亮状态仍不能解除，应考虑 PLC 内部发生了某种故障，请与厂商联系。

5. 输入指示

不管输入单元的 LED 灯亮还是灭，请检查输入信号开关是否确实在 ON 或 OFF 状态。使用时应注意以下几个方面：

(1) 输入开关电流过大，容易产生接触不良，另外还有因油侵入引起的接触不良。

(2) 输入开关与 LED 灯并联使用时，即使输入开关 OFF，但并联电路导通，仍可对 PLC 进行输入。

(3) 不接受小于 PLC 运算周期的开关信号输入。

(4) 使用光传感器等输入设备时，由于发光/受光部位粘有污垢等原因，将会引起灵敏度变化，有可能不能完全进入“ON”状态。

(5) 在输入端子上外加不同的电压时，会损坏输入电路。

6. 输出指示

不管输出单元的 LED 灯亮还是灭，如果负载不能进行 ON 或 OFF 时，主要是由于过载、负载短路或容量性负载的冲击电流等引起继电器输出接点黏合，或接点接触面不好导致接触不良。

五、思考与练习

1. 选择题

(1) 下列选项中属于 PLC 运行指示灯的是(　　)。

A. RUN　　　　B. CPUE

C. POWER　　　　D. BATT. V

(2) 下列选项中表示 PLC 内部电池故障的是(　　)。

A. RUN　　　　B. CPU. E

C. POWER　　　　D. BATT. V

(3) 只有【PROG. E】LED 闪烁时，下列选项中应先做(　　)检查。

A. 程序语法错误　　B. 电池电压异常

C. 异常噪声　　D. 导电性异物混入

(4) 图 2.7.6 所示梯形图中，(　　)能实现自锁功能。

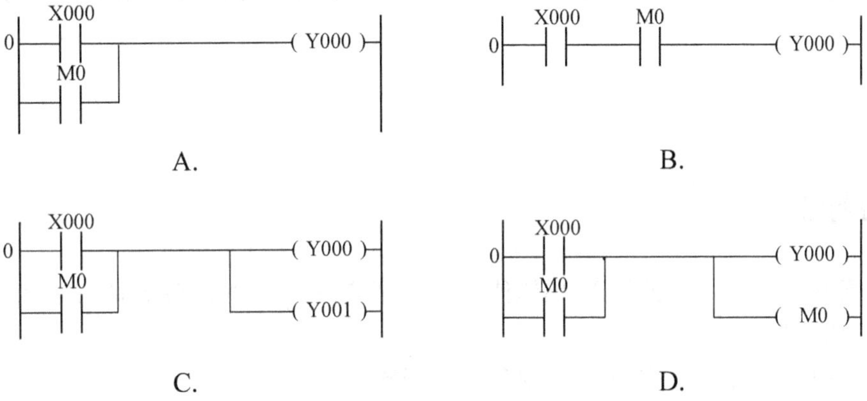

图 2.7.6　题(4)示意图

(5) 图 2.7.7 所示梯形图中，(　　)能实现互锁功能。

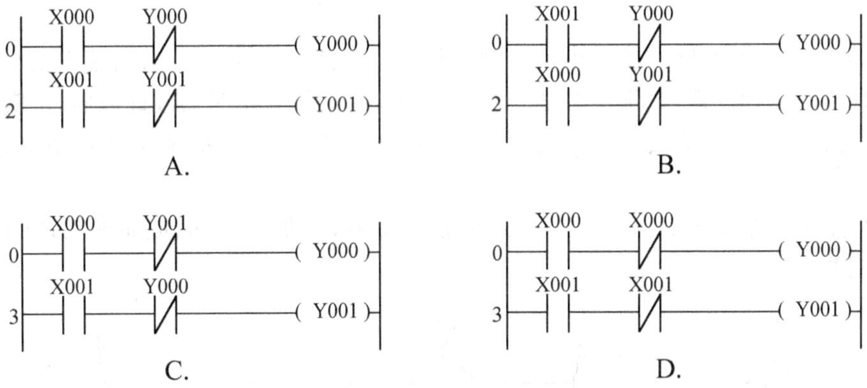

图 2.7.7　题(5)示意图

2. 应用拓展

完成五组抢答器的程序设计，I/O 分配后输入并运行程序(控制要求同四组抢答器)。

项目八　运料小车三地往返运行控制

【项目目标】

1. 掌握 PLC 步进指令的使用,熟练使用 SFC 语言编制用户程序;掌握 PLC 的步进指令:STL、RET、ZRST。

2. 学习利用步进指令实现顺序控制的基本编程方法。

3. 进一步了解 PLC 应用设计的步骤。

一、项目任务

在自动化生产线中,除了要求小车在甲乙两地之间自动往返运行,有时还需要小车在三地甚至更多地之间自动往返,这都是典型的顺序控制。通过设置定时器或计数器,可实现控制要求,但编程复杂。通过状态转移图法,利用 PLC 的步进指令,能更好地实现顺序控制,且编程简单、调试容易。

本项目中要求小车按照图 2.8.1 所示轨迹,在原料库、加工车间、成品库三地间自动往返运行。控制要求如下:

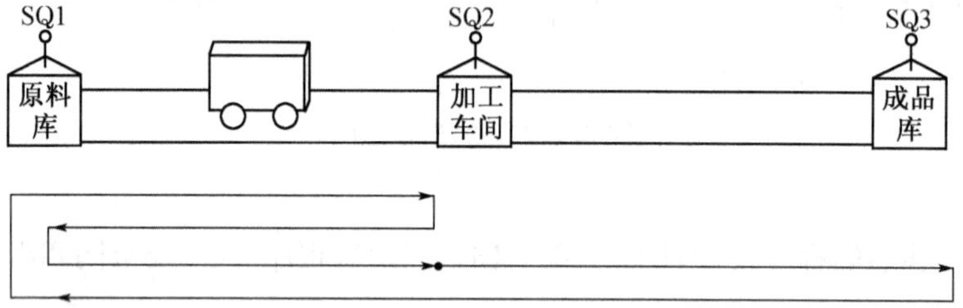

图 2.8.1　小车在三地间自动往返模拟图

(1) 合上空气断路器 QF 后,按下启动按钮 SB1,小车左行去原料库取料。

(2) 当小车到达原料库后,触发接近开关 SQ1,小车停留 5 s,取材料一。

(3) 到达定时时间后,小车启动右行,到达加工车间后,触发接近开关 SQ2,小车停留 5 s,进行一次加工。

(4) 到达定时时间后,小车再次左行,回到原料库,停留 4 s,取材料二。

(5) 到达定时时间后,小车右行,当到达加工车间后,触发接近开关 SQ2,小车停留 6 s,进行二次加工。

(6) 到达定时时间后，小车继续右行，到达成品库后，触发接近开关 SQ3，小车停留 8 s，进行卸货。

(7) 到达定时时间后，小车启动左行，回到原料库准备下一次的加工过程。按下停止按钮 SB2，小车停止运行。

电动机为三相异步电动机(额定电压 380 V，额定功率 5.5 kW，额定转速 1 378 r/min，额定频率 50 Hz)，请用 PLC 实现小车在三地间自动运行控制。

二、项目分析

小车三地往返运行，也是电动机的正、反转运动，正转交流接触器吸合时，电动机正转，小车左行；反转交流接触器吸合时，电动机反转，小车右行。操作过程中，小车每到一个位置，都会停留数秒，待电动机停止后，再启动运行，以保护电动机。小车的三地往返运行是典型的顺序控制，可以考虑采用步进指令来完成控制任务。通过触发三地接近开关，完成小车的停止及定时器的启动。编程前，先画出状态转移图 SFC，再将状态转移图转成相对应的步进梯形图。

三、相关指令

步进指令及步进程序设计方法

(一) 状态转移图 SFC

状态转移图也称功能图或流程图。在工业控制中，一个控制系统往往由若干个功能相对独立的工序组成，因此系统程序也由若干个程序段组成，称之为状态。状态与状态之间由转换分隔。相邻的状态具有不同的动作。当相邻两状态之间的转换条件得到满足时，就实现转换，即上一个状态的动作结束而下一个状态的动作开始，可以用状态转移图描述控制系统的控制过程，状态转移图具有直观、简单的特点，是设计 PLC 顺序控制程序的一种有力工具。

1. 状态转移图 SFC 基本组成

状态转移图 SFC 的基本结构如图 2.8.2 所示。

状态转移条件：一般是开关量，可由单独接点作为状态转移条件，也可由各种接点的组合作为转移条件。

执行对象：目标组件 Y、M、S、T、C 和 F(功能指令)均可由状态 S 的接点来驱动，可以是单一输出，也可以是组合输出。

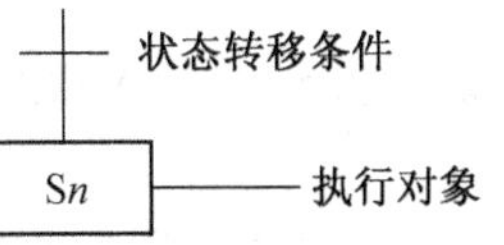

图 2.8.2　状态转移图基本结构

Sn:状态寄存器。FX_{2N}系列 PLC 共有状态组件(也称状态寄存器)1 000 点(S0～S999)。参见表 2.8.1,状态 S 是对工序步进控制简易编程的重要软元件,经常与步进梯形图指令 STL 结合使用。

表 2.8.1　FX_{2N}状态寄存器一览表

组件编址	点数	用途	说明
S0～S9	10	初始化状态寄存器	用于 SFC 的初始化状态①
S10～S19	10	回零状态寄存器	ITS 命令时的原点回归用①
S20～S499	480	通用状态寄存器	一般用①
S500～S899	400	保持状态寄存器	停电保持用②
S900～S999	100	报警状态寄存器	报警指示专用区③

注:① 非停电保持领域:通过参数的设定可变更停电保持的领域;② 停电保持领域:通过参数的设定可变更非停电保持的领域;③ 停电保持特性:不可通过参数的设定变更。

【例 2.8.1】 利用状态转移图实现项目五中小车甲乙两地间的运行,如图 2.5.1 所示。小车甲乙两地间运行 SFC 图如图 2.8.3 所示。

状态分配表

X000　小车左行的条件(Y000 得电)

X002　小车停止,且定时器 T0 开始工作的条件

T0　定时时间到,小车开始右行的条件(Y001 得电)

X003　小车停止,且定时器 T1 开始工作的条件

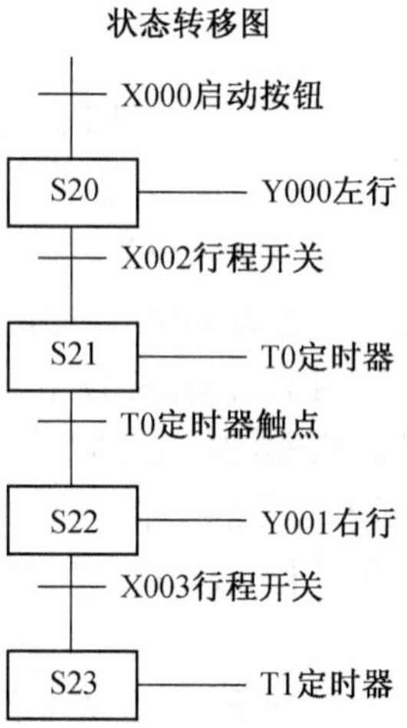

图 2.8.3　小车甲乙两地间运行 SFC 图

状态转移分析:

(1) 当转移条件 X0 成立时,进入状态 S20,Y0 得电,即小车左行。

(2) 当转移条件 X2 成立时,清除状态 S20,进入状态 S21,即 Y0 失电,小车停止,同时定时器 T0 开始计时。

(3) 当转移条件 T0 成立时,清除状态 S21,进入状态 S22,即定时器 T0 复位,Y1 得电,小车右行。

(4) 当转移条件 X3 成立时,清除状态 S22,进入状态 S23,即 Y1 失电,小车停止,同时定时器 T1 开始计时。

2. 状态转移图SFC基本结构

在步进顺序控制中，常见的两种结构是单流程结构SFC与多流程结构SFC。

只有一个转移条件并转向一个分支的即为单流程状态转移图，如图2.8.3所示；其他的均为多流程状态结构。

有多个转移条件转向不同的分支即为选择流程状态转移图，如图2.8.4所示。

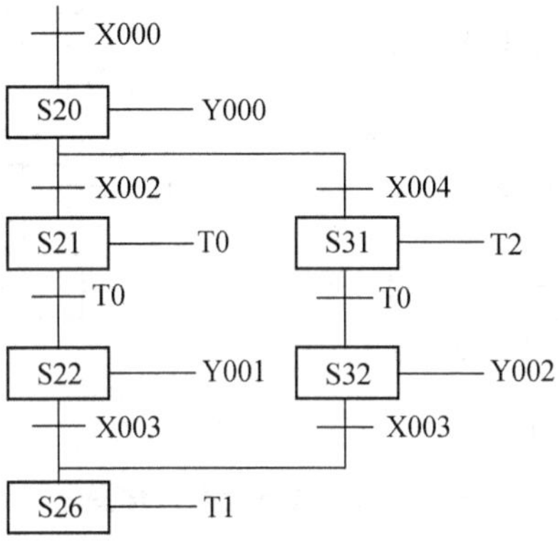

图 2.8.4 选择流程状态转移图

根据同一个转移条件，同时转向不同的几个分支即为并行流程状态转移图，如图2.8.5所示。

一条并行分支或选择性分支的回路数限定为8条以下。但是，有多条并行分支或选择性分支时，每个初始状态的回路总数不超过16条。

按照实际工艺需要，有时需要非连续状态间的跳转，利用跳转返回某个状态，重复执行一段程序称为循环。

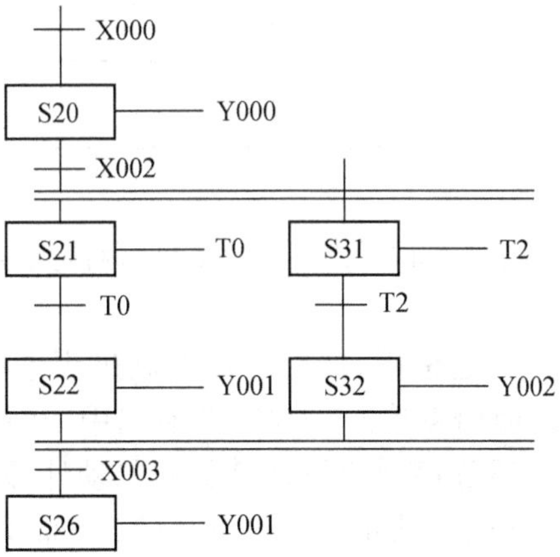

图 2.8.5 并行流程状态转移图

【例2.8.2】 图2.8.6(a)中，通过定时器T1控制整个步进过程的循环运行，图2.8.6(b)为局部的循环控制。

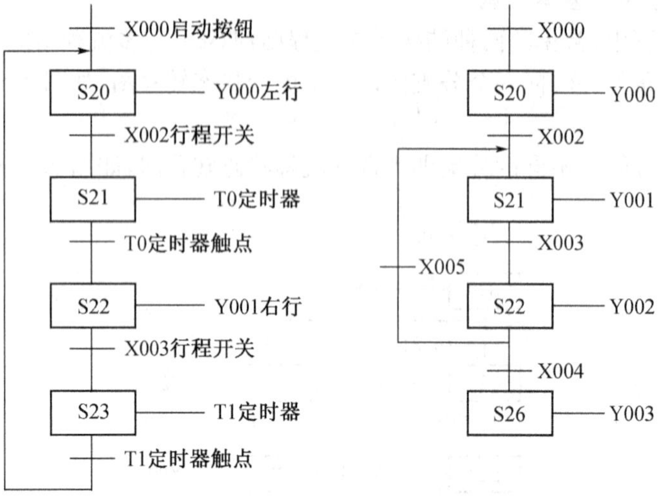

(a)　　(b)

图 2.8.6　循环状态转移图

(二) 步进梯形图指令 STL、RET

步进指令 STL 和 RET 的指令功能如表 2.8.2 所示。

表 2.8.2　STL、RET 指令功能表

助记符、名称	功能	梯形图表示和可用软元件	程序步
STL 步进梯形图	步进梯形图开始	*Sn* STL ( )	1
RET 返回	步进梯形图结束	RET	1

1. STL 指令功能

步进梯形图开始指令。利用内部软元件状态 S 的动合接点与左母线相连，表示步进控制开始。

STL 指令与状态继电器 S 一起使用，控制步进控制过程中的每一步，S0～S9 用于初始步控制，S10～S19 用于自动返回原点控制。顺序功能图中的每一步对应一段程序，每一步与其他步是完全隔离开的。每段程序一般包含负载的驱动处理、指定转换条件和指定转换目标三个功能。如表 2.8.3 中所示梯形图，在状态寄存器 S22 为 ON 时，进入了一个新的程序段。Y2 为驱动处理程序，X2 为状态转移控制，在 X2 为 ON 时表示 S22 控制的过程执行结束，可以进入下一个过程控制，SET　S23 为指定转换目标，进入 S23 指定的控制过程。

表 2.8.3 STL 指令使用说明

<table>
<tr><th>状态图</th><th>梯形图</th><th colspan="2">指令表</th></tr>
<tr><td rowspan="5">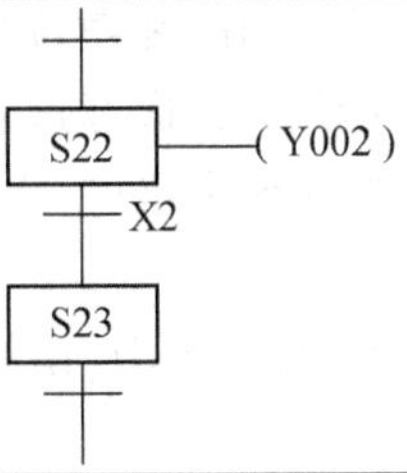
</td><td rowspan="5">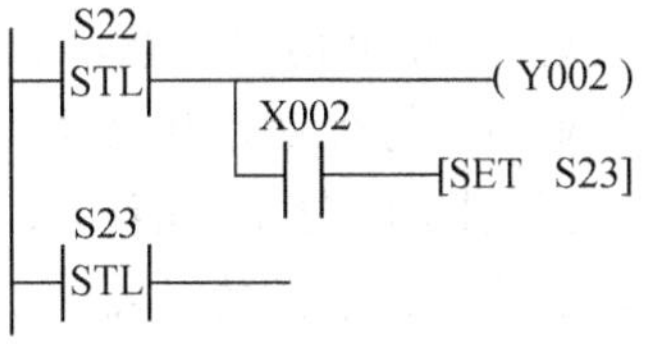
</td><td>STL</td><td>S22</td></tr>
<tr><td>OUT</td><td>Y002</td></tr>
<tr><td>LD</td><td>X002</td></tr>
<tr><td>SET</td><td>S23</td></tr>
<tr><td>STL</td><td>S23</td></tr>
</table>

步进梯形图可以作为 SFC 图处理，从 SFC 图也可反过来形成步进梯形图。由例 2.8.1 中的流程图 SFC 转为梯形图如图 2.8.7 所示，从梯形图程序中可以看到，SFC 流程图中包含了所有的信息，通过训练可以很快掌握 SFC 的编程方法。

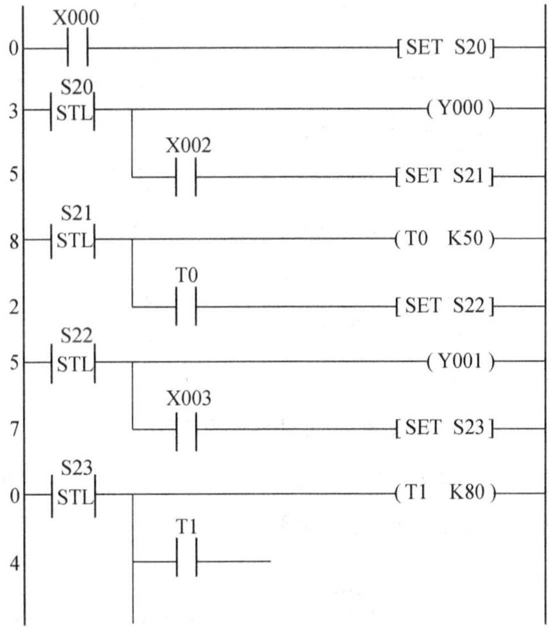

图 2.8.7 由 SFC 图转换的小车甲乙两地间运行梯形图

2. RET 指令功能

步进梯形图结束指令。表示状态 S 流程的结束，用于返回主程序母线的指令。

3. 指令 SET 的特殊应用

如图 2.8.8 所示，状态 S20 有效时，输出 Y1、Y2 接通（这里 Y1 用 OUT 指令驱动，Y2 用 SET 指令置位，未复位前 Y2 一直保持接通），程序等待转换条件 X1 动作。当 X1 接通，状态就由 S20 转到 S21，这时 Y1 断开，Y3 接通，Y2 仍保持接通。要使 Y2 断开，必须使用 RST 指令。OUT 指令与 RST 指令在步进控制中的不同应用需要特别注意。

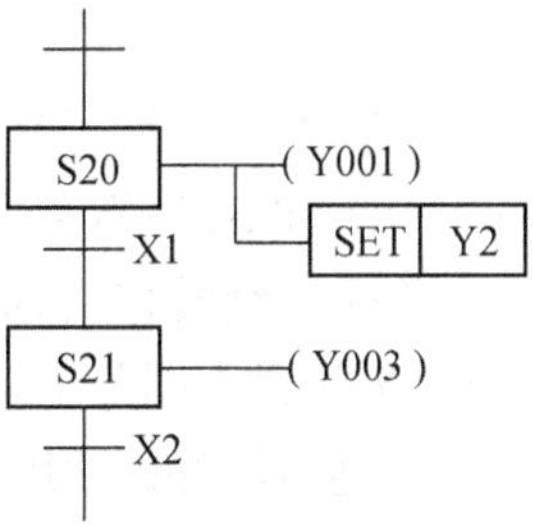

图 2.8.8 状态转移图

4. 状态编程规则

(1) 状态号不可重复使用。

(2) STL 指令后面只跟 LD/LDI 指令。

(3) 初始状态的编程。

初始状态一般是指一个顺序控制工艺过程的开始状态。对应状态转移图的起始位置就是初始状态。用 S0～S9 表示初始状态,有几个初始状态,就对应几个相互独立的状态过程。开始运行后,初始状态可由其他状态驱动。每个初始状态下面的分支数总和不能超过 16 个,对总状态数没有限制。从每个分支点上引出的分支不能超过 8 个。

(4) 在不同的状态之间,可编写同样的输出继电器(在普通的继电器梯形图中,由于双线圈处理动作复杂,因此建议不对双线圈编程),如图 2.8.9(a)所示。

(5) 定时器线圈同输出线圈一样,可在不同状态间对同一软元件编程。但在相邻状态中则不能编程,如图 2.8.9(b)所示。如果在相邻状态下编程,则工序转移时,定时器线圈不断开,当前值不能复位。

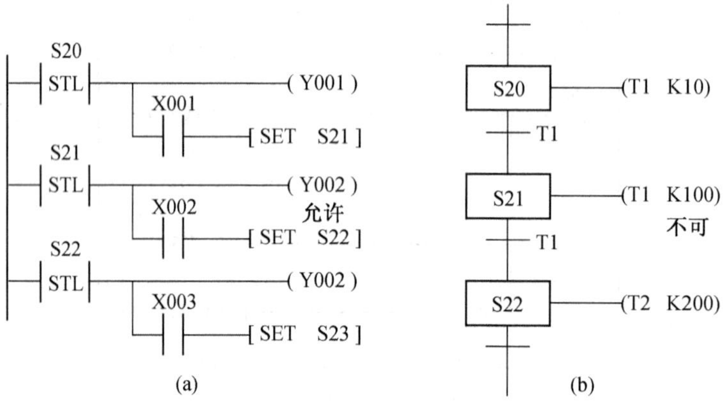

图 2.8.9 双线圈使用示意图

(6) 在状态内的母线,一旦写入 LD 或 LDI 指令后,对不需触点的指令就不能编程,需按图 2.8.10 所示方法处理。位置变更插入动断触点。

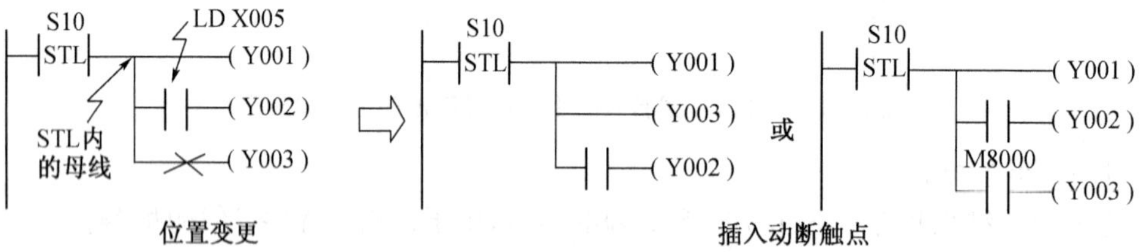

图 2.8.10 不需触点指令编程

(7) 在中断和子程序内,不能使用 STL 指令。

(8) 在 STL 指令内不能使用跳转指令。

(9) 连续转移用 SET 指令,非连续转移用 OUT 指令。也就是说,所有跳转,无论是同一分支内的,还是不同分支间的跳转,都必须使用 OUT 指令,而不能使用 SET 指令;而一般的相邻状态间的连续转移则使用 SET 指令,这是跳转和连续转移的区别。例 2.8.1 中,程序由 S23 返回 S20 必须使用 OUT S20,而不能使用 SET S20。步进结束时用 RET 表示返回主程序。如图 2.8.11 所示,小车甲乙两地间运行完整梯形图。

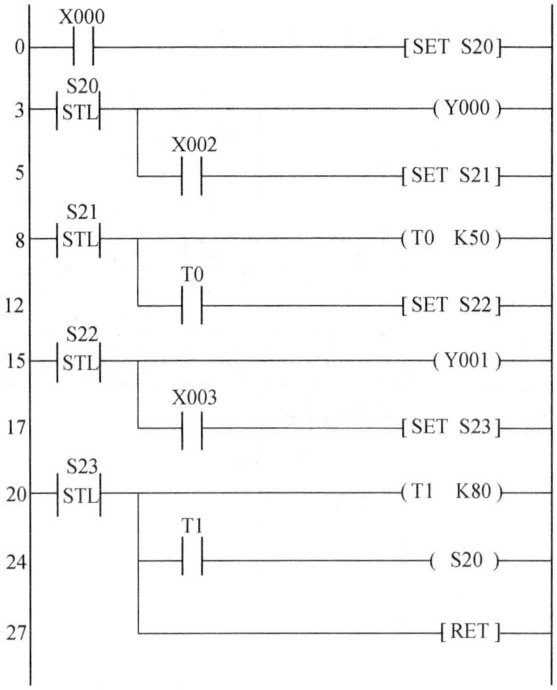

图 2.8.11　小车甲乙两地间运行梯形图

(10) 在 STL 与 RET 指令之间不能使用 MC、MCR 指令。

四、项目实施

1. 主电路设计

如图 2.8.12 所示，主电路中采用了 4 个电气元件，空气断路器 QF1、热继电器 FR 和交流接触器 KM1、KM2。其中，KM 的线圈与 PLC 的输出点连接，FR 的辅助触点与 PLC 的输入点连接，可以确定主电路中需要 1 个输入点与 2 个输出点。

2. 确定 I/O 总点数及地址分配控制电路中有启动按钮 SB1、停止按钮 SB2 和三个接近开关 SQ1、SQ2 和 SQ3。控制系统总的输入点数为 6 个，输出点数为 2 个。

I/O 分配地址如表 2.8.4 所示。

表 2.8.4　I/O 地址分配表

输入信号			输出信号		
1	X0	启动按钮 SB1	1	Y0	左行交流接触器 KM1
2	X1	停止按钮 SB2	2	Y1	右行交流接触器 KM2
3	X2	接近开关 SQ1			
4	X3	接近开关 SQ2			
5	X4	接近开关 SQ3			
6	X5	热继电器 FR			

3. 控制电路

运料小车三地往返运行控制原理图如图 2.8.12 所示。

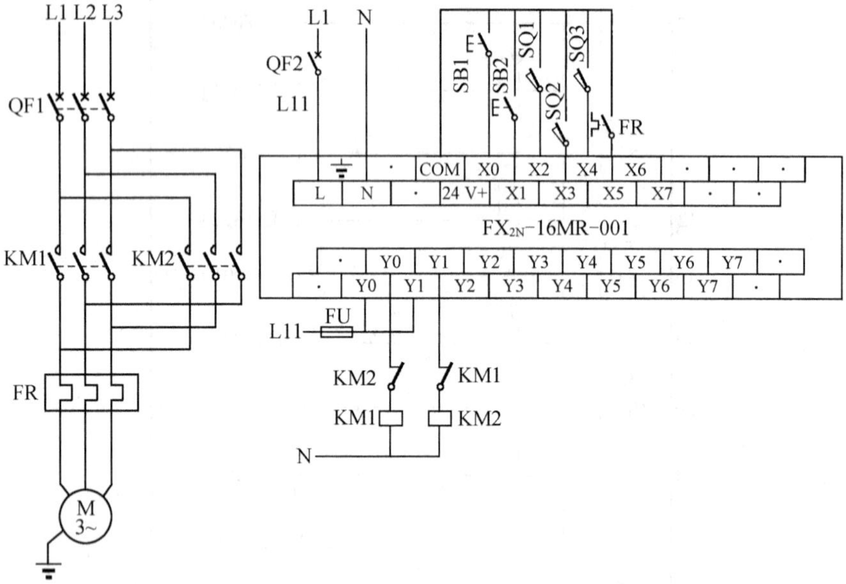

(a) 主电路　　(b) PLC控制电路

图 2.8.12　小车三地往返运行 PLC 控制原理图

4. 设备材料表

本项目控制中输入点数应选 6×1.2≈8 点，输出点数应选 2×1.2≈3 点(继电器输出)。通过查找三菱 FX_{2N}系列选型表，选定三菱 FX_{2N}-16MR-001(其中输入 8 点，输出 8 点，继电器输出)。通过查找电气元件选型表，选择的元器件如表 2.8.5 所示。

表 2.8.5　设备材料表

序号	符号	设备名称	型号、规格	单位	数量	备注
1	M	电动机	Y-112M-4　380 V，5.5 kW，1 378 r/min，50 Hz	台	1	
2	PLC	可编程控制器	FX_{2N}-16MR-001	台	1	
3	QF1	空气断路器	DZ47-D25/3P	个	1	
4	QF2	空气断路器	DZ47-D10/1P	个	1	
5	FU	熔断器	RT18-32/6 A	个	1	
6	KM	交流接触器	CJX2(LC1-D)-12　线圈电压 220 V	个	2	
7	SB	按钮	LA39-11	个	2	
8	FR	热继电器	JRS1(LR1)-D12316/10.5 A	个	1	
9	SQ	霍尔接近开关	VH-MD12A-10N1	个	3	

5. 程序设计

前面学习了利用定时器实现顺序控制的设计方法，本项目将使用状态转移图 SFC 语言来描述顺序流程结构的状态编程，并能灵活地将 SFC 转换成步进梯形图。图 2.8.13 为小车三地间运行状态转移图。根据状态转移流程图，编写步进梯形图如图 2.8.14 所示。

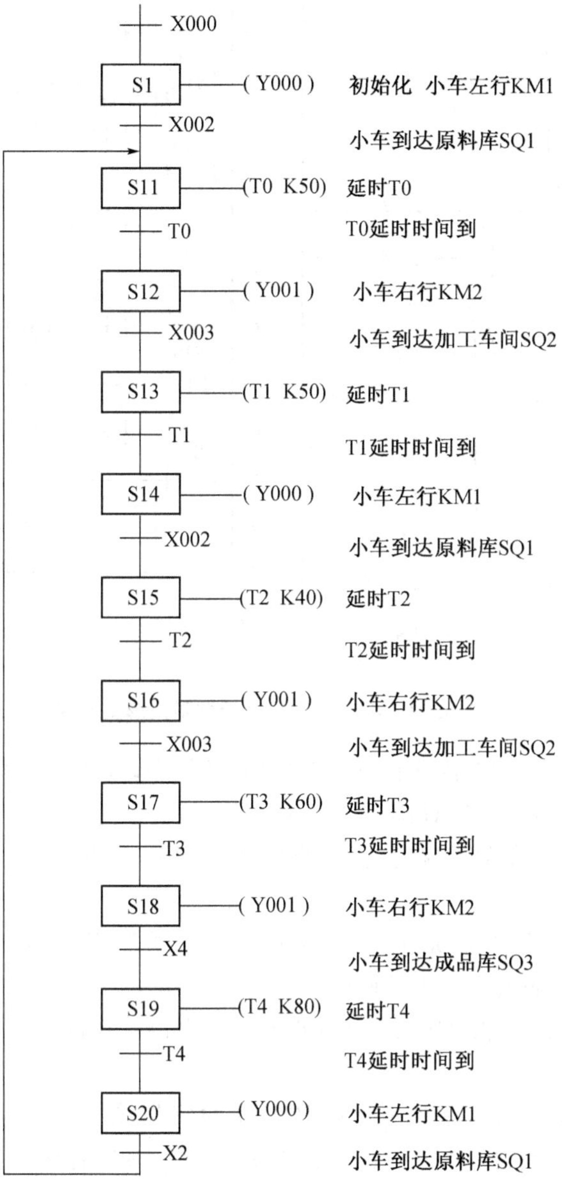

图 2.8.13　小车三地间运行状态转移图

程序说明：

M8002：通电瞬时 ON 指令。

ZRST：组复位指令，触发信号 ON 时，指定的步进程序段全部清零。

SET：置位指令，触发信号 ON 时，指定的线圈为 ON。若状态向相邻的下一个状态连续转移，使用 SET 指令，不同分支间的跳转必须用 OUT 指令。在 STL 与 RET 指令之间不能使用 MC、MCR 指令，STL 指令后是子母线的起始，不跟 MPS 指令。在子程序或中断服务程序

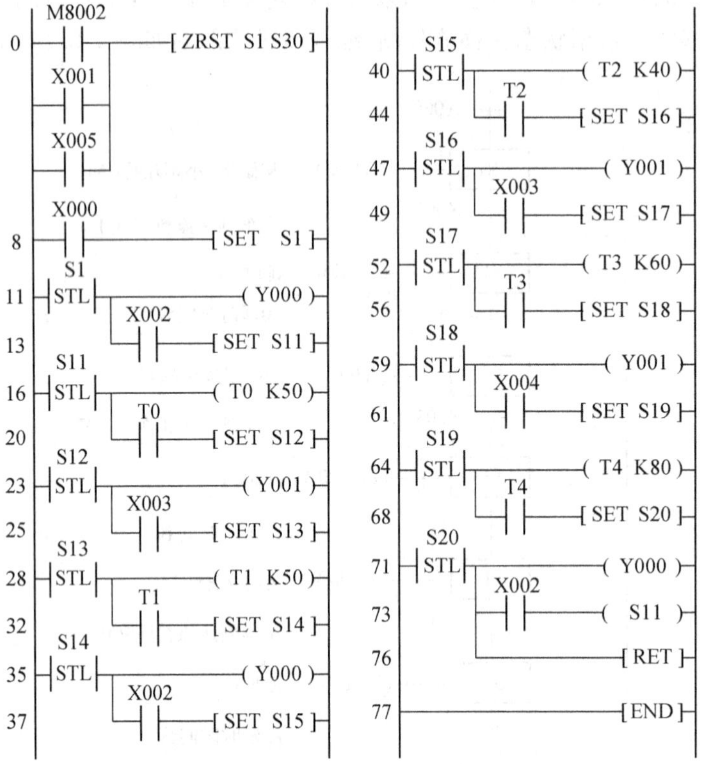

图 2.8.14 小车三地间运行控制梯形图程序

中,不能使用 STL 指令,在状态内部最好不要使用 CJ 指令,以免引起混乱。

STL:步进阶梯开始标志,仅对状态组件 S 有效。

RET:复位指令,触发信号 ON 时,指定的线圈为 OFF,步进结束,必须使用步进返回指令 RET,从子母线返回主母线。

状态组件 S:与普通继电器完全一样,可以使用 LD、LDI、AND、ANI、OR、ORI、OUT、SET 和 RET 等指令,状态号不能重复使用。

Tn 定时器:相邻状态不能使用同一个定时器,非相邻状态可以使用同一个定时器。

6. 运行调试

根据 PLC 控制原理图在实验台上连接 PLC 实验装置,检查无误后,将图 2.8.14 所示梯形图下载到 PLC 中,选择程序的监控模式,操作实验装置,观察程序的执行过程和实验结果。

(1) 按下外部启动按钮 SBl,梯形图中 X0 动合触点闭合,S1 被置位,观察 Y0 的动作情况。

(2) 行程开关 SQl 被触发,梯形图中 X2 动合触点闭合,S11 被置位,观察 Y0 和定时器 T0 的动作情况。

(3) T0 定时时间到,T0 动合触点闭合,S12 被置位,观察 Y1 和定时器 T0 的动作情况。

(4) 行程开关 SQ2 被触发,梯形图中 X3 动合触点闭合,S13 被置位,观察 Y1 和定时器 T1 的动作情况。

(5) T1 定时时间到,T1 动合触点闭合,S14 被置位,观察 Y0 和定时器 T1 的动作情况。

(6) 行程开关 SQ1 再次被触发，X2 动合触点闭合，S15 被置位，观察 Y0 和定时器 T2 的动作情况。

(7) T2 定时时间到，T2 动合触点闭合，S16 被置位，观察 Y1 和定时器 T2 的动作情况。

(8) 行程开关 SQ2 被触发，X3 动合触点闭合，S17 被置位，观察 Y1 和定时器 T3 的动作情况。

(9) T3 定时时间到，T3 动合触点闭合，S18 被置位，观察 Y1 和定时器 T3 的动作情况。

(10) 行程开关 SQ3 被触发，X4 动合触点闭合，S19 被置位，观察 Y1 和定时器 T4 的动作情况。

(11) T4 定时时间到，T4 动合触点闭合，S20 被置位，观察 Y0 和定时器 T4 的动作情况。

(12) 按下外部停止按钮 SB2，梯形图中 X1 动合触点闭合，观察所有状态器和 Y0、Y1 的动作情况。

(13) 将 X5 置 ON 状态，观察所有状态器和 Y0、Y1 的动作情况。

五、思考与练习

1. 选择题

(1) 在步进梯形图中，不同状态之间输出继电器可以使用(　　)次。

A. 1　　B. 8　　C. 10　　D. 无数

(2) 每个初始状态下面的分支数总和不能超过(　　)个。

A. 1　　B. 2　　C. 16　　D. 无数

(3) 属于初始化状态器的有(　　)。

A. S2　　B. S20　　C. S246　　D. S250

(4) 超过 8 个分支可以集中在一个分支点上引出(　　)。

A. 错误　　B. 正确　　C. 不确定

(5) 图 2.8.15 所示的 SFC(　　)。

A. 无错误　　B. 有错误　　C. 不确定

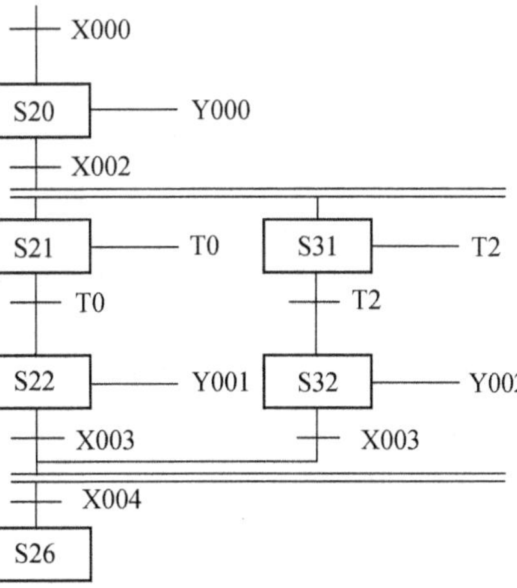

图 2.8.15　题(5)示意图

2. 应用拓展

试根据上面案例,完成大小球分拣机的控制要求:图 2.8.16 为使用传送带将大、小球分类选择传送的机械。左上方为原点,其动作顺序为机械臂下降、电磁铁吸住大(小)球、机械臂上升、机械臂右行、下降、电磁铁释放大(小)球、机械臂上升、左行。此外,机械臂下降,当电磁铁压着大球时,下限位开关 SQ2 断开,压着小球时,SQ2 导通。

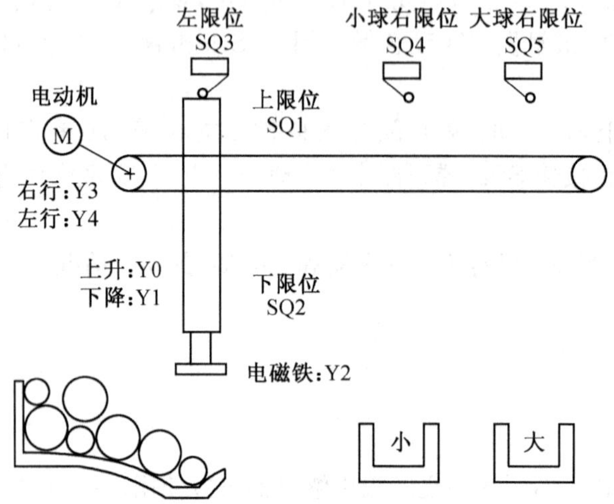

图 2.8.16 大小球分拣系统示意图

项目九　液体混合系统控制

【项目目标】

1. 熟悉步进顺控指令的编程方法。
2. 掌握液体混合程序设计。
3. 进一步了解 PLC 应用设计的步骤。

一、项目任务

液体混合装置如图 2.9.1 所示，此装置有搅拌电动机 M(1.5 kW)及混合罐，罐内设置上限位 SL1、中限位 SL2 和下限位 SL3 液位传感器，电磁阀门 YV1 和 YV2 控制两种液体的注入，电磁阀门 YV3 控制液体的流出。控制要求：将两种液体按比例混合，搅拌 60 s 后输出混合液。请用 PLC 实现控制过程。

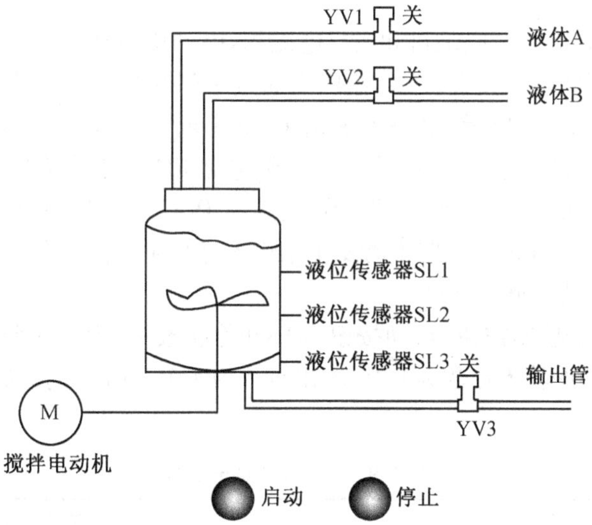

图 2.9.1　液体混合系统控制模拟图

二、项目分析

1. 初始状态

工作前,混合罐保持空罐状态。

2. 过程控制

按下启动按钮,开始下列操作:

(1) 开启电磁阀 YV1,开始注入液体 A,至液面高度到达液位传感器 SL2 处时(此时 SL2 和 SL3 为 ON),停止注入液体 A,同时开启电磁阀 YV2 注入液体 B,当液面升至液位传感器 SL1 处时,停止注入液体 B。

(2) 停止注入液体 B 时,开启搅拌机,搅拌混合时间为 60 s。

(3) 停止搅拌后开启电磁阀 YV3,放出混合液体,至液体高度降到液位传感器 SL3 处,再经 5 s 关闭 YV3。

(4) 循环(1)、(2)、(3)工作。

3. 停止操作

按下停止键,在当前循环完毕后,停止操作,回到初始状态。

三、项目实施

通过项目分析可知,两种液体混合控制是典型的步进过程控制,可用 PLC 来实现控制要求。

1. 主电路设计

主电路控制的对象有一台电动机和三只电磁阀,电动机因功率较小采用直接启动控制方式,电磁阀因其通电瞬间电流较大,PLC 输出点通过中间继电器或交流接触器转换后再接电磁阀线圈。主电路如 2.9.2 所示,电路中采用了 10 个电气元件,分别为空气断路器 QF1 和 QF2,电磁阀门 YV1~YV3,交流接触器 KM,热继电器 FR,还有中间继电器 KA1~KA3。其中,KM 的线圈与 PLC 的输出点连接,KA 的线圈与 PLC 的输出点连接,FR 的辅助触点与 PLC 的输入点连接,可以确定主电路中需要 1 个输入点与 4 个输出点。

2. 确定 I/O 点总数及地址分配

控制电路中有两个控制按钮,启动按钮 SB1 和停止按钮 SB2;三个液位限位开关 SL1~SL3。这样整个系统总的输入点数为 6 个,输出点数为 4 个。PLC 的 I/O 分配地址如表 2.9.1 所示。

表 2.9.1 I/O 地址分配表

输入信号			输出信号		
1	X0	启动按钮 SB1	1	Y0	交流接触器 KM
2	X1	停止按钮 SB2	2	Y1	中间继电器 KA1
3	X2	上限液位开关 SL1	3	Y2	中间继电器 KA2

（续表）

输入信号			输出信号		
4	X3	中限液位开关 SL2	4	Y3	中间继电器 KA3
5	X4	下限液位开关 SL3			
6	X5	热继电器 FR			

3. 控制电路电气原理图

控制电路电气原理图如图 2.9.2 所示。

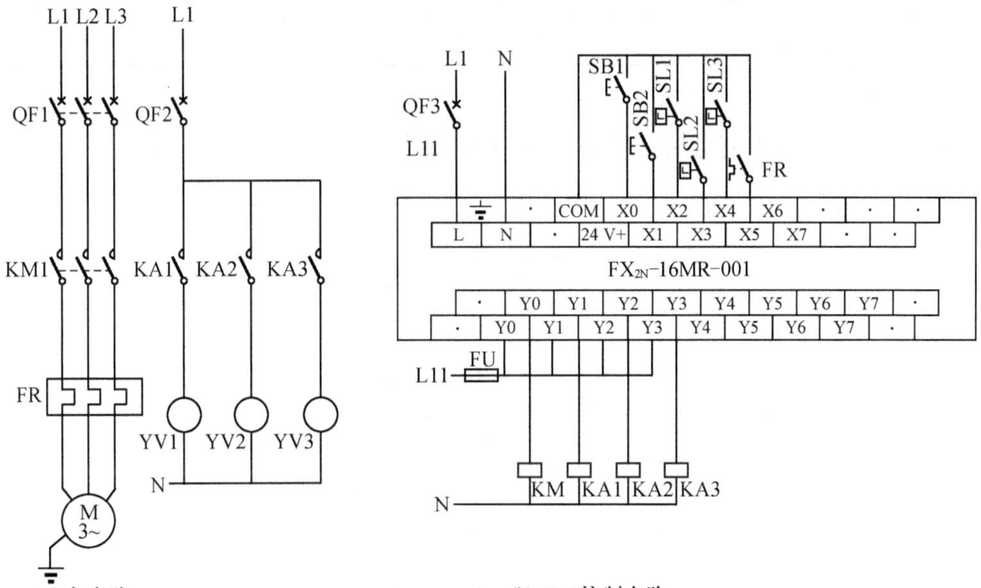

(a) 主电路　　(b) PLC控制电路

图 2.9.2　液体混合装置 PLC 控制原理图

4. 设备材料表

本控制中输入点数应选 6×1.2≈8 点，输出点数应选 4×1.2≈5 点（继电器输出）。通过查找三菱 FX_{2N}系列选型表，选定三菱 FX_{2N}- 16MR - 001（其中输入 8 点，输出 8 点，继电器输出）。通过查找电气元件选型表，选择的元器件列表如表 2.9.2 所示。

表 2.9.2　设备材料表

序号	符号	设备名称	型号、规格	单位	数量	备注
1	M	电动机	Y - 112M - 4　380 V，1.5 kW，1 378 r/min，50 Hz	台	1	
2	PLC	可编程控制器	FX_{2N}- 16MR - 001	台	1	
3	QF1	空气断路器	DZ47 - D10/3P	个	1	
4	QF2	空气断路器	DZ47 - D20/3P	个	1	
5	QF3	空气断路器	DZ47 - D10/1P	个	1	

(续表)

序号	符号	设备名称	型号、规格	单位	数量	备注
6	FU	熔断器	RT18-32/6 A	个	2	
7	KM	交流接触器	CJX2(LC1-D)-9 线圈电压 220 V	个	1	
8	SB	按钮	LA39-11	个	2	
9	FR	热继电器	JRS1(LR1)-D09306/2.9 A	个	1	
10	SL	液位限位开关	LV20-1201	个	3	
11	KA	中间继电器	JZ7-44 吸引线圈工作电压 AC 220 V	个	3	
12	YV	电磁阀	DF-50-AC:220 V	个	3	

5. 程序设计

液体混合是典型的步进过程控制,根据要求设计功能图如图2.9.3所示。

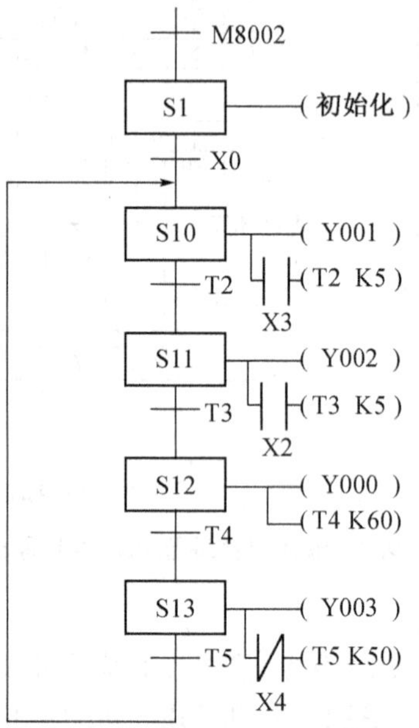

图2.9.3 液体混合装置步进控制功能图

S1步进过程,初始化过程设计。在初始状态过程中要解决的问题有两个:(1) 保证容器是空的,在某些特殊情况下(断电、故障等),会出现容器内有液体没有排空,只要在这步中增加一个排空操作(YV3接通一定时间)即可解决该问题;(2) 步进程序所需要的初始化工作。

按下启动按钮X0后,开始进入工作过程:

S10状态液体A注入过程,S11状态液体B注入过程,S12状态搅拌混合过程,S13状态液体排放过程。

停止操作,为了满足一个循环的完成,停止操作在S13状态过程结束时进行判断。

根据功能图写出PLC梯形图如图2.9.4所示。

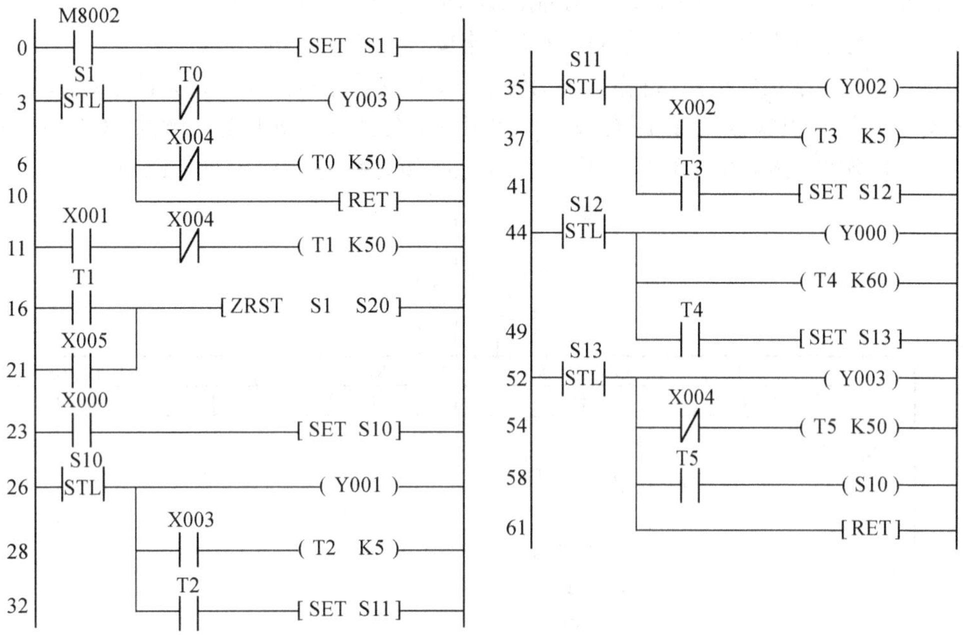

图 2.9.4　液体混合装置 PLC 控制程序

6. 运行调试

根据 PLC 控制原理图在实验台上连接 PLC 实验装置，检查无误后，将图 2.9.4 所示梯形图下载到 PLC 中，选择程序的监控模式，操作实验装置，观察程序的执行过程和实验结果。

（1）按下外部启动按钮 SBl，梯形图中 X0 动合触点闭合，S10 被置位，观察 Y1 的动作情况。

（2）液位上升至 SL2 处时，X3 动合触点闭合，观察定时器 T2 的动作情况。

（3）T2 定时时间到，S11 被置位，观察 T2、Y1 和 Y2 的动作情况。

（4）液位上升至 SL1 处时，X2 动合触点闭合，观察定时器 T3 的动作情况。

（5）T3 定时时间到，S12 被置位，观察 T3、Y2 和 Y0、T4 的动作情况。

（6）T4 定时时间到，S13 被置位，观察 T4、Y0 和 Y3 的动作情况。

（7）液位下降至 SL3 处时，X4 动断触点闭合，观察定时器 T5 的动作情况。

（8）T5 定时时间到，T5 动合触点闭合，状态转移到 S10，观察 T5 和 Y1 的动作情况。

（9）按下外部停止按钮 SB2，梯形图中 X1 动合触点闭合，观察 T1 的动作情况。

（10）T1 定时时间到，T1 动合触点闭合，观察所有状态继电器的动作情况。

四、基本应用技巧

PLC 与外部设备的连接

PLC 常见的输入设备有按钮、行程开关、接近开关、转换开关、编码器、各种传感器等，输出设备有继电器、接触器、电磁阀等。这些外部元器件或设备与 PLC 连接时，必须符合 PLC

输入和输出接口电路的电气特性要求,才能保证 PLC 安全可靠地工作。

(1) PLC 与主令电器类(机械触点)设备的连接

如图 2.9.5 所示是与按钮、行程开关、转换开关等主令电器类输入设备的接线示意图。图中的 PLC 为直流汇点式输入,即所有输入点共用一个公共端 COM,输入侧的 COM 为 PLC 内部 DC 24 V 电源的负极,在外部开关闭合时,经光电隔离后进入 PLC 的 CPU 中。

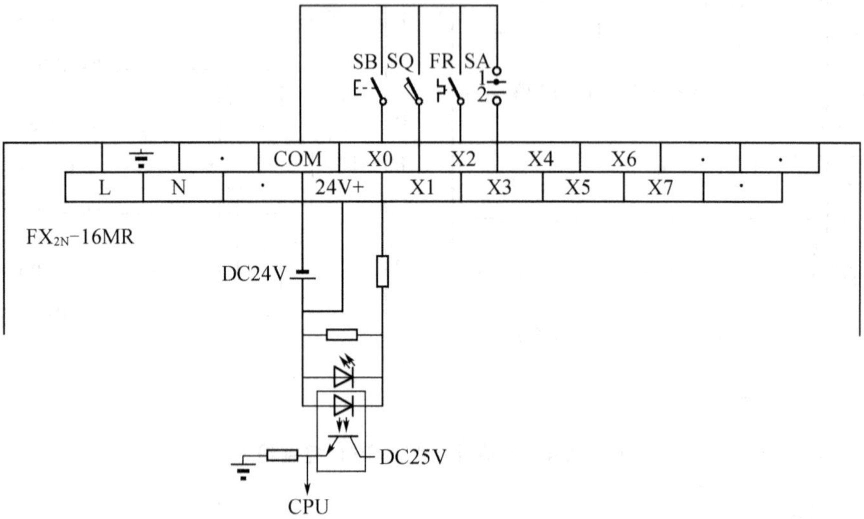

图 2.9.5 PLC 与主令电器类输入设备的连接

对于输入信号,在编程使用时要建立输入继电器的概念。外部开关为一个触点的动作状态,而 PLC 的输入继电器 X 具有动合触点和动断触点两种开关状态特性,这一点要特别注意。

例如:在项目一至项目四的电动机运行控制 PLC 程序中,启动控制采用输入继电器的动合触点,停止控制和热保护使用输入继电器的动断触点,而外部启动按钮、停止按钮、热保护与 PLC 接线连接的是动合触点。下面仔细分析其原因:在程序中使用动合触点时,外部连接也使用动合触点,PLC 内部状态与外部输入的状态一致。如图 2.9.5 中所示 PLC 输入继电器 X0 与 SB 按钮的动合触点连接,按下按钮时,X0 动合触点接通;松开按钮时,X0 动合触点断开。在程序中使用动断触点时,外部连接常采用动合触点,PLC 动断触点状态与外部输入的动合触点状态相反,即外部输入没有接通时,输入继电器 X 的动断触点闭合。外部输入接通时,输入继电器 X 的动断触点断开。图 2.9.5 中 X2 与 FR 的动合触点连接,在 PLC 程序中使用 X2 的动断触点与输出继电器的线圈串联,在 FR 动合触点闭合时,X2 动断触点断开,在 FR 没有动作时,X2 的动断触点闭合,状态是导通的。外部输入开关也可以使用动断触点接线,那么在程序中就要使用输入继电器的动合触点。因此,习惯在 PLC 程序中用停止按钮或热保护的动断触点状态,那么在 PLC 外部接线时需要使用外部器件的动合触点进行输入。

2. PLC 与传感器类(开关量)设备的连接

传感器的种类很多,其输出方式也各不相同,但与 PLC 基本单元连接的传感器只能是开关量输出的传感器。模拟量输出的传感器需要特殊功能模块,将在项目十五中讲述。

当采用接近开关、光电开关等两线式传感器时,由于传感器的漏电流较大,可能出现错误的输入信号而导致 PLC 的误动作,此时可在 PLC 输入端并联旁路电阻 R,如图 2.9.6 所示与

X6 连接的二线制传感器的接线方式。图中与 X2 连接的是使用 PLC 输出电源的三线制传感器的接线方式；与 X13 连接的是使用外部直流电源供电的三线制传感器的接线方式，需要将外部直流电源与 PLC 内直流电源共地。

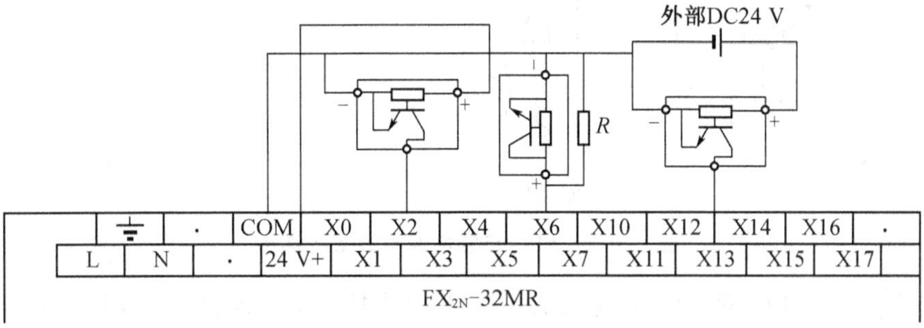

图 2.9.6　PLC 与传感器类(开关量)设备的连接

3. PLC 与输出设备的一般连接方法

PLC 与输出设备连接时，不同组(不同公共端)的输出点，其对应输出设备(负载)的电压类型、等级可以不同，但同组(相同公共端)的输出点，其电压类型和等级应该相同，要根据输出设备电压的类型和等级来决定是否分组连接。如图 2.9.7 所示，KM1、KM2、KM3 均为交流 220 V 电源，所以使用公共端 COM1；而 KA 则使用了 COM2，保证了不同电压等级的输出设备连接的安全性。注意：在设计过程中，尽可能采取措施使 PLC 输出端连接的控制元件为同一电压等级。另外，要注意在 PLC 输出继电器同为 ON 时可能造成电气故障，应首先考虑外部互锁的解决措施。例如，图 2.9.7 中 KM2 与 KM3 之间具有外部互锁的接线情况。

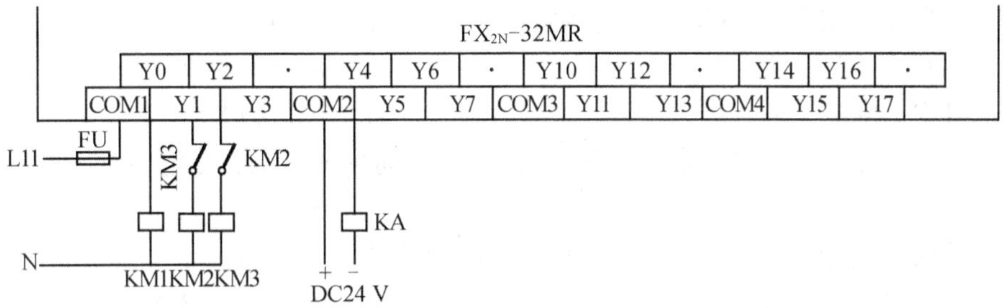

图 2.9.7　PLC 与一般输出设备的连接

4. PLC 与感性输出设备的连接

PLC 的输出端经常连接感性输出设备(感性负载)，因此需要抑制感性电路断开时产生的电压使 PLC 内部输出元件造成损坏。当 PLC 与感性输出设备连接时，如果是直流感性负载，应在其两端并联续流二极管；如果是交流感性负载，应在其两端并联阻容吸收电路。如图 2.9.8所示，与 Y4 连接的是直流感性负载，与 Y0 连接的是交流感性负载。图中，续流二极管可选用额定电流大于负载电流、额定电压大于电源电压的 5～10 倍，电阻值可取 50～120 Ω，电容值可取 0.1～0.47 μF，电容的额定电压应大于电源的峰值电压。

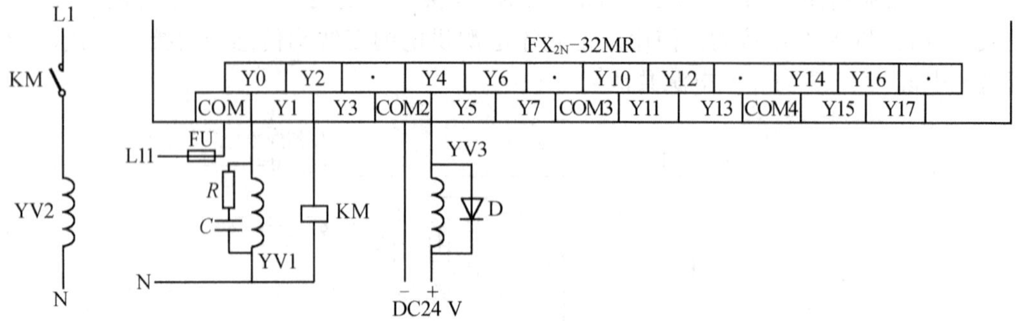

图 2.9.8 PLC 与感性输出设备的连接

上述接法是在 PLC 额定输出要求的情况下才连接,继电器输出型 PLC 的输出特性为 AC250 V、DC 30 V(2 A)以下,如果某感性设备额定电压或额定电流超出范围,则需要通过中间继电器或交流接触器来连接。例如:常用的电磁阀线圈因启动电流过大,应该采取如图中所示 Y2 的输出连接方式,通过接触器 KM 的主触点控制线圈的导通与关断。

五、思考与练习

1. 选择题

(1) 下面(　　)信号不能作为 PLC 基本功能模块的输入信号。

A. 按钮开关　　B. 热继电器的动断触点

C. 连接型压力传感器　　D. 温度开关

(2) 继电器输出型 PLC 的输出点的额定电压/电流是(　　)。

A. DC 250 V/2 A　　B. AC 250 V/2 A

C. DC 220 V/1 A　　D. AC 220 V/1 A

(3) 并联连接于直流感性负载的续流二极管,其反向耐压值至少是电源电压的(　　)倍。

A. 5　　B. 3　　C. 20　　D. 11

(4) 晶体管输出型 PLC 的输出点的额定电压/电流约是(　　)。

A. DC 250 V/2 A　　B. AC 250 V/2 A

C. DC 24 V/0.5 A　　D. AC 220 V/0.5 A

(5) 属于初始化状态器的有(　　)。

A. S9　　B. S20　　C. S246　　D. S250

2. 应用拓展

如图 2.9.9 所示,根据控制要求,编制三种液体自动混合的控制程序,并运行调试程序。三种液体自动混合控制要求如下:

(1) 初始状态。容器是空的,YV1、YV2、YV3、YV4 均为 OFF,SL1、SL2、SL3 为 OFF,搅拌机 M 为 OFF。

(2) 启动操作。按一下启动按钮,开始下列操作:

① YV1=YV2=ON,液体 A 和 B 同时进入容器,当达到 SL2 时,SL2=ON,使 YV1=YV2=OFF,YV3=ON,即关闭 YV1、YV2 阀门,打开液体 C 的阀门 YV3。

② 当液体达到 SL1 时，YV3＝OFF，M＝ON，即关闭阀门 YV3，电动机 M 启动开始搅拌。

③ 经 10 s 搅拌均匀后，M＝OFF，停止搅拌。

④ 停止搅拌后放出混合液体，YV4＝ON，当液面降到 SL3 后，再经 5 s 停止放出，YV4＝OFF。

(3) 停止操作。按下停止键，在当前混合操作处理完毕后，才停止操作。

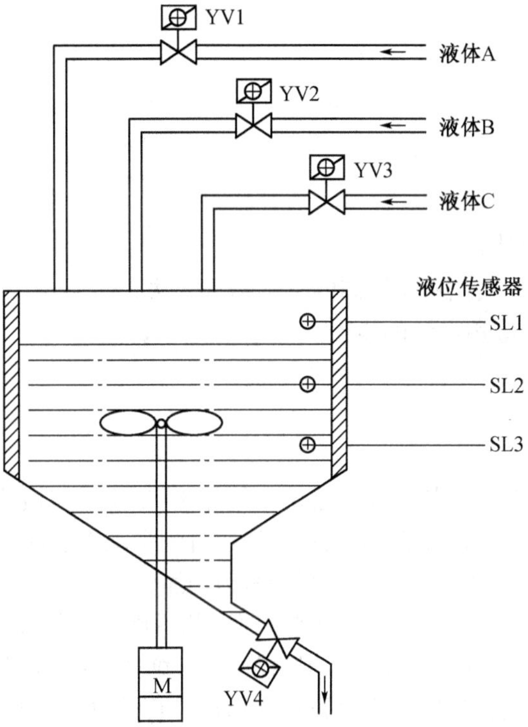

图 2.9.9　三种液体混合系统控制示意图

项目十　交通灯控制

【项目目标】

1. 学会使用 FX_{2N}的计数器。
2. 学习利用步进指令实现顺序控制的基本编程方法。
3. 进一步了解 PLC 应用设计的步骤。

一、项目任务

图 2.10.1 为十字路口交通灯控制示意图。请用 PLC 实现交通信号灯控制要求。

控制要求如下：合上空气断路器 QF 后，将旋钮打到自动挡上，按下起动按钮 SB0，南北绿灯与东西红灯同时亮；10 s 后，南北绿灯闪烁，亮暗间隔 0.5 s，闪烁 3 次后，南北黄灯亮；维持 2 s 后，南北黄灯灭红灯亮，同时东西红灯灭绿灯亮，此后南北红灯亮，东西绿灯亮；10 s 后，东西绿灯闪烁，亮暗间隔 0.5 s，闪烁 3 次后，东西黄灯亮；维持 2 s 后，南北红灯灭绿灯亮，同时东西黄灯灭红灯亮。过程重复，以实现十字路口交通信号灯的自动控制。将旋钮打到手动挡上，则手动控制交通信号灯的变化。按下停止按钮 SB1，全部灯熄灭。

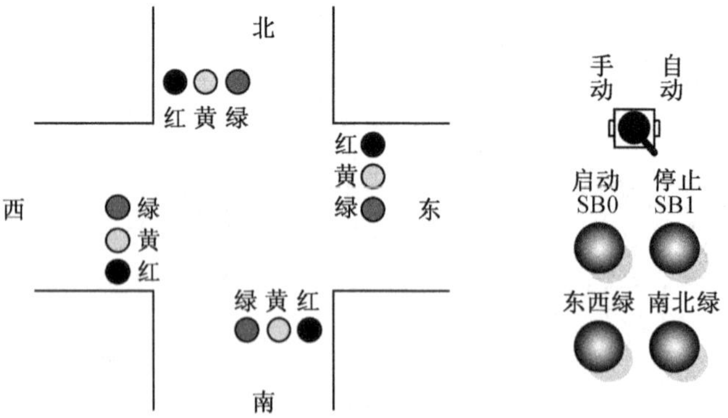

图 2.10.1　交通信号灯控制示意图

二、项目分析

交通信号灯的自动循环控制。其中，闪烁次数可用计数器实现；时间长短可用定时器实现；程序循环可以利用步进指令实现。打到自动挡时，手动控制开关不起作用；同样，打到手动挡时，自动控制开关不起作用。

首先根据要求画出交通信号灯控制时序图，如图 2.10.2 所示。

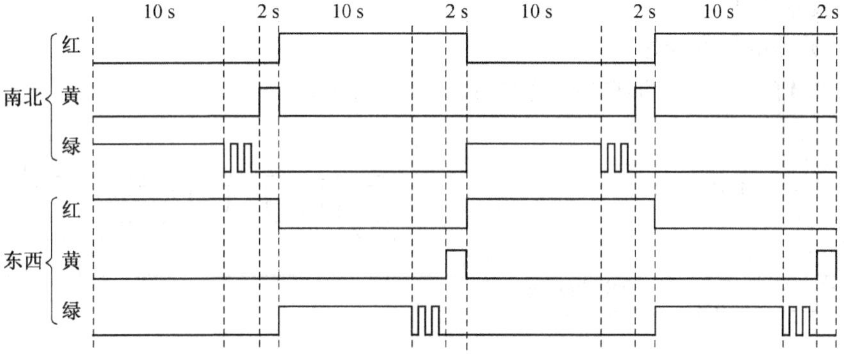

图 2.10.2　交通信号灯控制时序图

根据时序图及项目要求，分析输入/输出点数，进一步确定编程思路。

该项目实施除了用到步进指令外，还需要用到计数器。

三、相关知识

FX_{2N}系列 PLC 计数器功能及应用

计数器的功能是对指定输入端子上的输入脉冲或其他继电器逻辑组合的脉冲进行计数，当达到计数器设定值时，计数器接点动作（动合接点闭合，动断接点断开）。输入脉冲一般要求具有一定的宽度，计数发生在输入脉冲的上升沿。三菱 FX_{2N}系列 PLC 内部主要有两种计数器，普通计数器和高速计数器。

（一）计数器的编号和功能

内部计数器有一个设定值寄存器（一个字长），一个当前值寄存器（一个字长）以及动合和动断接点（可无限次使用）。对于每一个计数器，这三个量使用同一地址编号，但使用场合不一样。FX_{2N}系列的计数组件共有 235 个，即 C0～C234。计数器通常以用户程序存储器内的常数 *K* 作为设定值，也可以使用数据寄存器 D 的内容作为设定值。这里使用的数据寄存器应有断电保持功能。计数器按功能分类如下：

1. 16 位加计数器 C0～C199

通用计数器 C0～C99，共 100 个；断电保持计数器 C100～C199，共 100 个。

每个设定值范围为 K1～K32767（十进制常数）。设定值若为 K0 时，程序执行时与参数为 K1 时具有相同的含义，在第一次计数开始时输出触点就开始动作。在 PLC 断电时，通用计数器的计数值会被清除,而断电保持计数器则可存储断电前的计数值,在恢复供电后计数器以上一次数值累计值继续计数。

2. 32位加/减计数器C200~C234

通用计数器C200~C219,共20个;断电保持计数器C220~C234,共15个。

设定值范围:-K2147483648~+K2147483647。

3. 高速计数器C235~C255

共21个,32位加/减计数器和高速计数器已在第一篇中讲述过,具体应用时请参考以上内容及相关技术手册。

(二) 计数器的基本应用

【**例2.10.1**】 计数器的基本应用如图2.10.3所示。

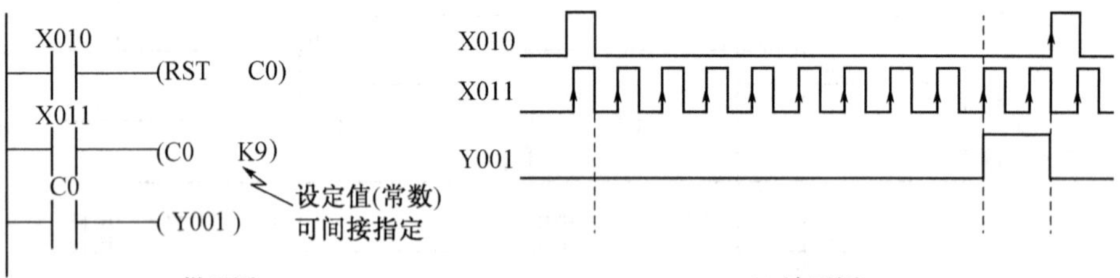

(a) 梯形图　　(b) 波形图

图2.10.3 16位计数器控制梯形图与波形图

工作原理:如图2.10.3所示,计数输入X11每驱动C0线圈1次,计数器当前值就增加,在执行第10次的线圈指令时,输出触点动作。以后即使计数输入X11再动作,计数器的当前值也不会改变。

如果复位输入X10为ON,则执行RST指令,计数器的当前值为0,输出触点复位。

(三) 计数器的拓展应用

【**例2.10.2**】 定时器与计数器级联可扩大延时时间,如图2.10.4所示。

工作原理:图2.10.4中当X0接通后,T0每3 000 s产生一个扫描周期的脉冲,成为计数器C0的输入信号,在C0计数100次时,其动合触点接通Y3线圈。可见,从X0接通到Y3动作,延时时间为定时器定时值(3 000 s)和计数器设定值(100)的乘积(300 000 s)。X1为C0的复位信号。

【**例2.10.3**】 两个计数器级联可扩大计数范围,如图2.10.5所示。

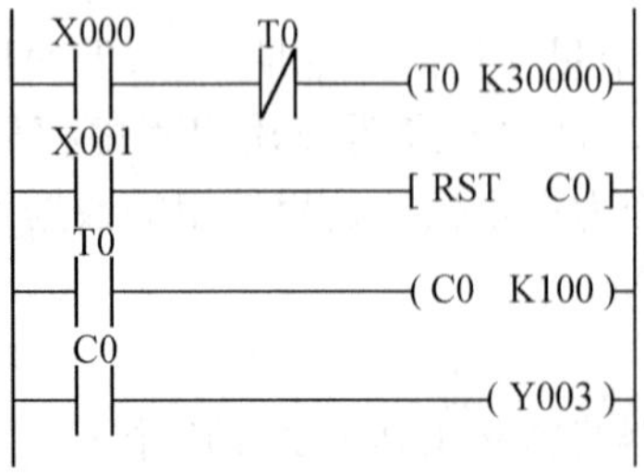

图2.10.4 定时器与计数器组合的延时程序

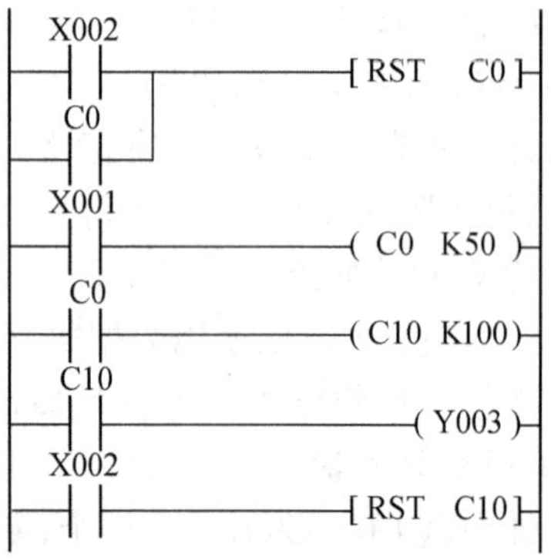

图2.10.5 两个计数器级联的程序

工作原理：计数器计数值范围的扩展，可以通过多个计数器级联组合的方法来实现。图 2.10.5 为两个计数器级联组合扩展的程序。X1 每通/断 1 次，C0 计数 1 次；当 X1 通/断 50 次时，产生 1 个扫描周期的脉冲信号，同时 C10 计数 1 次；当 C10 计数到 100 次时，X1 输入信号总计通/断 50×100=5 000(次)，用 C10 的动合触点进行 Y3 的输出控制。X2 为计数复位信号。

【例 2.10.4】 采用计数器实现设备运行时间控制，如图 2.10.6 所示。

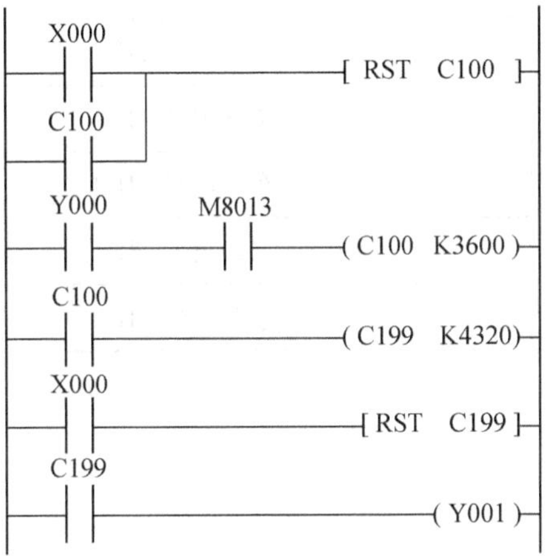

图 2.10.6　设备运行时间控制程序

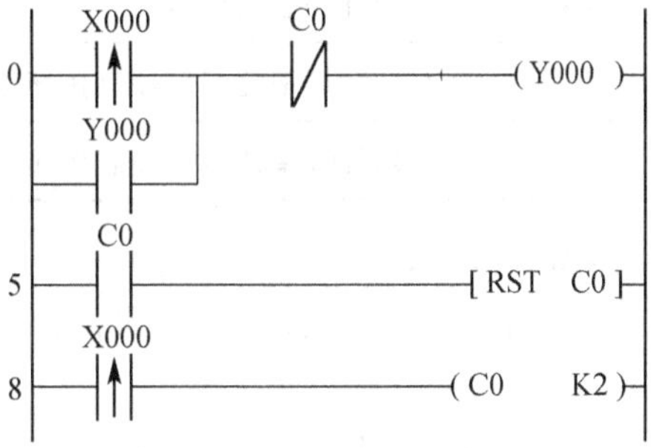

图 2.10.7　计数器实现的单按键控制程序

工作原理：在工业控制中，经常会遇到某一设备或部件在完成一定的运行时间后需要检修或更换的问题。PLC 特殊辅助继电器 M8011、M8012、M8013 和 M8014 分别提供 10 ms、100 ms、1 s、1 min 的时钟脉冲信号，通过对这些信号进行计数，在到达设定运行时间时输出报警信号。

图 2.10.6 中，由 M8013 产生周期为 1 s 的时钟脉冲信号。设定设备运行标志信号为 Y0。当 Y0 输出时开始计数，当 C100 累计到 3 600 个脉冲时(1 h)，计数器 C100 动作，输出 1 个扫描周期的脉冲，由 C199 进行计数，在 C199 计数到 4 320 时(180 d)输出报警信号 Y1。X0 为复位信号。

【例 2.10.5】 采用计数器实现的单按键控制，如图 2.10.7 所示。

工作原理：利用计数器也可以实现单按键控制设备的起停。如图 2.10.7 所示，按下 X0 时，Y0 输出并自保持，同时 C0 计数 1 次，由于 C0 的计数设定值为 2，此时计数器不动作；再按下 1 次 X0 时，C0 计数结束并产生 1 个扫描周期的脉冲，控制 Y0 输出停止。实现了单按键控制输出的功能。

三、项目实施

用 PLC 来实现交通信号灯的自动循环控制。

1. 确定 I/O 总点数及地址分配

在控制电路中有两个控制按钮，启动按钮 SB0 和停止按钮 SB1；一个转换开关，包括自动挡位 SA1 和手动挡位 SA2；东西绿灯、南北红灯亮控制按钮 SB2；东西红灯、南北绿灯亮控制按钮 SB3;南北红灯 Y0、黄灯 Y1 和绿灯 Y2;东西红灯 Y3、黄灯 Y4 和绿灯 Y5。这样总的输入点为 6 个,输出点为 6 个(东西黄灯和南北黄灯不使用同一个输出端的原因是便于控制功能的增加)。PLC 的 I/O 分配地址如表 2.10.1 所示。

表 2.10.1　I/O 地址分配表

输入信号			输出信号		
1	X0	启动按钮 SB0	1	Y0	南北红灯 HL0
2	X1	停止按钮 SB1	2	Y1	南北黄灯 HL1
3	X2	转换开关自动挡 SA1	3	Y2	南北绿灯 HL2
4	X3	转换开关手动挡 SA2	4	Y3	东西红灯 HL3
5	X4	东西绿灯南北红灯控制按钮 SB2	5	Y4	东西黄灯 HL4
6	X5	东西红灯南北绿灯控制按钮 SB3	6	Y5	东西绿灯 HL5

2. 控制电路

交通信号灯控制电气原理图如图 2.10.8 所示

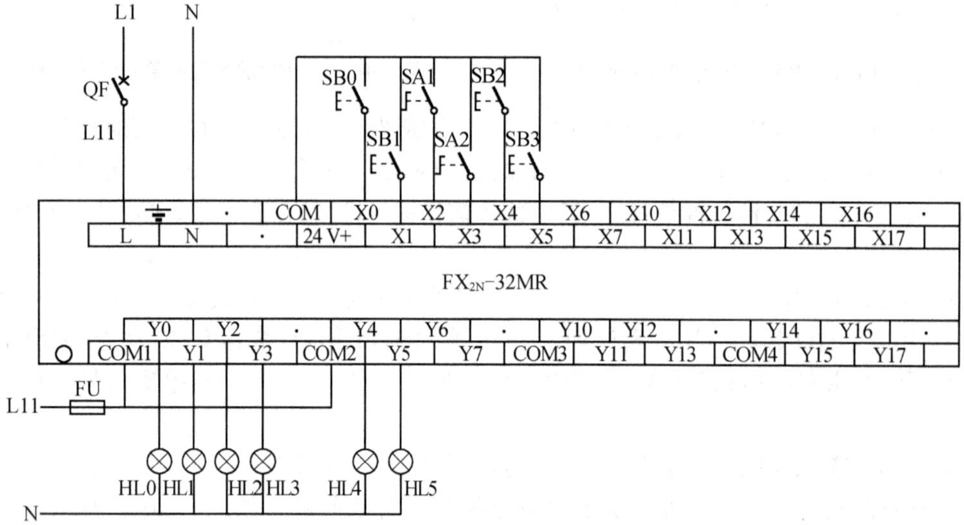

图 2.10.8　交通信号灯控制原理图

3. 设备材料表

本控制中输入点数应选 6×1.2≈8 点,输出点数应选 6×1.2≈8 点(继电器输出)。通过查找三菱 FX_{2N} 系列选型表,选定三菱 FX_{2N}- 32MR(其中输入 8 点,输出 8 点,继电器输出)。通过查找电气元件选型表,选择的元器件如表 2.10.2 所示。

表 2.10.2　设备材料表

序号	符号	设备名称	型号、规格	单位	数量	备注
1	PLC	可编程控制器	FX_{2N}-32MR	台	1	
2	SB	按钮	LA39-11	个	4	
3	QF	断路器	DZ47-D10/1P	个	1	
4	SA	转换开关	NP2-BJ21	个	2	
5	HL	指示灯红色	AD16-22C/R,24 V	个	4	
6	HL	指示灯黄色	AD16-22C/Y,24 V	个	4	
7	HL	指示灯绿色	AD16-22C/G,24 V	个	4	
8	FU	熔断器	RT18-32/6 A	个	2	

4. 程序设计

项目中进一步熟悉利用状态转移图 SFC 语言来描述顺序流程结构的状态编程，并熟悉利用计数器进行条件计数。

(1) 交通信号灯控制的状态转移图 SFC 如图 2.10.9 所示。

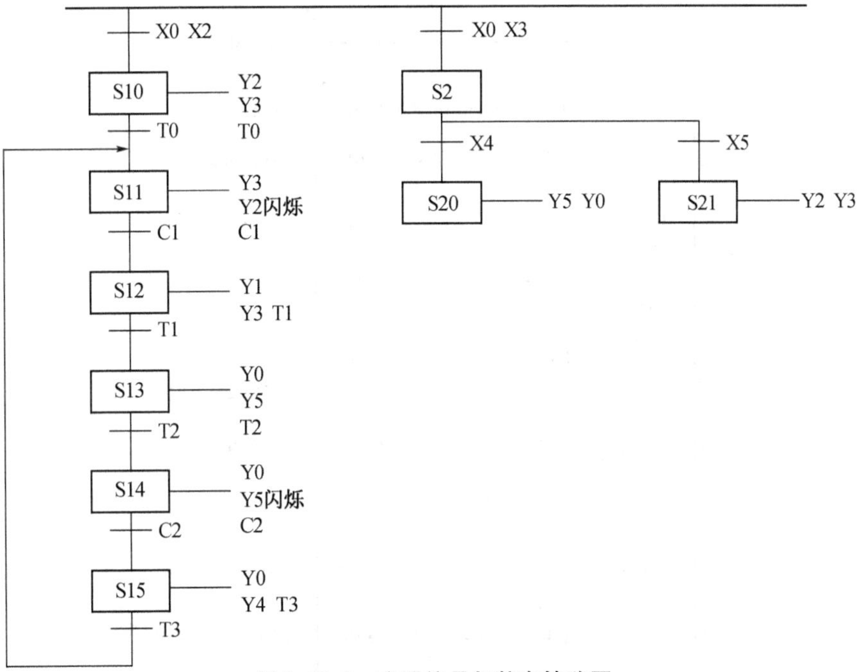

图 2.10.9　交通信号灯状态转移图

状态转移图说明：

在步进顺序控制中，最简单的就是只有一个转移条件并转向一个分支的单流程，如项目六和项目八，是典型的单流程控制。但也会碰到多流程状态编程。有根据不同的转移条件选择不同转向的分支，分支之后，可不再汇合；再根据不同的转移条件汇合到同一分支，如图 2.10.10 所示为选择结构 SFC。也有根据同一转移条件同时转向多个分支，执行多个分支后再汇合到一起的结构，如图 2.10.11 为并行结构 SFC。

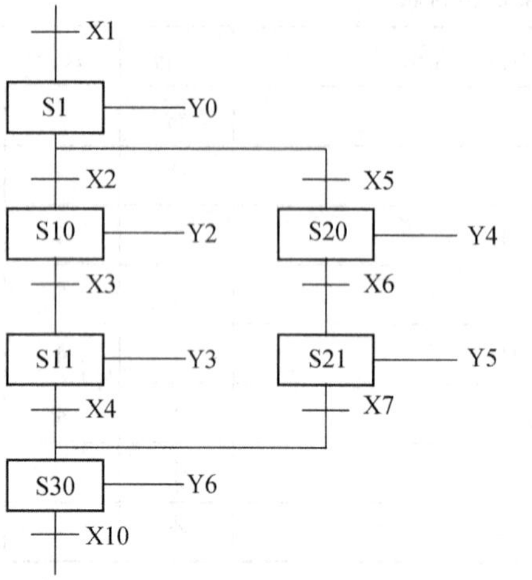

图 2.10.10　选择结构 SFC

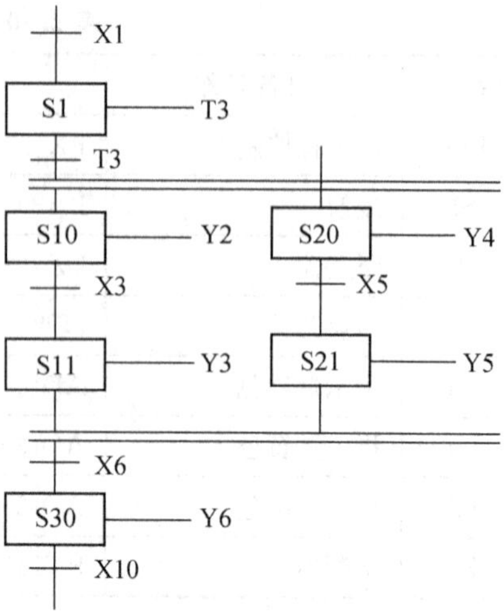

图 2.10.11　并行结构 SFC

① 选择结构编程:图 2.10.10 对应梯形图如图 2.10.12。

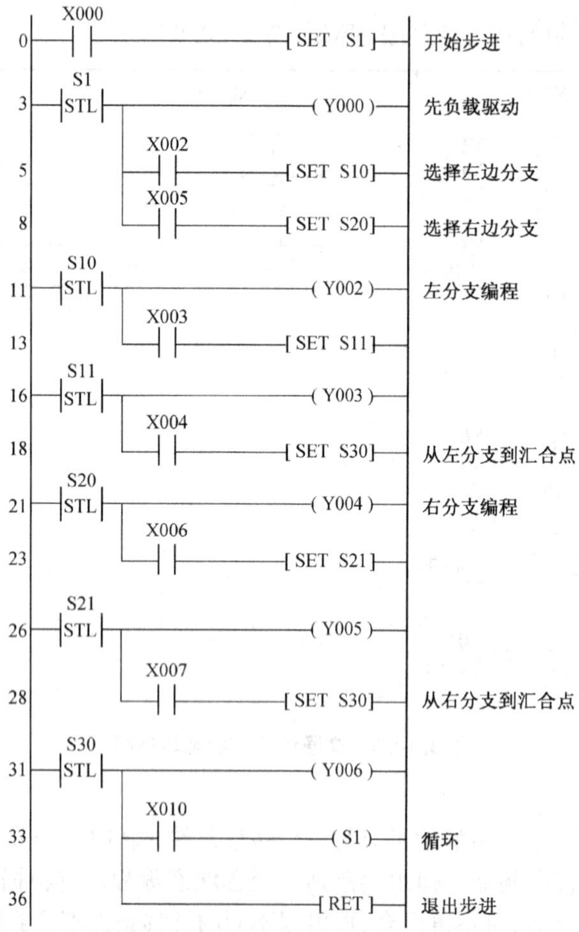

图 2.10.12　选择结构梯形图

② 并行结构编程：可以分别写两个分支，最后再汇总；也可以采用图 2.10.13 所示梯形图结构。对于小程序来说，两者没有太大区别，但工程中多为复杂程序，最好采用后者编程。

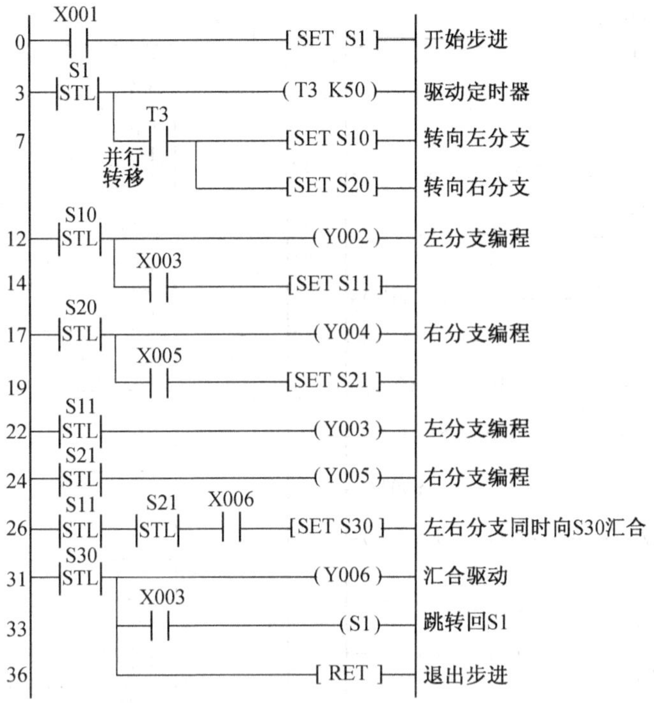

图 2.10.13　并行结构梯形图

(2) 步进控制梯形图如图 2.10.14 所示。

5. 运行调试

根据 PLC 控制原理图在实验台上连接 PLC 实验装置，检查无误后，将图 2.10.14 所示梯形图下载到 PLC 中，选择程序的监控模式，操作实验装置，观察程序的执行过程和实验结果。

自动控制：

(1) 按下启动按钮 SB0，梯形图中 X0 动合触点闭合，将转换开关打到自动挡上，X2 动合触点闭合，S10 被置位，观察 Y2、Y3 和定时器 T0 的动作情况。

(2) T0 定时时间到，S11 被置位，观察 Y2、Y3 和计数器 C1 的动作情况。

(3) C1 计数值满，S12 被置位，观察 Y1、Y2、Y3、Y4 和定时器 T1 的动作情况。

(4) T1 定时时间到，S13 被置位，观察 Y0、Y5 和定时器 T2 的动作情况。

(5) T2 定时时间到，S14 被置位，观察 Y0、Y5 和计数器 C2 的动作情况。

(6) C2 计数值满，S15 被置位，观察 Y0、Y1、Y4、Y5 和定时器 T3 的动作情况。

(7) T3 定时时间到，状态转移到 S10，开始下一轮的执行。

手动控制：

按下启动按钮 SB0，梯形图中 X0 动合触点闭合，将转换开关打到手动挡上，X3 动合触点闭合，S2 被置位，分别操作按钮 SB2 和按钮 SB3，观察状态器 S20、S21 的动作情况。

停止控制：

按下停止按钮 SB1，触发信号 X1 上升沿到来，复位所有状态器，观察梯形图中所有输出继电器和定时器的动作情况。

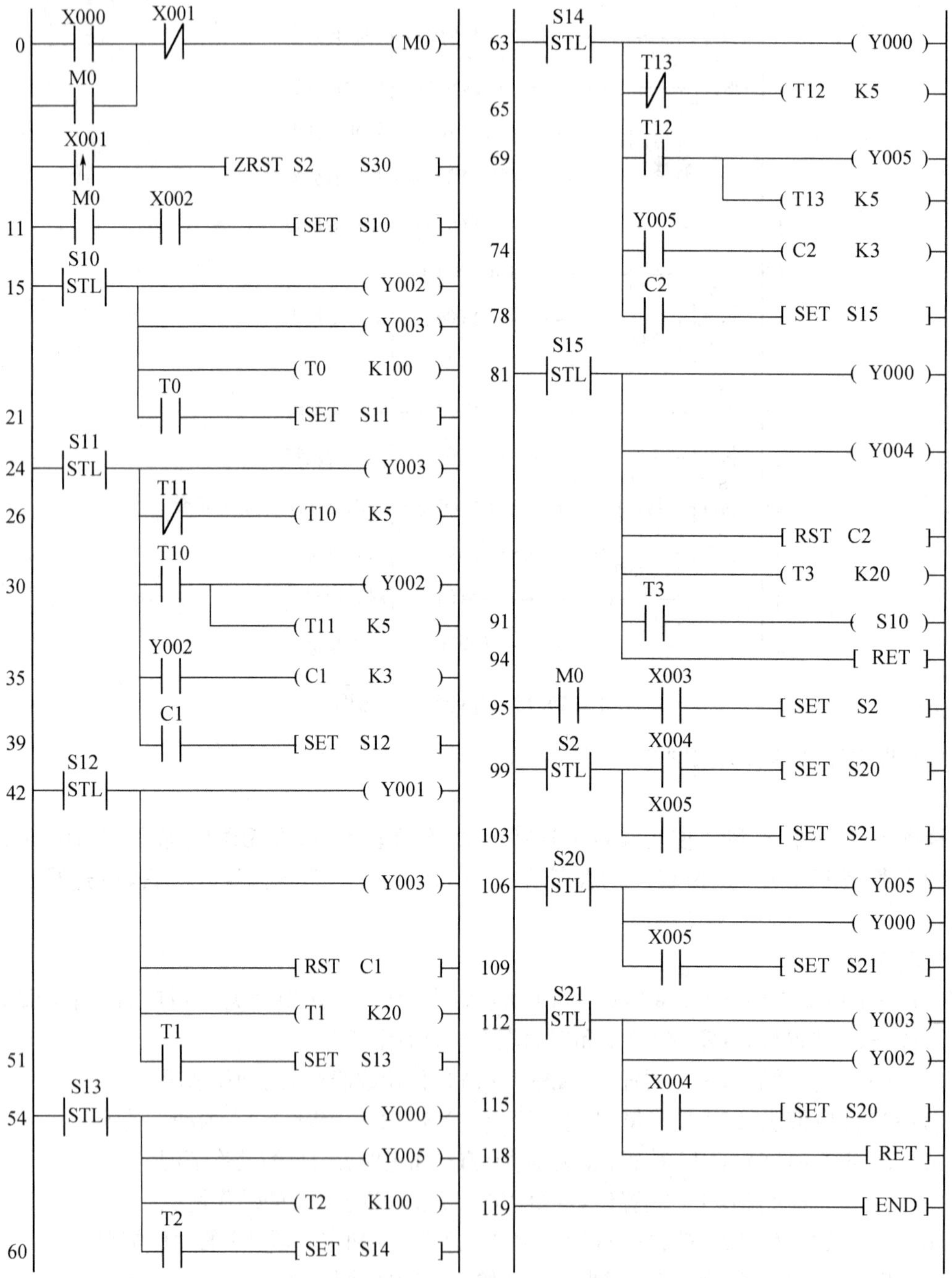

图 2.10.14　步进控制梯形图

五、思考与练习

1. 选择题

(1) 在 FX_{2N}系列 PLC 内部中，主要有(　　)个普通计数器。

A. 21　　B. 235　　C. 256　　D. 无数

(2) 在 FX_{2N}系列 PLC 内部，主要有(　　)个高速计数器。

A. 21　　B. 235　　C. 256　　D. 无数

(3) 通用与断电保持计数器的区别是(　　)。

A. 通用计数器在停电后能保持原状态，断电保持计数器不能保持原状态

B. 断电保持计数器在断电后能保持原状态，通用计数器不能

C. 通用与断电保持计数器都能在断电后保持原状态

D. 通用与断电保持计数器都不能在断电后保持原状态

(4) 在下列选项中属于断电保持计数器的是(　　)。

A. C0　　B. C100　　C. C200　　D. C219

(5) 选项(　　)是 32 位计数器。

A. C0　　B. C100　　C. C199　　D. C219

2. 应用拓展

交通信号灯的控制如图 2.10.1 所示，要求：在项目要求的基础上，增加红灯闪烁次数，即在由红灯变为绿灯前，对应地也闪烁 3 次。

请完成主电路、控制电路、I/O 地址分配、PLC 程序及元器件选择，编制规范的技术文件。程序下载到 PLC 中运行，并模拟故障现象。

项目十一　循环彩灯控制

【项目目标】

1. 熟悉 PLC 中移位指令的使用,熟练使用步进指令。
2. 学习利用移位指令实现循环控制的基本编程方法。
3. 进一步了解 PLC 应用设计的步骤。

一、项目任务

现代生活中,彩灯的使用越来越广泛,如彩灯广告牌、舞台灯和霓虹灯。利用 PLC 实现霓虹灯效果,具有控制简单、扩展方便、效果突出等优点。如图 2.11.1 所示,用四盏彩灯代替四个电路,以模仿霓虹灯效果。

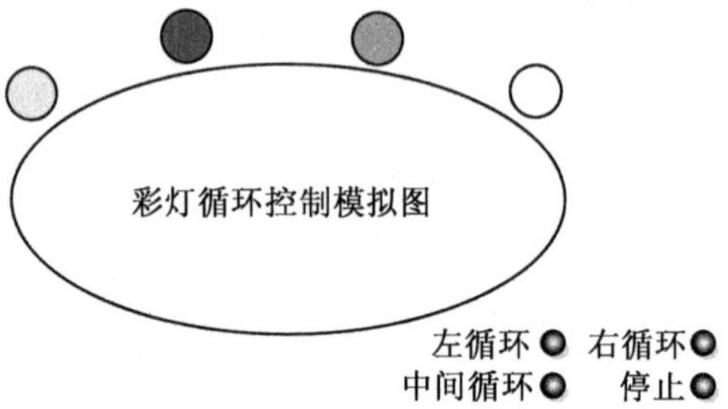

图 2.11.1　循环彩灯控制模拟图

二、项目分析

控制操作如下:按下左循环按钮 SB0,一盏彩灯由右向左走,自动循环;按下右循环按钮 SB2,一盏彩灯由左向右走,自动循环;按下中间循环按钮 SB1,两盏彩灯同时从两端往中间走,自动循环。随时按下停止按钮 SB3 后,彩灯全部熄灭。请用 PLC 实现彩灯的循环控制。

三、相关指令

FX_{2N}系列 PLC 的功能指令(一)

三菱 FX_{2N}系列 PLC 除了基本指令、步进指令外，还有丰富的高级指令和功能指令，可以使编程更加方便和快捷。三菱 FX_{2N}系列 PLC 应用指令编号 FNC00～FNC××表示，在以后的项目中会详细解释有关的功能指令。本项目中利用数据传送指令 MOV，大大简化了程序，且程序可读性更好。在使用功能指令编程时，需要大致了解功能指令中有关软元件的使用及其执行形式。

(一) 功能指令的表示形式

FX_{2N}系列功能指令格式采用梯形图与通用助记符相结合的形式，如图 2.11.2 所示。

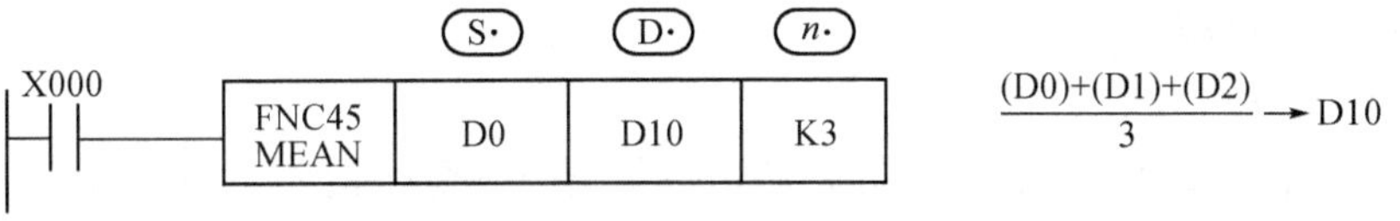

(a) 功能指令梯形图　　(b) X000 ON,MEAN指令含义

图 2.11.2　功能指令格式及应用

说明：

(1) 在 FXGP 软件中输入功能指令时，既可以输入指令段(FNC 编号)，也可以只输入助记符，还可两者同时输入。

(2) 其中各操作数功能如下：

[S]:其内容不随指令执行而变化，称为源操作数。多个源操作数时，以[S1],[S2],…的形式表示。

[D]:其内容随指令执行而变化，称为目标操作数。同样，可以作变址修饰，在目标数量多时，以[D1],[D2],…的形式表示。

n 或 m 表示其他操作数，常用来表示常数，或者作为源操作数和目标操作数的补充说明。表示常数时，使用十进制数 K 和十六进制数 H。这样的操作数数量很多时，以 m_1，m_2，…表示。

功能指令的指令段程序步数通常为 1 步，但是根据各操作数是 16 位指令还是 32 位指令，会变为 2 步或者 4 步。

(3) 操作数的可用软元件。

① X、Y、M、S 等只处理 ON/OFF 信息的软件称为位元件。与此相对，T、C、D 等处理数值的软元件称为字元件，一个字元件是由 16 位的存储单元构成。即使是位元件，通过组合使用也可进行数值处理，一般以位数 Kn 和起始的软元件号的组合(KnX、KnY、KnM、KnS)来表示。

采用 4 位为 1 个单位，位数为 K1～K4(16 位数据)，K1～K8(32 位数据)。

例如，K1M0，对应 M0～M3，高位在前，低位在后，为 1 位数据(符号位：0＝正数，1＝

负数)。

0	1	0	1
M3	M2	M1	M0

例如,K2M0,对应M0～M7,高位在前,低位在后,为2位数据(符号位:0=正数,1=负数)。

0	1	0	1	0	1	0	1
M7	M6	M5	M4	M3	M2	M1	M0

② 可处理数据寄存器D、定时器T或计数器C的当前值寄存器。数据寄存器D为16位,在处理32位数据时使用一对数据寄存器的组合。例如D1 D0(D1高16位,D0低16位),由于它是由两个字元件组成的32位数据操作数,也称双字元件。T、C的当前值寄存器也可作为一般寄存器,处理方法相同。

(二) 传送指令功能说明

1. 传送指令MOV

传送指令的助记符、功能号、操作数和程序步数等指令概要如表2.11.1所示。

表2.11.1　传送指令概要

传送指令		操作数	程序步
P D	FNC12 MOV MOV(P)	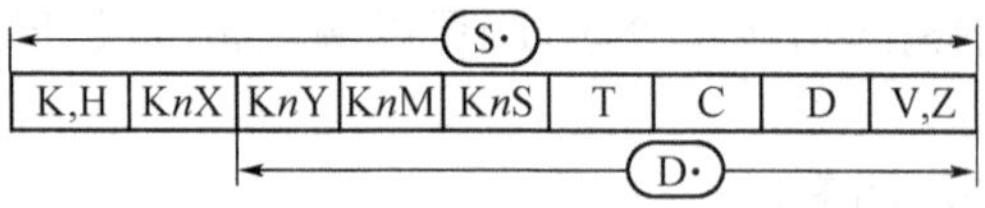	MOV MOV(P)　5步 (D)MOV (D)MOV(P)　9步

指令格式:FNC12　MOV　[S]　[D]

FNC12　MOVP　[S]　[D]

FNC12　DMOV　[S]　[D]

FNC12　DMOVP[S]　[D]

指令功能:

MOV是16位的数据传送指令,将源操作数[S]中的数据传送到目标操作数[D]中。

DMOV是32位的数据传送指令,将源操作数[S][S+1]中的数据传送到目标操作数[D][D+1]中。

源操作数范围:K,H,KnX,KnY,KnM,KnS,T,C,D,V,Z。

目标操作数范围:KnY,KnM,KnS,T,C,D,V,Z。

【例2.11.1】 MOV功能指令应用,如图2.11.3所示。

图2.11.3　MOV功能指令应用

工作原理：图 2.11.3 为传送指令 MOV 的梯形图，X0 为 ON 时，执行 MOV 指令。将常数 K100 传送到数据寄存器 D10 中去。X0 为 OFF 时，不执行 MOV 指令，D10 保持 X0 OFF 之前的状态。在应用过程中需要注意的是，在 X0 为 ON 状态下，每个扫描周期会执行一次，若在 X0 为 ON 时只执行一次，则需要使用(P)指令或 X0 的上升沿微分指令。

【例 2.11.2】 位软元件的 MOV 指令传送，如图 2.11.4 所示。

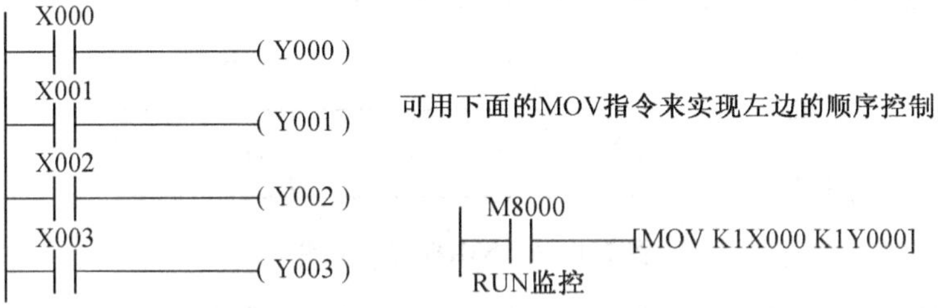

图 2.11.4　位软元件 MOV 指令传送程序

工作原理：如图 2.11.4 所示，图中左侧为使用基本逻辑指令编制的程序，有 4 个逻辑行，将 4 个编号连续的外部输入状态输出到 4 个连续的外部输出继电器中。内部位软元件可以通过组合的形式以数据方式进行传送，如图右侧采用 MOV 指令，只一个逻辑行即可完成工作任务。

【例 2.11.3】 32 位数据的传送，如图 2.11.5 所示。

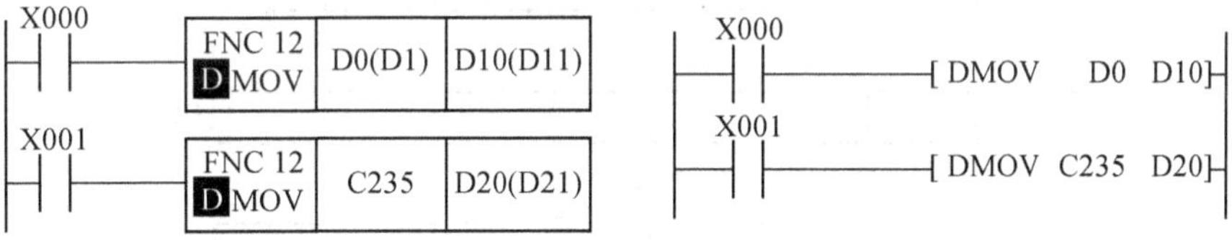

图 2.11.5　32 位数据传送程序

工作原理：如图 2.11.5 所示程序，X0 为 ON 时，将 D1 为高位、D0 为低位中的数据传送到数据寄存器(D11 高位、D10 低位)中。X1 为 ON 时，将计数器 C235 的当前值(内部数值为 32 位)传送到数据寄存器 D21、D20 中。

2. 位移动指令 SMOV

位移动指令的助记符、功能号、操作数和程序步数等指令概要如表 2.11.2 所示。

表 2.11.2　位移动指令概要

位移动指令		操作数	程序步
P	FNC13 SMOV SMOV(P)	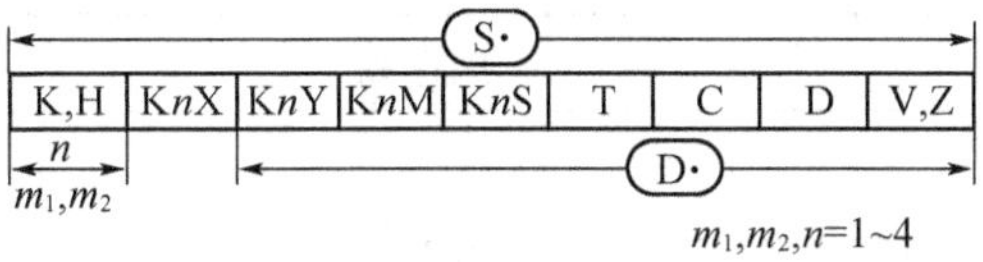	SMOV SMOV(P)　11 步

指令功能：SMOV 指令也称 BCD 码移位指令，将[S]中第 m_1 位开始的 m_2 个 BCD 码数移位到[D]的第 n 位开始的 m_2 个位置中。

源操作数范围:K,H,K*n*X,K*n*Y,K*n*M,K*n*S,T,C,D,V,Z。

目标操作数范围:K*n*Y,K*n*M,K*n*S,T,C,D,V,Z。

m、*n* 取值范围为 K1~K4。K1 表示个位 BCD 码,K2 表示十位 BCD 码,K3 表示百位 BCD 码,K4 表示千位 BCD 码。

m_2:取值范围为 K1~K4,表示 BCD 码的个数。

【例 2.11.4】 SMOV 指令应用,如图 2.11.6 所示。

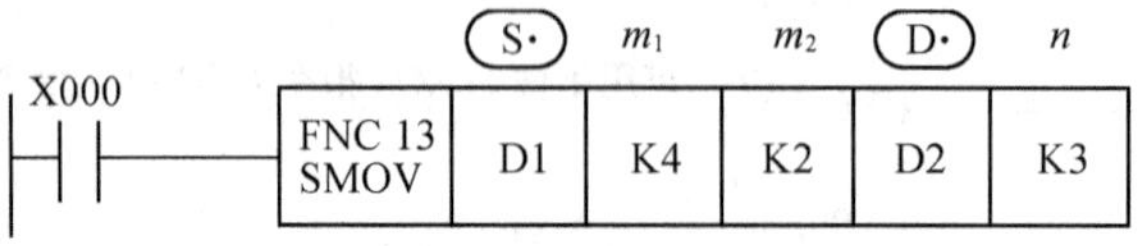

图 2.11.6　SMOV 功能指令

工作原理:当 X0 为 ON 时,执行 SMOV 指令。先将 D1 中 16 位二进制数转换成 BCD 码(假设是 1234),D2 中的内容是 BCD 码 5678;然后将 D1 中第四位"1"(K=4)开始的共 2 位(K2)BCD 码,即"1"和"2"移到 D2 的第 3 位(K=3)开始的第 3 位和第 2 位(K=2)的 BCD 码位置上,D2 原来第 3 位"6"和第 2 位上的"7"被"1""2"所取代,原来第 4 位"5"和第 1 位"8"不变,D2 的内容变为 5128,再自动转换成 16 位二进制数。数据位移动的示意图如图 2.11.7 所示。

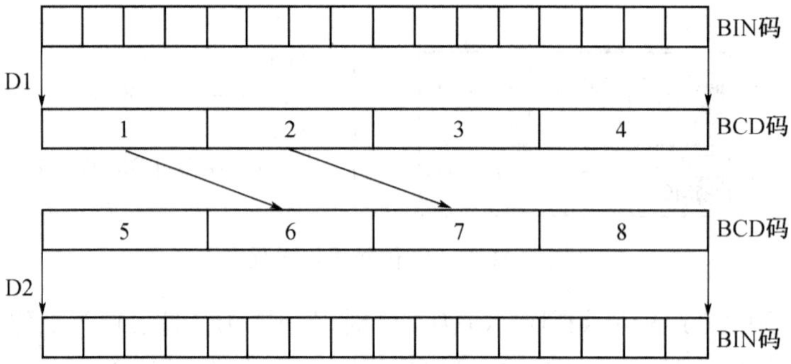

图 2.11.7　位移动指令示意图

注意事项:(1) 所有源数据都被看成二进制值处理;(2) BCD 的值若超过 0~9 999 范围,则会出错。

3. 取反传送指令 CML

取反传送指令的助记符、功能号、操作数和程序步数等指令概要如表 2.11.3 所示。

表 2.11.3　取反传送指令概要

取反传送指令		操作数	程序步
P D	FNC14 CML CML(P)	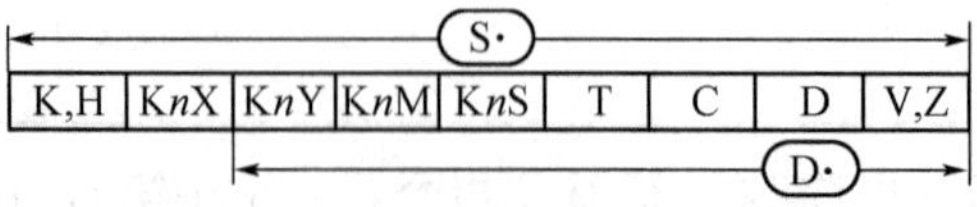	CML CML(P)　5 步 (D)CML (D)CML(P)　9 步

指令格式:FNC14　CML　[S]　[D]
　　　　FNC14　CMLP　[S]　[D]
　　　　FNC14　DCML　[S]　[D]
　　　　FNC14　DCMLP　[S]　[D]

指令功能:CML 指令将[S]中的数据以二进制数方式按位取反后送到目标操作数[D]中。

源操作数范围:K,H,K*n*X,K*n*Y,K*n*M,K*n*S,T,C,D,V,Z。

目标操作数范围:K*n*Y,K*n*M,K*n*S,T,C,D,V,Z。

注意事项:所有源数据都被看成二进制值处理。

【例 2.11.5】 CML 指令应用,如图 2.11.8 所示。

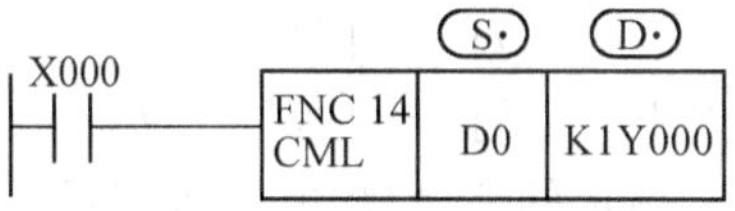

图 2.11.8　功能指令 CML

工作原理:图 2.11.8 为取反传送指令 CML 的梯形图,对应的指令 CML D0 K1Y000。X0 为 ON 时,每个扫描周期执行一次 CML 指令。具体操作是,将 D0 中的内容按照二进制位取反后,送到 Y7~Y0。Y8 以上的输出继电器不会有任何变化。取反传送指令执行过程示意图如图 2.11.9 所示。

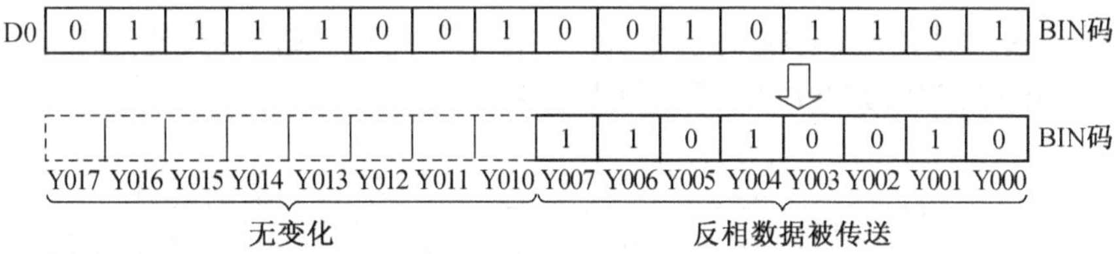

图 2.11.9　取反传送指令示意图

【例 2.11.6】 CML 指令拓展应用,如图 2.11.10 所示。

工作原理:如图 2.11.10 所示,图中左侧为使用基本逻辑指令编制的程序,有 4 个逻辑行,将 4 个编辑号连续的外部输入状态(均为常闭控制)输出的 4 个连续的外部输出继电器中。内部位软元件可以通过组合的形式以数据方式进行传送,如图右侧采用 CML 指令,只有一个逻辑行可完成工作任务。

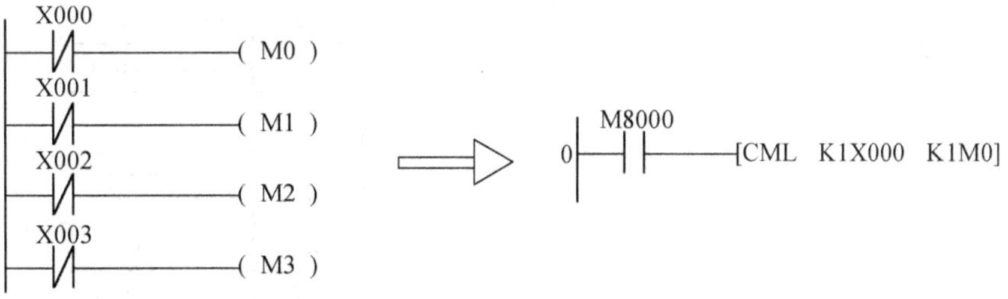

图 2.11.10　用 CML 指令表示顺序控制

4. 成批传送指令 BMOV

成批传送指令的助记符、功能号、操作数和程序步数等指令概要如表 2.11.4 所示。

表 2.11.4 成批传送指令概要

成批传送指令		操作数	程序步
P	FNC15 BMOV BMOV(P)	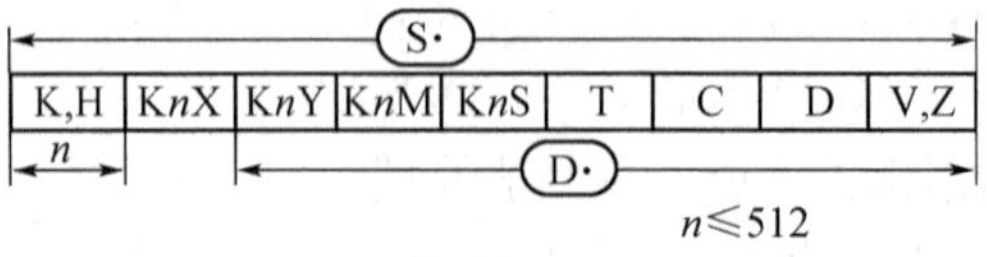	BMOV BMOV(P) 7 步

指令格式:FNC15 BMOV [S] [D] n

FNC15 BMOVP [S] [D] n

指令功能:BMOV 指令将[S]指定的 N 个数据传送到目标操作数[D]指定的块中。

源操作数范围:K,N,KnX,KnY,KnS,T,C,D,V,Z。

目标操作数范围:KnY,KnM,KnS,T,C,D,V,Z。

操作数 n 的取值范围:$n \leqslant 512$。

【例 2.11.7】 BMOV 指令应用,如图 2.11.11 所示。

工作原理:图 2.11.11 为成批传送指令 BMOV 的梯形图,对应的指令为 BMOV D5 D10K3。

当 X0 为 ON 时,执行 BMOV 的指令,将 D5、D6、D7 三个数据寄存器的内容分别传送到 D10、D11、D12 中;当 X0 为 OFF 时,不执行 BMOV 指令。

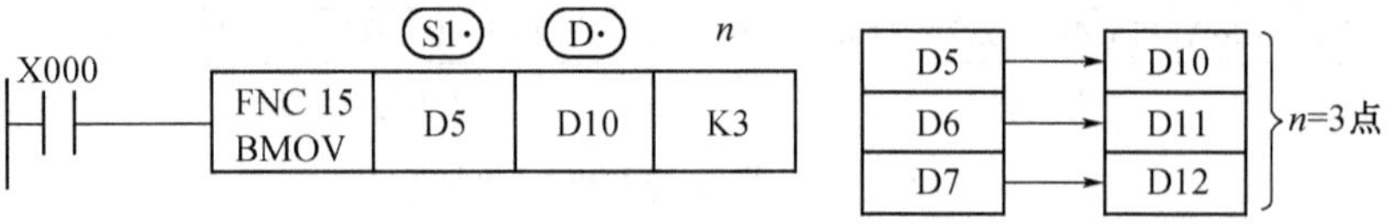

图 2.11.11 功能指令 BMOV

【例 2.11.8】 位元件 BMOV 指令传送应用,如图 2.11.12 所示

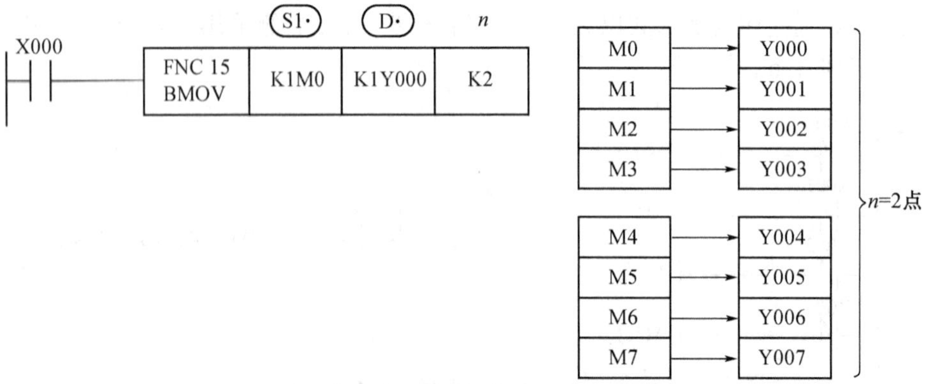

图 2.11.12 带有指定的位元件成批传送示意图

工作原理：如图 2.11.12 所示程序，源操作数指定的第一个块为 K1M0，表示 4 个内部位软元件，K2 表示两个块，则源操作数总的数量为 M0～M7。当 X0 为 ON 时，将 M0～M7 的状态传送到 Y0～Y7 的输出继电器中。

【例 2.11.9】 编号重叠的位元件成批传送应用，如图 2.11.13 所示。

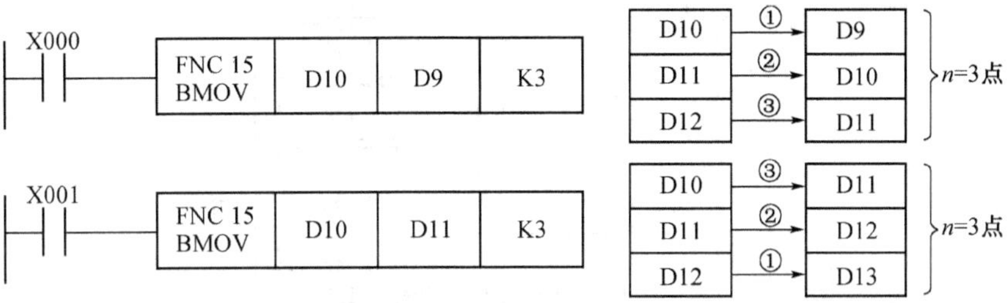

图 2.11.13　编号重叠的位元件成批传送应用示意图

工作原理：如图 2.11.13 所示，传送编号范围有重叠时，为防止输送源数据没传送完就改写，根据编号重叠的方法，按①②③的顺序自动传送。今后在使用这一方法进行数据传送时应特别注意。

5. 多点传送指令 FMOV

多点传送指令的助记符、功能号、操作数和程序步数等指令概要如表 2.11.5 所示。

表 2.11.5　多点传送指令概要

多点传送指令		操作数	程序步
P	FNC16 FMOV FMOV(P)	S·: K,H KnX KnY KnM KnS T C D V,Z D·: KnY KnM KnS T C D V,Z n: K,H　n≤512	FMOV FMOV(P)　7 步
D			(D)FMOV (D)FMOV(P)　13 步

指令格式：FNC16　FMOV　[S]　[D]　n

FNC16　FMOVP　[S]　[D]　n

FNC16　DFMOV　[S]　[D]　n

FNC16　DFMOVP　[S]　[D]　n

指令功能：FMOV 指令将[S]指定的数据传送到目标操作数[D]指定的 13 个数据寄存器中。传送的内容都一样。

源操作数范围：K，H，KnX，KnY，KnM，KnS，T，C，D，V，Z。

目标操作数范围：KnY，KnM，KnS，T，C，D，V，Z。

操作数 n 的取值范围：$n \leqslant 512$。

【例 2.11.10】 FMOV 指令应用，如图 2.11.14 所示。

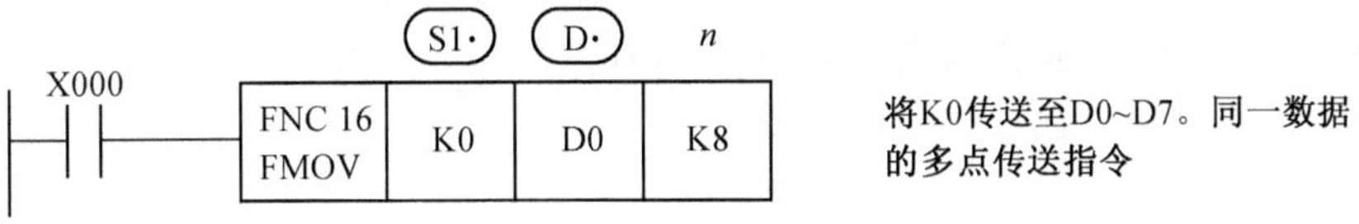

图 2.11.14　功能指令 FMOV

工作原理:图 2.11.14 为多点传送指令 FMOV 的梯形图,对应的指令为 FMOV　K0　D0　K8。X0 为 ON 时,执行 FMOV 指令,将以 D0 开始的各数据寄存器均赋值为 0。功能操作示意图如图 2.11.15 所示。

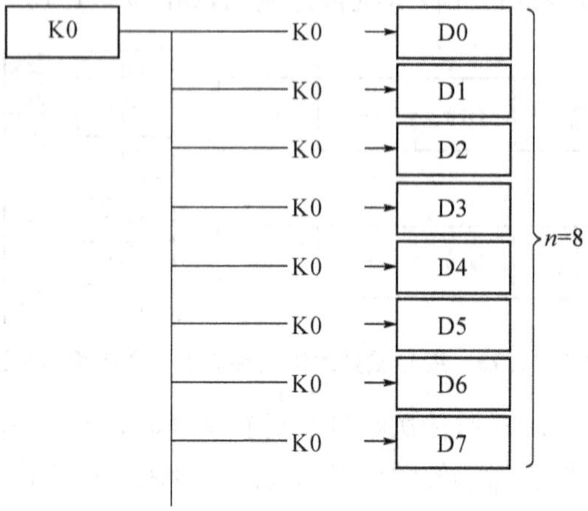

图 2.11.15　功能示意图

四、项目实施

用 PLC 来实现彩灯的霓虹灯效果,如图 2.11.16 所示。

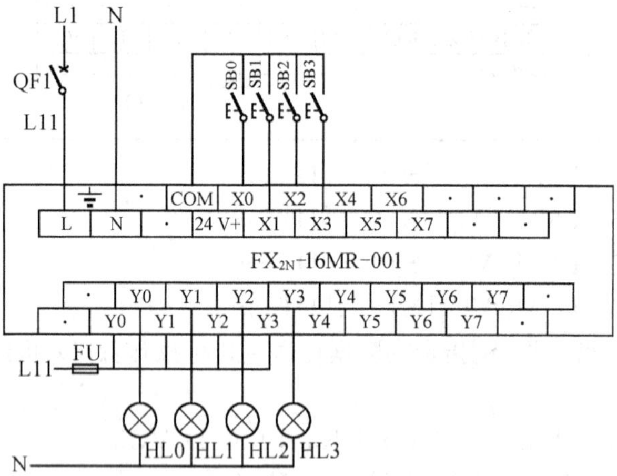

图 2.11.16　循环彩灯 PLC 控制原理图

1. 确定 I/O 总点数及地址分配

在控制电路中输出端有四个控制按钮,包括左循环按钮 SB0、中间循环按钮 SB1、右循环按钮 SB2、停止按钮 SB3。输出端为四盏彩灯,这样总的输入点为 4 个,输出点为 4 个。

PLC 的 I/O 分配地址如表 2.11.6 所示。

表 2.11.6　I/O 地址分配表

输入信号			输出信号		
1	X0	左循环按钮 SB0	1	Y0	彩灯 HL0
2	X1	中间循环按钮 SB1	2	Y1	彩灯 HL1
3	X2	右循环按钮 SB2	3	Y2	彩灯 HL2
4	X3	停止按钮 SB3	4	Y3	彩灯 HL3

2. 控制电路

四盏彩灯控制电气原理图如图 2.11.16 所示。

3. 设备材料表

本控制中输入点数应选 4×1.2≈5 点，输出点数应选 4×1.2≈5 点(继电器输出)。通过查找三菱 FX_{2N} 系列选型表，选定三菱 FX_{2N}- 16MR - 001(其中输入 8 点，输出 8 点，继电器输出)。通过查找电气元件选型表，选择的元器件如表 2.11.7 所示。

表 2.11.7　设备材料表

序号	符号	设备名称	型号、规格	单位	数量	备注
1	PLC	可编程控制器	FX_{2N}- 16MR - 001	台	1	
2	QF	空气断路器	DZ47 - D25/4P	个	1	
3	HL	彩灯	AD16 - 22DS	个	4	
4	SB	按钮	LA39 - 11	个	4	

4. 程序设计

功能的实现有多种手段，在设计程序之前，可以先画出功能图，再考虑用什么方法手段实现。本项目中分别采用普通顺序控制、步进控制去实现霓虹灯效果。通过多种编程方式的对比，体会编程思路的进一步构筑。功能流程图如图 2.11.17 所示。

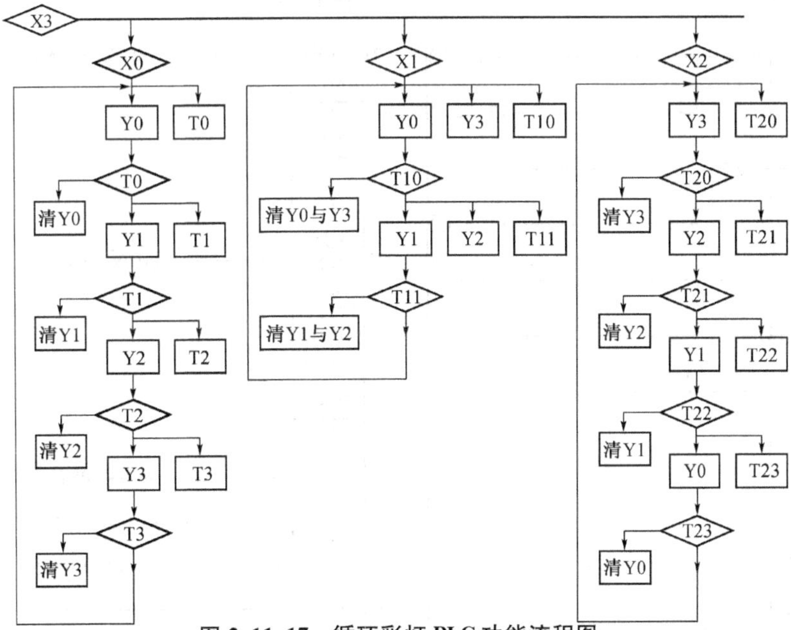

图 2.11.17　循环彩灯 PLC 功能流程图

其中,◇T0◇表示相应触点,[T0]表示相应线圈。根据功能图 2.11.16,很容易看出触点与线圈之间的关系。根据功能图进行编程。

(1) 普通编程

由于线圈需要使用多次,所以用内部继电器 M0～M3、M10～M13、M20～M23 分别替代三组中的输出线圈 Y0～Y3。图 2.11.18 为循环彩灯普通程序。

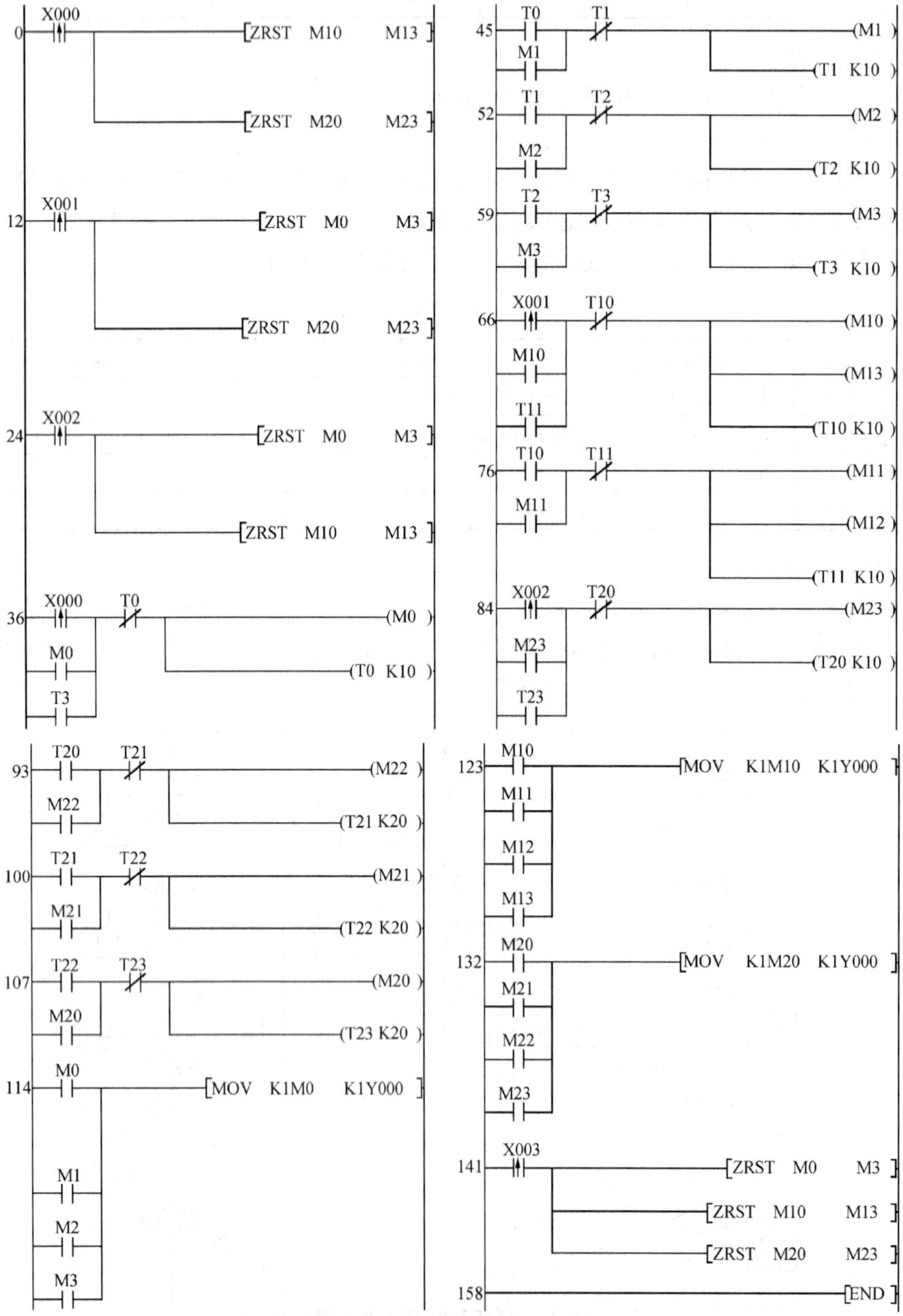

图 2.11.18 循环彩灯普通程序

（2）步进法编程

① 循环彩灯状态转移图 SFC 图形如图 2.11.19 所示。

② 循环彩灯步进梯形图如图 2.11.20 所示。

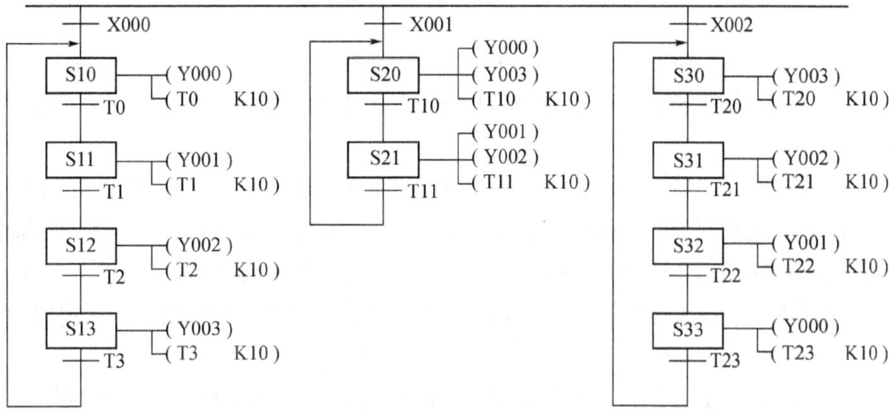

图 2.11.19　循环彩灯状态转移图

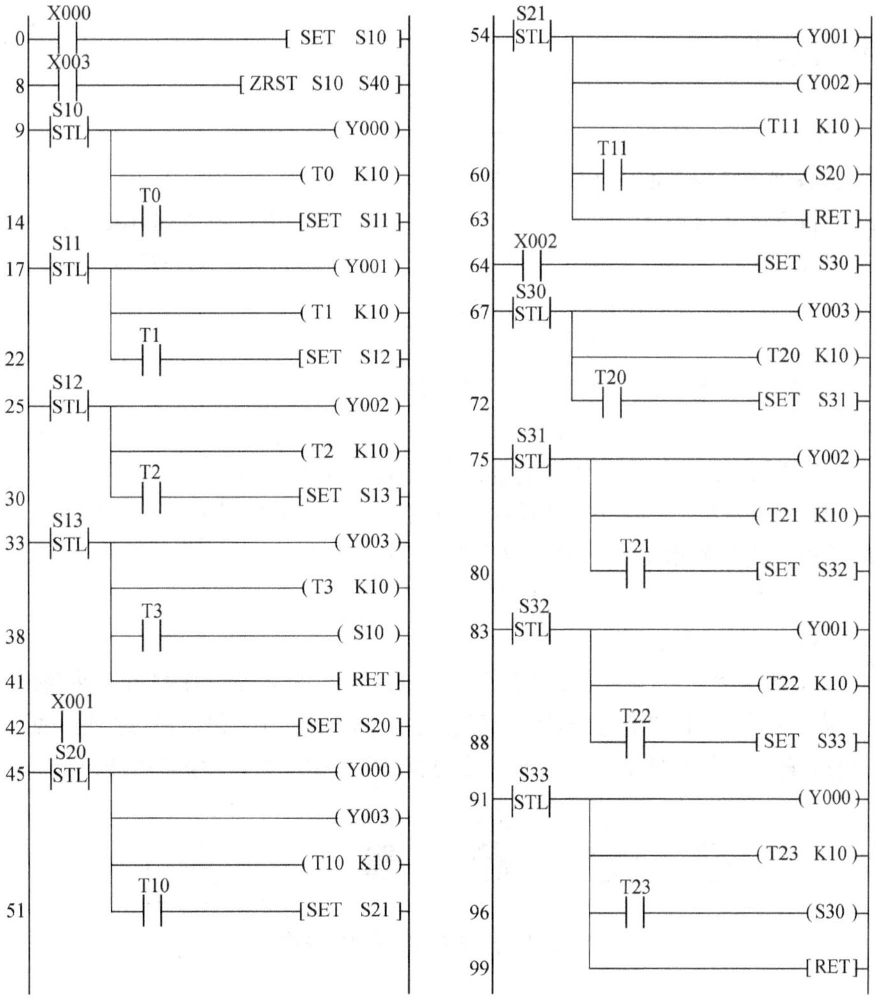

图 2.11.20　循环彩灯步进控制梯形图

5. 运行调试

根据 PLC 控制原理图在实验台上连接 PLC 实验装置,检查无误后,将图 2.11.20 所示梯形图下载到 PLC 中,选择程序的监控模式,操作实验装置,观察程序的执行过程和实验结果。以右循环为例。

右循环:

(1) 按下右循环按钮 SB0,X0 动合触点闭合,S10 被置位,观察继电器 Y0 和定时器 T0 的动作情况。

(2) T0 定时时间到,T0 动合触点闭合,S11 被置位,观察继电器 Y1 和定时器 T1 的动作情况。

(3) T1 定时时间到,T1 动合触点闭合,S12 被置位,观察继电器 Y2 和定时器 T2 的动作情况。

(4) T2 定时时间到,T2 动合触点闭合,S13 被置位,观察继电器 Y3 和定时器 T3 的动作情况。

(5) T3 定时时间到,状态转移到 S10,开始下一轮执行,观察继电器 Y0 和定时器 T0 的动作情况。

(6) 按下外部停止按钮 SB3,X3 动合触点闭合,观察状态器 S10～S13 和继电器 Y0～Y3 的动作情况。

五、思考与练习

1. 选择题

(1) FX_{2N}系列 PLC 功能指令的编号为(　　)。

A. FNC0～FNC100　　B. FNC1～FNC100

C. FNC0～FNC99　　D. FNC1～FNC99

(2) 一个字元件由(　　)的存储单元构成。

A. 8　　B. 10　　C. 16　　D. 32

(3) 一个双字元件由(　　)的存储单元构成。

A. 8　　B. 10　　C. 16　　D. 32

(4) FX_{2N}系列 PLC 功能指令主要有连续执行方式和(　　)。

A. 断续执行方式　　B. 脉冲执行方式　　C. 双字节执行方式

(5) 取反移位指令的格式是 FNC16 CML　S· D·(　　)。

A. 无错误　　B. 有错误　　C. 不确定

2. 应用拓展

循环彩灯控制示意图如图 2.11.21 所示,将项目中的三个按钮各控制一种变化,改为利用一个按钮控制三种变化,且能自动循环。请完成主电路、控制电路、I/O 地址分配、PLC 程序及元器件选择,编制规范的技术文件。程序下载到 PLC 中运行,并模拟故障现象。

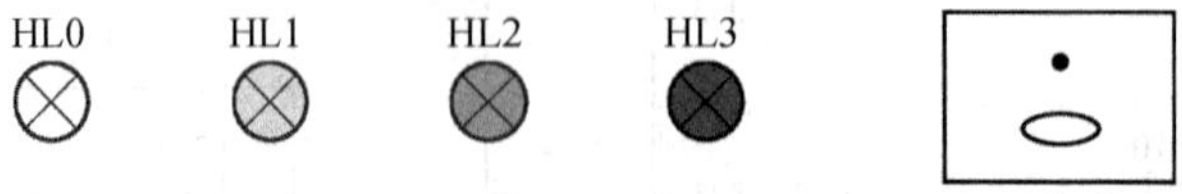

图 2.11.21　循环灯控制示意图

项目十二　料车方向控制

【项目目标】

1. 熟悉 PLC 中移位指令的使用，熟练使用功能指令中的比较指令 CMP、MOV。
2. 学习利用功能指令实现功能控制的编程方法。
3. 熟悉 PLC 应用设计的步骤。

一、项目任务

某车间内有 5 个工作台，小车往返于工作台之间运料，如图 2.12.1 所示。每个工作台有一个行程开关(SQ)和一个呼叫开关(SB)。

(1) 小车初始时回到左端停车位上。

(2) 按下 m 号工作台，小车到达相应工作台停止。

(3) 这时 n 号工作台呼叫(即 SBn 动作)。

若 $m>n$，小车左行，直至 SQn 动作到位停车；若 $m<n$，小车右行，直至 SQn 动作到位停车；若 $m=n$，小车原地不动。

(4) 按下停止按钮，小车回到左端停车位。

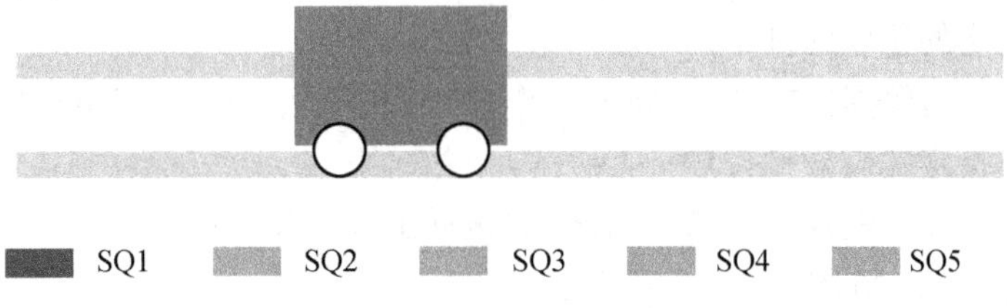

图 2.12.1　料车方向控制模拟图

二、项目分析

控制操作如下：按下启动按钮 SB0，小车返回左边的停车位。当按下 SBm 呼叫按钮时，小车右行到达相应的 m 号工作台(碰到行程开关 SQm)停止。此后，若 n 号工作台呼叫，则小车到达相应工作台后，停止运行。按下停止按钮 SB6，小车左行到停车位后停止运行。

小车的左行、右行，其实质仍然是电动机的正、反转，可以参考项目五。小车的呼叫按钮

SBn 与行程开关 SQm 相对应，当 $m=n$ 时，小车停止运行，所以可以采用传送、比较的功能指令进行编程。

三、相关指令

FX$_{2N}$系列 PLC 的功能指令(二)

数据的比较指令是程序中出现十分频繁的操作，FX$_{2N}$系列 PLC 中设置了 2 条数据比较指令，FNC10　CMP(比较)和 FNC11　ZCP(区域比较)指令。

1. 比较指令 CMP

比较指令的助记符、功能号、操作数和程序步数等指令概要如表 2.12.1 所示。

表 2.12.1　比较指令概要

比较指令		操作数	程序步
P D	FNC10 CMP CMP(P)	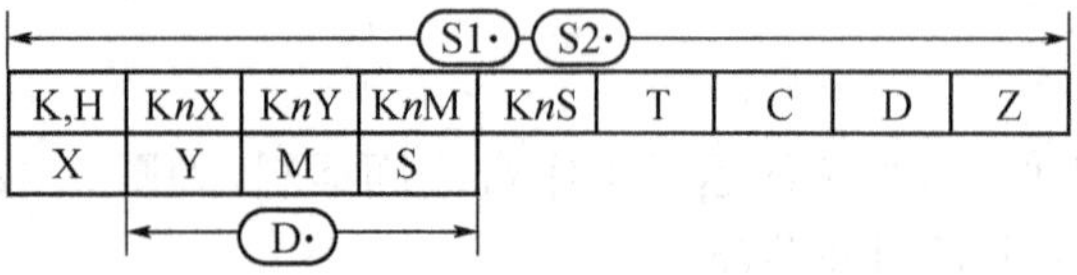	CMP CMP(P)　7 步 (D)CMP (D)CMP(P)　13 步

指令格式：FNC10　CMP　[S1]　[S2]　[D]

FNC10　CMPP　[S1]　[S2]　[D]

FNC10　DCMP　[S1]　[S2]　[D]

FNC10　DCMPP　[S1]　[S2]　[D]

指令功能：

CMP 是 16 位的数据比较指令，将源操作数[S1]中的数与[S2]中的数进行比较，结果送目标操作数[D]所指定的位软元件中。

DCMP 是 32 位的数据比较指令，将源操作数[S1]中的数与[S2]中的数进行比较，结果送目标操作数[D]所指定的位软元件中。

[S1]、[S2]操作数范围：K，H，KnX，KnY，KnM，KnS，T，C，D，V，Z。

[D]操作数范围：Y，M，S。

如果[S1]>[S2]，则置位[D]指定的位软件。

如果[S1]=[S2]，则置位[D+1]指定的位软件。

如果[S1]<[S2]，则置位[D+2]指定的位软件。

【例 2.12.1】　CMP 功能指令的应用，如图 2.12.2 所示。

工作原理：图 2.12.2 为比较指令 CMP 的梯形图，对应的指令为 CMP　K100　C20　M0。图中，X0 为 ON 时，执行 CMP 指令。如果 K100>C20，则 M0 为 ON；如果 K100=C20，则 M1 为 ON；如果 K100<C20，则 M2 为 ON。

注意事项：(1) 比较源[S1]和源[S2]的内容，其大小一致时，则[D]动作。大小比较按照

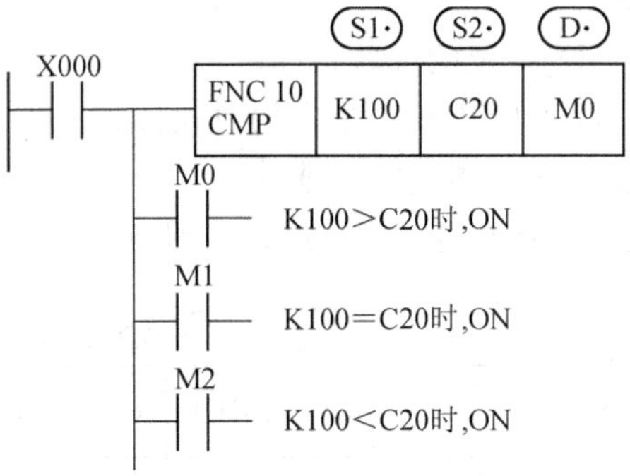

图 2.12.2　功能指令 CMP

代数形式进行。(2) 所有源数据都被看成二进制值处理。(3) 作为目标地址,假如指定 M0,如图 2.12.2 所示,则 M0、M1、M2 被自动占用。指令不执行时,想要清除比较结果,可使用复位指令,复位方法如图 2.12.3 所示。

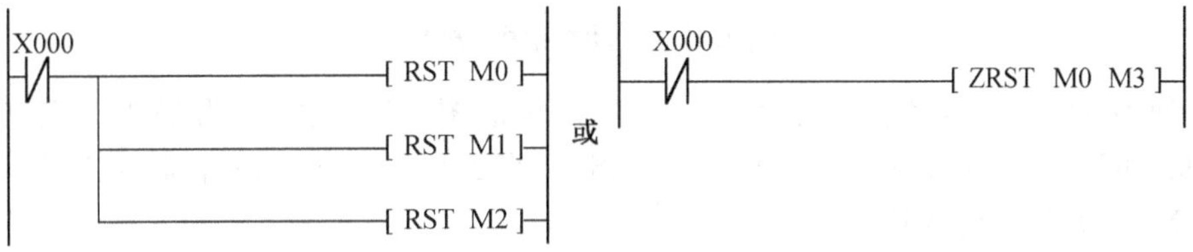

图 2.12.3　比较结果清零

2. 区间比较指令 ZCP

区间比较指令的助记符、功能号、操作数和程序步数等指令概要如表 2.12.2 所示。

表 2.12.2　区间比较指令概要

区间比较指令		操作数	程序步
P	FNC11 ZCP ZCP(P)	S1·、S2·、S3·: K,H、KnX、KnY、KnM、KnS、T、C、D、V,Z D·: Y、M、S	ZCP ZCP(P)　9 步
D			(D)ZCP (D)ZCP(P)　17 步

指令格式:FNC11　ZCP　[S1]　[S2]　[S3]　[D]
　　　　　FNC11　ZCPP　[S1]　[S2]　[S3]　[D]
　　　　　FNC11　DZCP　[S1]　[S2]　[S3]　[D]
　　　　　FNC11　DZCPP　[S1]　[S2]　[S3]　[D]

其中:[S1]和[S2]为源操作数的起点和终点;[S3]为另一比较组件;[D]为比较结果输出位。

指令功能:ZCP 指令是将操作数[S3]中的数分别与[S1]和[S2]中的数进行比较,结果送目标操作数[D]所指定的位软元件中。

DZCP 是 32 位的区间比较指令。

[S1]、[S2]、[S3]操作数范围:K,H,KnX,KnY,KnM,KnS,T,C,D,V,Z。

[D]操作数范围:Y,M,S。

如果[S1]>[S3],则置位[D]指定的位软元件。

如果[S1]≤[S3]≤[S2],则置位[D+1]指定的位软件。

如果[S2]<[S3],则置位[D+2]指定的位软件。

【例 2.12.2】 ZCP 功能指令的应用,如图 2.12.4 所示。

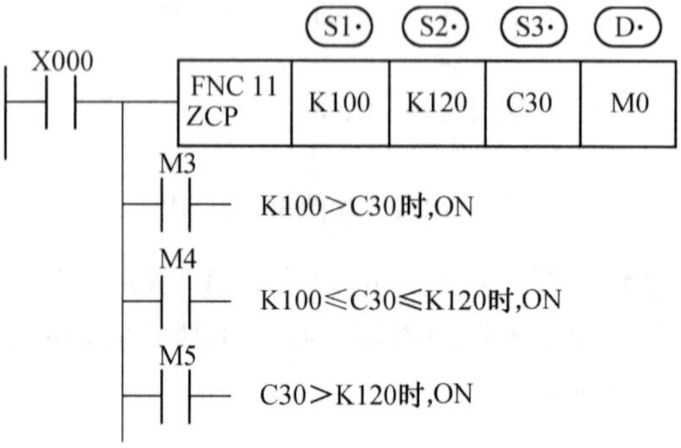

图 2.12.4　功能指令 ZCP

工作原理:图 2.12.4 为区间比较指令 ZCP 的梯形图,对应的指令为 ZCP　K100　K120　C30 M3。图中,当 X0 为 ON 时,执行 ZCP 指令;当 X0 为 OFF 时,不执行 ZCP 指令,M3~M5 保持 X0　OFF 之前的状态。

注意事项:(1) ZCP 是相对 2 点的设定值进行大小比较的指令。(2) 源操作数[S1]的内容不得大于源操作数[S2]的内容,例如:若[S1]=K100,[S2]=K90,则会将[S2]当成 K100 进行计算。大小比较按照代数形式进行。(3) 作为目标地址,假如指定 M3,如图 2.12.4 所示,则 M3、M4、M5 被自动占用。指令不执行时,想要清除比较结果,可使用复位指令,复位方法如图 2.12.5 所示。

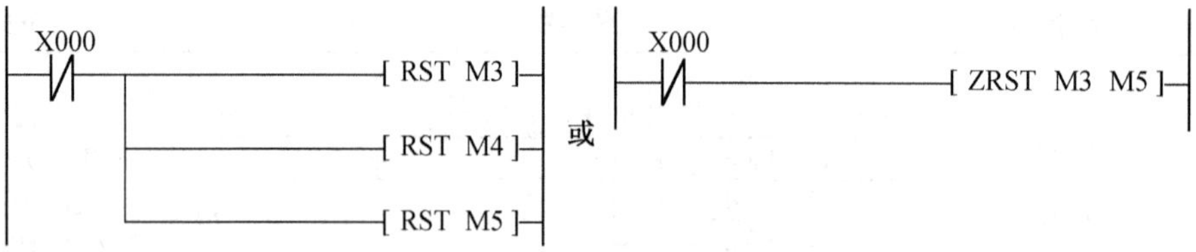

图 2.12.5　比较结果清零

3. *数据交换指令 XCH*

数据交换指令的助记符、功能号、操作数和程序步数等指令概要如表 2.12.3 所示。

表 2.12.3　数据交换指令概要

数据交换指令		操作数	程序步
P	FNC17 XCH XCH(P)	K,H　KnX　KnY　KnM　KnS　T　C　D　V,Z D1·:KnY～V,Z D2·:KnY～V,Z	XCH XCH(P)　5 步 (D)XCH (D)XCH(P)　9 步
D			

指令格式：FNC17　XCH　[D1]　[D2]
　　　　　FNC17　XCHP　[D1]　[D2]
　　　　　FNC17　DXCH　[D1]　[D2]
　　　　　FNC17　DXCHP　[D1]　[D2]

指令功能：将操作数[D1]中的数与[D2]中的数进行互换。一般采用脉冲执行方式，否则在每一个扫描周期都要互换一次。

操作数范围：K*n*Y，K*n*M，K*n*S，T，C，D，V，Z。

4. BCD 变换指令

BCD 变换指令的助记符、功能号、操作数和程序步数等指令概要如表 2.12.4 所示。

表 2.12.4　BCD 变换指令概要

BCD 变换指令		操作数	程序步
P	FNC18 BCD BCD(P)	S·：K,H　KnX　KnY　KnM　KnS　T　C　D　V,Z D·：KnY　KnM　KnS　T　C　D　V,Z	BCD BCD(P)　5 步 (D)BCD (D)BCD(P)　9 步
D			

指令格式：FNC18　BCD　[S]　[D]
　　　　　FNC18　BCDP　[S]　[D]
　　　　　FNC18　DBCD　[S]　[D]
　　　　　FNC18　DBCDP　[S]　[D]

指令功能：将[S]中的二进制数转换成 BCD 码数后传送至[D]中。

源操作数范围：K*n*X，K*n*Y，K*n*M，K*n*S，T，C，D，V，Z。

目标操作数范围：K*n*Y，K*n*M，K*n*S，T，C，D，V，Z。

5. BIN 变换指令

BIN 变换指令的助记符、功能号、操作数和程序步数等指令概要如表 2.12.5 所示。

表 2.12.5　BIN 变换指令概要

BIN 变换指令		操作数	程序步
P	FNC19 BIN BIN(P)	S·：K,H　KnX　KnY　KnM　KnS　T　C　D　V,Z D·：KnY　KnM　KnS　T　C　D　V,Z	BIN BIN(P)　5 步 (D)BIN (D)BIN(P)　9 步
D			

指令格式：FNC19　BIN　[S]　[D]
　　　　　FNC19　BINP　[S]　[D]
　　　　　FNC19　DBIN　[S]　[D]
　　　　　FNC19　DBINP　[S]　[D]

指令功能：将[S]中的 BCD 码数转换成二进制数后传送至[D]中。

源操作数范围：K*n*X，K*n*Y，K*n*M，K*n*S，T，C，D，V，Z。

目标操作数范围:KnY,KnM,KnS,T,C,D,V,Z。

四、项目实施

用 PLC 来实现行车的方向控制。

1. 主电路设计

如图 2.12.6 所示,主电路中四个元件:QF 为空气断路器,起保护作用;1 个输入点,即热继电器(FR)辅助触点;两个输出点,用来控制交流接触器(KM0、KM1)的线圈。

2. 确定 I/O 总点数及地址分配

在控制电路中有两个控制按钮,包括启动按钮 SB0、停止按钮 SB6;5 个工位选择按钮 SB1、SB2、SB3、SB4、SB5;5 个行程开关 SQ1、SQ2、SQ3、SQ4、SQ5;一个停车限位开关 SQ7,再加上 1 个停车指示灯。这样,总的输入点为 14 个,输出点为 3 个。

PLC 的 I/O 分配地址如表 2.12.6 所示。

表 2.12.6 I/O 地址分配表

输入信号			输出信号		
1	X0	启动按钮 SB0	1	Y0	交流接触器 KM0(小车左行)
2	X1	1 号呼叫按钮 SB1	2	Y1	交流接触器 KM1(小车右行)
3	X2	2 号呼叫按钮 SB2	3	Y2	停止指示灯 HL
4	X3	3 号呼叫按钮 SB3			
5	X4	4 号呼叫按钮 SB4			
6	X5	5 号呼叫按钮 SB5			
7	X6	停止按钮 SB6			
8	X7	停车限位开关 SQ7			
9	X11	1 号行程开关 SQ1			
10	X12	2 号行程开关 SQ2			
11	X13	3 号行程开关 SQ3			
12	X14	4 号行程开关 SQ4			
13	X15	5 号行程开关 SQ5			
14	X16	热继电器 FR			

3. 控制电路

料车行程控制电气原理图如图 2.12.7 所示。

4. 设备材料表

本控制中输入点数应选 14×1.2≈17 点,输出点 3×1.2≈4 点(继电器输出)。通过查找三菱 FX_{2N}系列选型表,应选 32 或 48 PLC,因输出点很少,这里选定三菱 FX_{2N}- 32MR - 001(其中输入 16 点,输出 16 点,继电器输出)。通过查找电气元件选型表,选择的元器件如表 2.12.7所示。

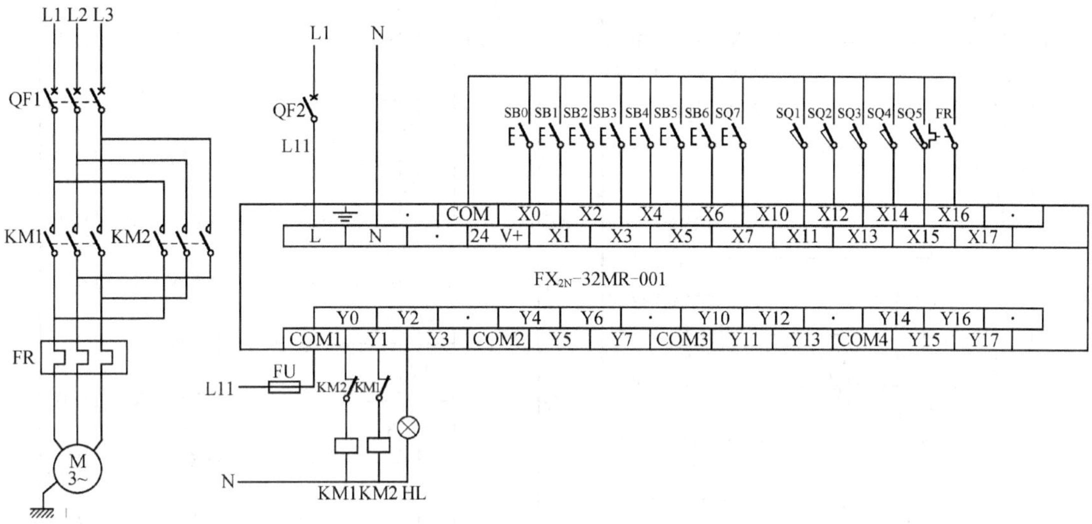

(a) 主电路　　　　(b) PLC控制电路

图 2.12.6　料车行程控制电气原理图

表 2.12.7　设备材料表

序号	符号	设备名称	型号、规格	单位	数量	备注
1	PLC	可编程控制器	FX_{2N}-32MR-001	台	1	
2	QF1	空气断路器	DZ47-D40/3P	个	1	
3	QF2	空气断路器	DZ47-D10/1P	个	1	
4	FU	熔断器	RT18-32/6 A	个	2	
5	KM	交流接触器	CJX2(LC1-D)-32 线圈电压 220 V	个	2	
6	FR	热继电器	JRS1(LR1)-D40355	个	1	
7	SB	按钮	LA39-11	个	7	
8	SQ1～5	霍尔式接近开关	SR12-5DN	个	5	
9	SQ7	行程开关	LX19-212	个	1	
10	HL	指示灯	AD16-22DS	个	1	

5. 程序设计

本项目中采用高级指令实现行车方向控制。控制梯形图程序如图 2.12.7 所示。

程序说明：

(1) M8003 为内部动断继电器。

(2) D100 中存放呼叫开关(SBn)的号码，D101 中存放行程开关(SQm)的号码。

通过比较指令 CMP 比较 D100 与 D101 中数据的大小。若 $n<m$，小车左行，直至 SQn 动作到位停车；若 $n=m$，小车原地不动；若 $n>m$，小车右行，直至 SQn 动作到位停车。

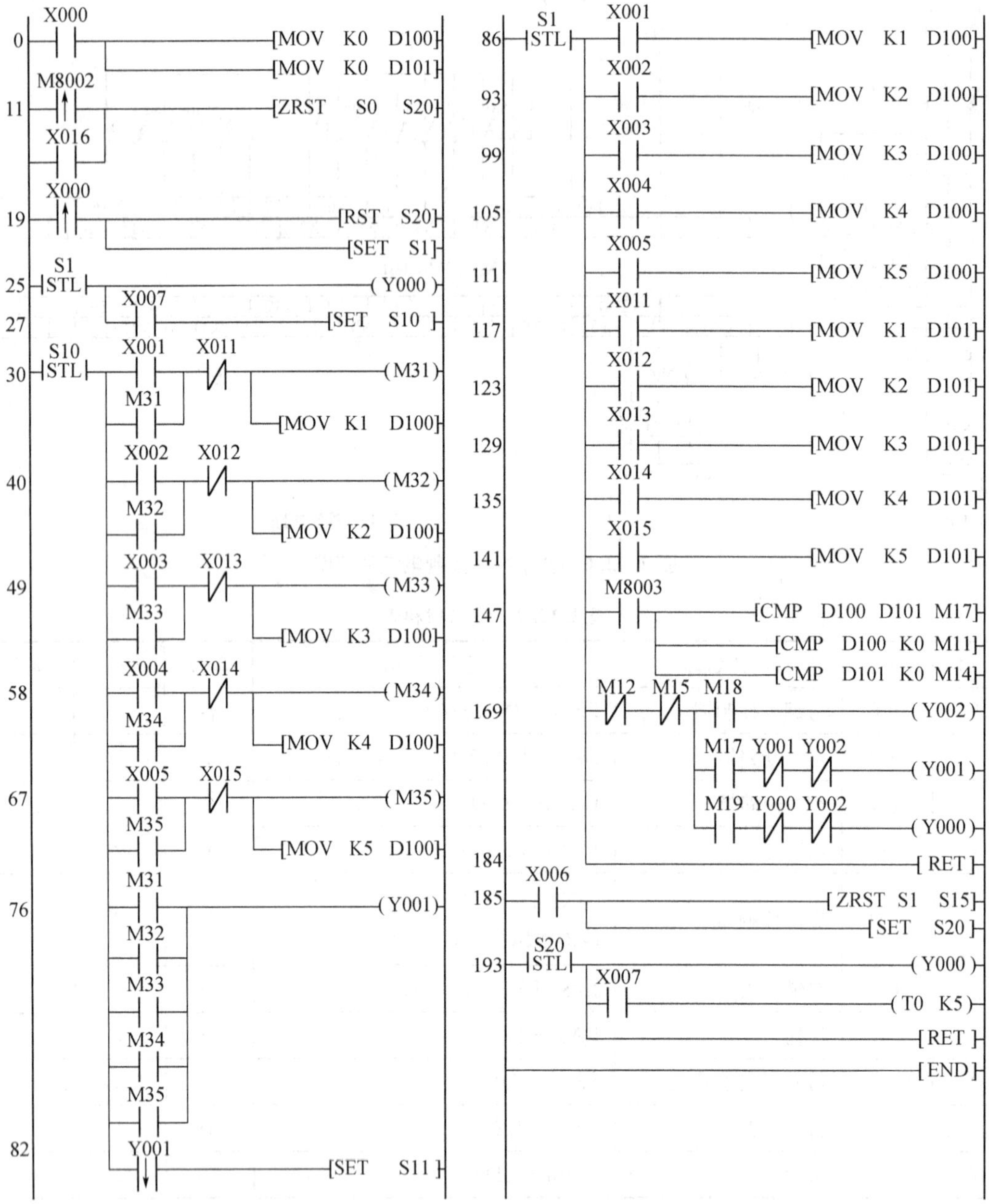

图 2.12.7 控制梯形图

6. 运行调试

根据PLC控制原理图在实验台上连接PLC实验装置,检查无误后,将图2.12.7所示梯形图下载到PLC中,选择程序的监控模式,操作实验装置,观察程序的执行过程和实验结果。

(1) 按下启动按钮SB0,X0状态接通,执行MOV指令,D100和D101清零,S1被置位,观察输出继电器Y0的动作情况。

(2) 小车左行回到左端停车位,触发停车限位开关SQ7,X7动合触点闭合,S10被置位,观察输出继电器Y0的动作情况。

(3) 按下任意呼叫按钮 SB*n*,S10 中 X*n* 状态接通,执行 MOV 指令,将呼叫按钮编号 *n* 传送到 D100 中,观察输出继电器 Y1 的动作情况。

(4) 小车到达相应工作台时,行程开关 SQ*n* 被触发,Y1 状态发生改变,S11 被置位,观察 D101 中数值的改变。

(5) 再次按下任意呼叫按钮 SB*m*,S11 中 X*m* 状态接通,执行 MOV 指令,将呼叫按钮编号 *m* 传送到 D100 中,通过执行 CMP D100 D101 M17 指令,观察输出继电器 Y0、Y1 和 Y2 的动作情况。

(6) 按下停止按钮 SB6,将 X6 置 ON 状态,观察输出继电器 Y0、Y1 和 Y2 及时间继电器 T0、T10 的动作情况。观察当 X7 为 ON 时,各定时器和输出继电器的动作情况。

(7) 按下停止按钮 SB6,X0 状态接通,S20 被置位,观察输出继电器 Y0 的动作情况。当料车回到左端停车位时,X7 为状态接通,观察输出继电器 Y0 的动作情况。

(8) 电动机过载时,FR 动作,输入继电器 X16 状态接通,所有状态器被复位,输出继电器 Y0 或 Y1 线圈失电,使电动机停止运行。

五、思考与练习

1. 选择题

(1) FX_{2N}系列 PLC 功能指令中包含(　　)条比较指令。

A. 1　　B. 2　　C. 3　　D. 4

(2) CMP 指令的特点是(　　)。

A. 比较两个数的大小　B. 比较三个数的大小　C. 比较四个数的大小

(3) ZCP 指令的特点是(　　)。

A. 比较两个数的大小　B. 比较三个数的大小　C. 比较四个数的大小

(4) 比较指令除了用 CMP 表示,还可以用(　　)表示。

A. FNC8　　B. FNC9　　C. FNC10　　D. FNC11

(5) 区间比较指令除了用 ZCP 表示,还可以用(　　)表示。

A. FNC9　　B. FNC10　　C. FNC11　　D. FNC12

2. 应用拓展

如图 2.12.1 所示,要求:按下启动按钮,小车左行到停车位等待呼叫;按下任意呼叫按钮,小车到达相应工位,停车等待 10 s 后自动返回停车位,等待下一次呼叫;若同时按下多个呼叫按钮,小车会自动按照从左到右的顺序,去工位→等待 10 s→返回停留 3 s→去工位→……→自动完成任务。任务完成后,小车都要回到停车位。按下停止按钮,小车在完成任务之后自动返回停车位。请完成主电路、控制电路、I/O 地址分配、PLC 程序及元件选择,编制规范的技术文件。程序下载到 PLC 中运行,并模拟故障现象。

项目十三　自动售货机

【项目目标】

1. 理解掌握 PLC 的功能指令:四则运算和逻辑运算。
2. 进一步了解利用功能指令实现编程的方法。
3. 熟悉 PLC 应用设计的步骤。

一、项目任务

用 PLC 设计控制两种液体饮料的自动售货机(图 2.13.1 为自动售货机仿真图)。具体动作要求如下:

(1) 此自动售货机可投入 1 元、5 元或 10 元硬币,其中汽水售价 12 元,咖啡售价 15 元。

(2) 当投入的硬币总值等于或超过 12 元时,汽水按钮指示灯亮;当投入的硬币总值超过 15 元时,汽水、咖啡按钮指示灯都亮。

(3) 当汽水按钮指示灯亮时,按汽水按钮,则汽水排出 7 s 后自动停止。汽水排出时,相应指示灯闪烁。

(4) 当咖啡按钮指示灯亮时,动作同上。

(5) 若投入的硬币总值超过售价时,找钱指示灯亮。按下清除按钮后,若已投入钱币,则清除当前操作并且退币灯亮;若还未投入钱币,则等待下次购物要求。

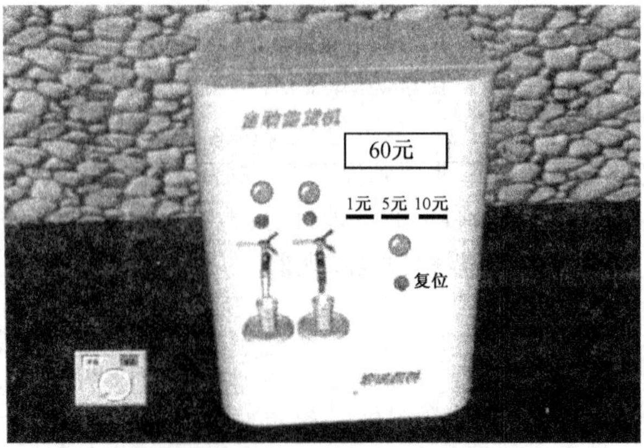

图 2.13.1　自动售货机仿真图

二、项目分析

从项目任务中了解到自动售货机的控制要求和其外观结构。在自动售货机内部有两套液体控制装置和一套硬币识别装置。每套液体控制装置有液体储存罐和电磁阀门组成，液体罐中分别储存汽水和咖啡。电磁阀 A 通电时打开，汽水从储存罐中输出；电磁阀 B 通电时打开，咖啡从储存罐中输出。硬币识别装置由三个硬币检测传感器组成，分别识别 1 元、5 元和 10 元硬币，传感器输出的信号为开关量信号。相对应的指示灯有 HL1、HL2 和操作按钮，在这一系统中暂没有考虑退币及找零装置，只是采用指示灯 HL3 表示其功能。该项目的实施需要用 PLC 的数据运算指令来实现。

三、相关指令

FX_{2N}系列 PLC 的功能指令（三）

FX_{2N}系列 PLC 中设置了 10 条有关数据的四则运算指令，其中包括 ADD（BIN 加法）、SUB（BIN 减法）、MUL（BIN 乘法）、DIV（BIN 除法）、INC（BIN 递增）、DEC（BIN 递减）、WAND（逻辑与）、WOR（逻辑或）、WXOR（逻辑异或）和 NEG（求补）。

四则运算会影响 PLC 内部相关标志继电器。其中：M8020 是运算结果为 0 的标志位，M8022 是进位标志位，M8021 是借位标志位。

1. BIN 加法运算指令 ADD

二进制加法运算指令的助记符、功能号、操作数和程序步数等指令概要如表 2.13.1 所示。

表 2.13.1　二进制加法指令概要

BIN 加法运算指令		操作数	程序步
P	FNC20 ADD ADD(P)	S1·、S2·：K,H、KnX、KnY、KnM、KnS、T、C、D、V,Z D·：KnY、KnM、KnS、T、C、D、V,Z	ADD ADD(P)　7 步 (D)ADD (D)ADD(P)　13 步
D			

指令格式：FNC20　ADD　[S1]　[S2]　[D]

FNC20　ADDP　[S1]　[S2]　[D]

FNC20　DADD　[S1]　[S2]　[D]

FNC20　DADDP　[S1]　[S2]　[D]

指令功能：

ADD 是 16 位的二进制加法运算指令，将源操作数[S1]中的数与源操作数[S2]中的数相加，结果送目标操作数[D]所指定的软元件中。

DADD 是 32 位的二进制加法运算指令，将源操作数[S1＋1][S1]中的数与源操作数

[S2+1][S2]中的数相加,结果送目标操作数[D+1][D]所指定的软元件中。

[S1]、[S2]操作数范围:K,H,K*n*X,K*n*Y,K*n*M,K*n*S,T,C,D,V,Z。

[D]操作数范围:K*n*X,K*n*Y,K*n*M,K*n*S,T,C,D,V,Z。

【例 2.13.1】 ADD 功能指令的应用,如图 2.13.2 所示。

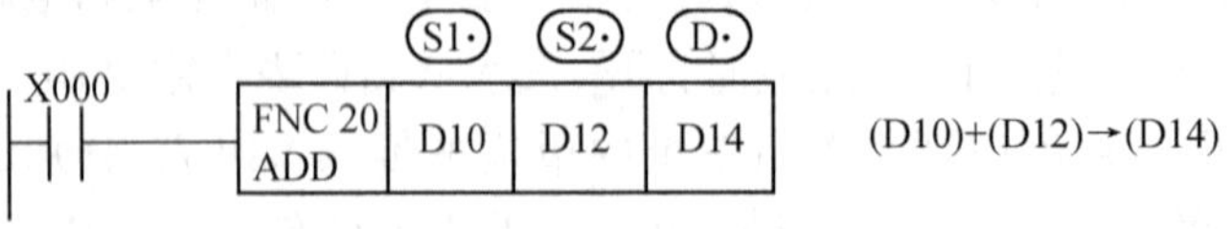

图 2.13.2　功能指令 ADD

工作原理:图 2.13.2 为加法运算 ADD 的梯形图,对应的指令为 ADD　D10　D12　D14。X0 为 ON 时,执行 ADD 指令,D10 中的二进制数加上 D12 中的数,结果存入 D14 中。

注意事项:(1) 两个数据进行二进制加法后传递到目标处,各数据的最高位是正(0)、负(1)的符号位,这些数据以代数形式进行加法运算,例:5+(−8)=−3。(2) 运算结果为 0 时,0 标志会动作。如果运算结果超过+32 767(16 位运算)或+2 147 483 647(32 位运算)时,进位标志会动作。如果运算结果小于−32 768(16 位运算)或−2 147 483 648(32 位运算)时,借位标志会动作。(3) 进行 32 位运算时,字软元件的低 16 位侧的软元件被指定,紧接着上述软元件编号后的软元件将作为高位。为防止编号重复,建议将软元件指定为偶数编号。(4) 可以将源和目标指定为相同的软元件编号。这时,如果使用连续执行型指令 ADD、(D)ADD,则每个扫描周期的加法运算结果都会发生变化,请务必注意。(5) 如图 2.13.3 所示二进制加法中,在每出现一次 X0 由 OFF→ON 变化时,D10 的内容都会加 1,这和后述的 INC(P)指令相似,在此情况下零位、借位、进位的标志都会动作。

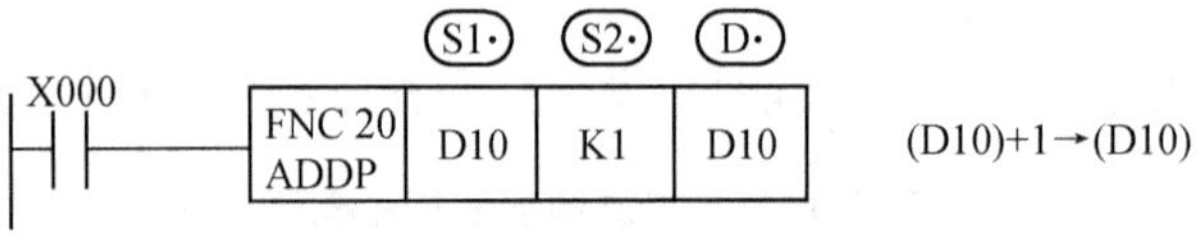

图 2.13.3　功能指令 ADDP

2. BIN 减法运算指令 SUB

二进制减法运算指令的助记符、功能号、操作数和程序步数等指令概要如表 2.13.2 所示。

表 2.13.2　二进制减法指令概要

BIN 减法运算指令		操作数	程序步
P D	FNC21 SUB SUB(P)	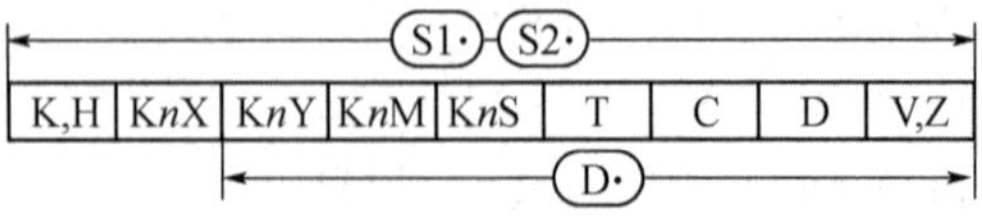	SUB SUB(P)　7 步 (D)SUB (D)SUB(P)　13 步

指令格式:FNC21　SUB　[S1]　[S2]　[D]

FNC21　SUBP　[S1]　[S2]　[D]

FNC21　DSUB　[S1]　[S2]　[D]

FNC21　DSUBP　[S1]　[S2]　[D]

指令功能：

SUB 是 16 位的二进制减法运算指令，将源操作数[S1]中的数减去源操作数[S2]中的数，结果送目标操作数[D]所指定的软元件中。

DSUB 是 32 位的二进制减法运算指令，将源操作数[S1＋1][S1]中的数减去源操作数[S2＋1][S2] 中的数，结果送目标操作数[D+1][D]所指定的软元件中。

[S1]、[S2]操作数范围：K，H，K*n*X，K*n*Y，K*n*M，K*n*S，T，C，D，V，Z。

[D]操作数范围：K*n*X，K*n*Y，K*n*M，K*n*S，T，C，D，V，Z。

【例 2.13.2】 SUB 功能指令的应用，如图 2.13.4 所示。

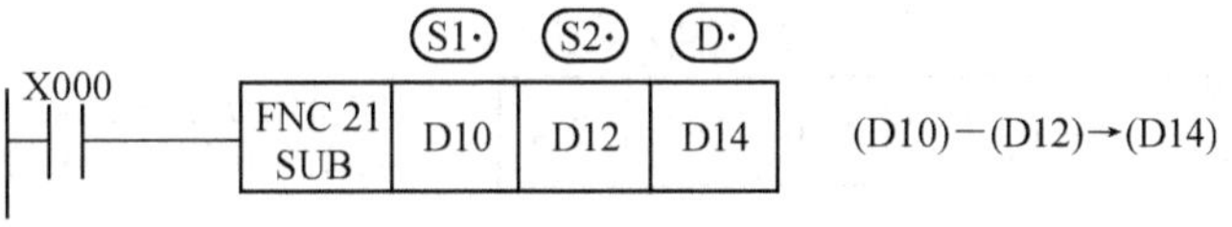

图 2.13.4　功能指令 SUB

工作原理：图 2.13.4 为减法运算 SUB 的梯形图，对应的指令为 SUB　D10　D12　D14。X0 为 ON 时，执行 SUB 指令。

注意事项：(1) 两个数据进行二进制减法后传递到目标处，各数据的最高位是正(0)、负(1)的符号位，这些数据以代数形式进行减法运算，例：5－(－8)＝13。(2) 标志位的动作与 ADD 指令相同。(3) 如图 2.13.5 所示二进制减法中，在每出现一次 X0 由 OFF→ON 变化时，D10 的内容都会减 1，这和后述的(D)DEC(P)指令相似，在此情况下能得到各种标志。

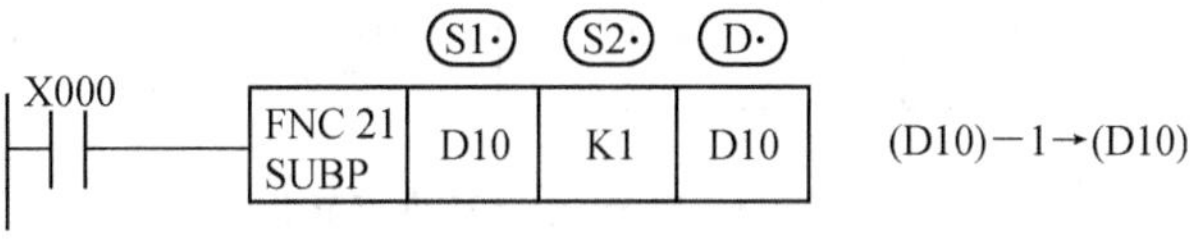

图 2.13.5　功能指令 SUBP

3. BIN 乘法运算指令 MUL

二进制乘法运算指令的助记符、功能号、操作数和程序步数等指令概要如表 2.13.5 所示。

表 2.13.3　二进制乘法指令概要

BIN 乘法运算指令		操作数	程序步
P	FNC22 MUL MUL(P)	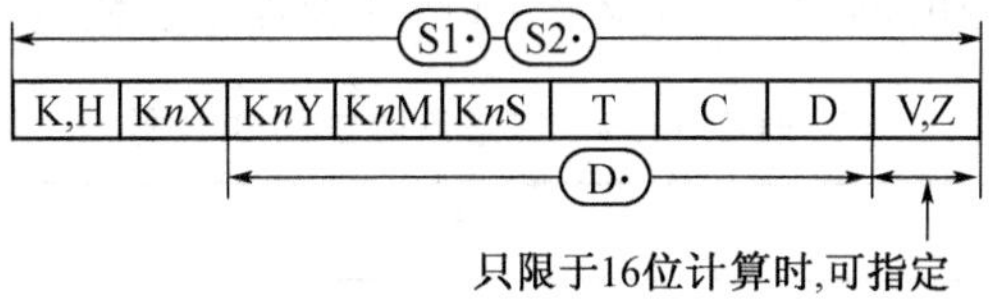	MUL MUL(P)　7 步 (D)MUL (D)MUL(P)　13 步
D			

指令格式：FNC22　MUL　[S1]　[S2]　[D]

FNC22　MULP　[S1]　[S2]　[D]

FNC22　DMUL　[S1]　[S2]　[D]

FNC22　DMULP[S1]　[S2]　[D]

指令功能:

MUL 是 16 位的二进制乘法运算指令,将源操作数[S1]中的数乘以源操作数[S2]中的数,结果送目标操作数[D+1][D]中。

DMUL 是 32 位的二进制乘法指令,将源操作数[S1+1][S1]中的数乘以源操作数[S2+1][S2]中的数,结果送目标操作数[D+3][D+2][D+1][D]中。

[S1]、[S2]操作数范围:K,H,KnX,KnY,KnM,KnS,T,C,D,V,Z。

16 位乘法运算进[D]操作数范围:KnX,KnY,KnM,KnS,T,C,D,V,Z。

32 位乘法运算进[D]操作数范围:KnX,KnY,KnM,KnS,T,C,D。

【例 2.13.3】 MUL 功能指令的应用,如图 2.13.6 所示。

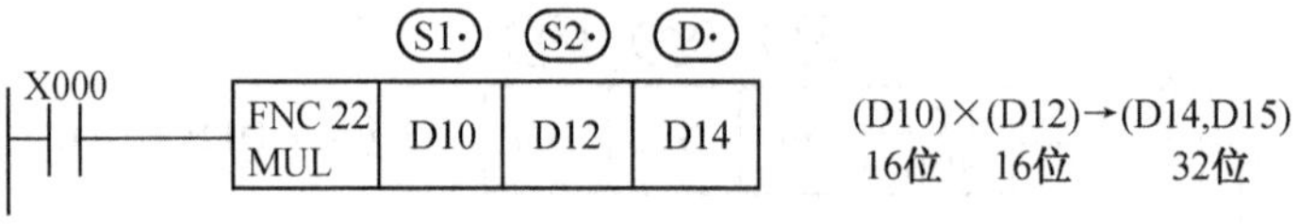

图 2.13.6 功能指令 16 位 MUL

工作原理:图 2.13.6 为 16 位乘法运算 MUL 的梯形图,对应的指令为 MUL D10 D12 D14。X0 为 ON 时,执行 MUL 指令。

注意事项:(1) 两个数据进行二进制乘法后,以 32 位数据形式存入目标处。(2) 各数据的最高位是正(0)、负(1)的符号位。(3) 这些数据以代数形式进行乘法运算,例:8 * 9=72。

【例 2.13.4】 DMUL 功能指令的应用,如图 2.13.7 所示。

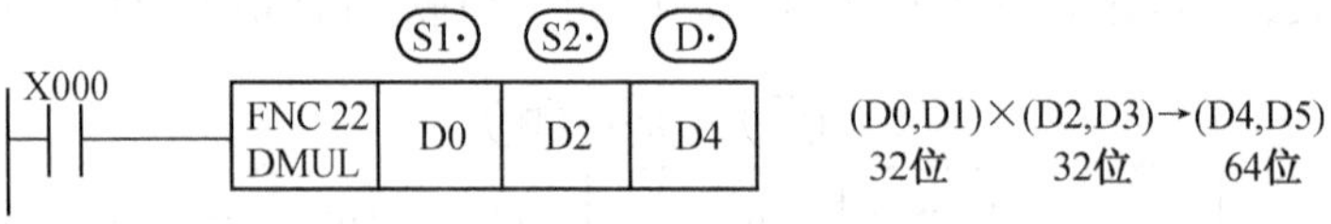

图 2.13.7 功能指令 32 位 MUL

工作原理:图 2.13.7 为 32 位乘法运算 MUL 的梯形图,对应的指令为 DMUL D0 D2 D4。在 X0 为 ON 时,执行 DMUL 指令。

注意事项:(1) 在 32 位运算中,目标地址使用位软元件时,只能得到低 32 位的结果,不能得到高 32 位的结果,请向字元件传送一次后再进行运算。(2) 即使是使用字元件时,也不能一下子监视 64 位数据的运算结果。(3) 这种情况下,建议进行浮点运算。(4) 不能指定 Z 作为[D]。

4. BIN 除法运算指令 DIV

二进制除法运算指令的助记符、功能号、操作数和程序步数等指令概要如表 2.13.4 所示。

表 2.13.4 二进制除法指令概要

BIN 除法运算指令		操作数	程序步
P	FNC23 DIV DIV(P)	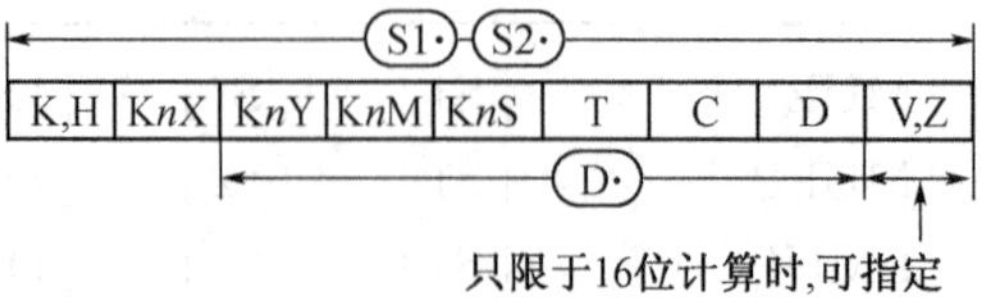	DIV DIV(P) 7 步 (D)DIV (D)DIV(P) 13 步
D			

指令格式：FNC23　DIV　[S1]　[S2]　[D]

FNC23　DIVP　[S1]　[S2]　[D]

FNC23　DDIV　[S1]　[S2]　[D]

FNC23　DDIVP　[S1]　[S2]　[D]

指令功能：

DIV 是 16 位的二进制除法指令，将源操作数[S1]中的数除以源操作数[S2]中的数，商送[D]中，余数送[D+1]中。

DDIV 是 32 位的二进制除法指令，将源操作数[S1+1][S1]中的数除以源操作数[S2+1][S2]中的数，商送[D+1][D]中，余数送[D+3][D+2]中。

[S1]、[S2]操作数范围：K，H，KnX，KnY，KnM，KnS，T，C，D，V，Z。

16 位除法运算进[D]操作数范围：KnX，KnY，KnM，KnS，T，C，D，V，Z。

32 位除法运算进[D]操作数范围：KnX，KnY，KnM，KnS，T，C，D。

【例 2.13.5】 DIV 功能指令的应用，如图 2.13.8 所示。

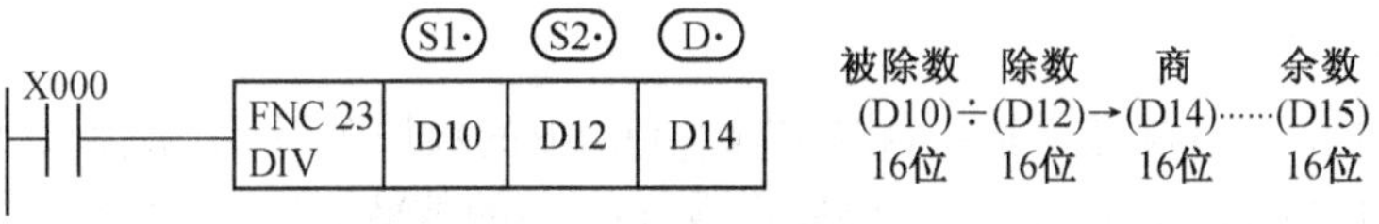

图 2.13.8　功能指令 16 位 DIV

工作原理：图 2.13.8 为 16 位除法运算 DIV 的梯形图，对应的指令为 DIV　D10　D12　D14。X0 为 ON 时，执行 DIV 指令。

注意事项：(1) [S1]指定软元件的内容是被除数，[S2]指定软元件的内容是除数，[D]指定软元件和其下一个编号的软元件将存入商和余数。(2) 各数据的最高位是正(0)、负(1)的符号位。

【例 2.13.6】 DDIV 功能指令的应用，如图 2.13.9 所示。

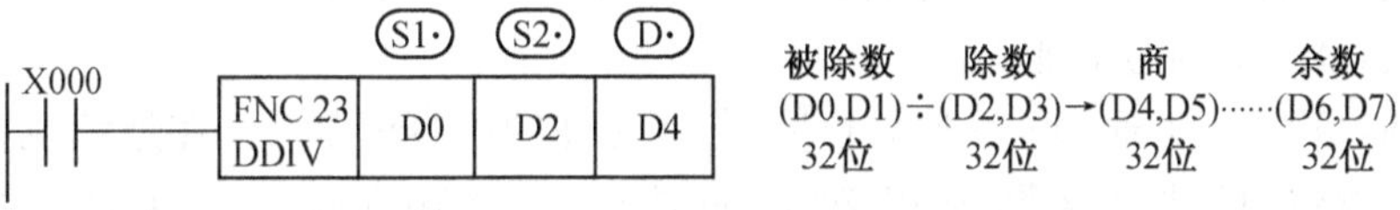

图 2.13.9　功能指令 32 位 DIV

工作原理：图 2.13.9 为 32 位除法运算 DIV 的梯形图，对应的指令为 DDIV　D0　D2　D4。X0 为 ON 时，执行 DDIV 指令。

注意事项：(1) 被除数内容是由[S1]指定软元件和其下一个编号的软元件组合而成，除数内容是由[S2]指定软元件和其下一个编号的软元件组合而成，其商和余数如图 2.13.9 所示，存入[D]指定软元件相接续的 4 点软元件。(2) 即使使用字元件时，也不能一下子监视 64 位数据的运算结果。(3) 不能指定 Z 作为[D]。

5. BIN 递增指令 INC、BIN 递减指令 DEC

二进制递增、递减指令的助记符、功能号、操作数和程序步数等指令概要如表 2.13.5 所示。

表 2.13.5　二进制递增、递减指令概要

指令		操作数	程序步
P D	BIN 递增 FNC24 INC INC(P)	K,H | KnX | KnY | KnM | KnS | T | C | D | V,Z D· ：KnY ～ V,Z	INC INC(P)　3 步 (D)INC (D)INC(P)　5 步
P D	BIN 递减 FNC25 DEC DEC(P)	K,H | KnX | KnY | KnM | KnS | T | C | D | V,Z D· ：KnY ～ V,Z	DEC DEC(P)　3 步 (D)DEC (D)DEC(P)　5 步

指令格式：FNC24　INC　[D]

　　　　　FNC25　DEC　[D]

指令功能：

INC 是 16 位的二进制递增指令，将操作数[D1]中的数加 1 后，结果存入[D]中。

DEC 是 16 位的二进制递减指令，将操作数[D1]中的数减 1 后，结果存入[D]中。

操作数范围：KnY，KnM，KnS，T，C，D，V，Z。

【例 2.13.7】 INC 功能指令的应用，如图 2.13.10 所示。

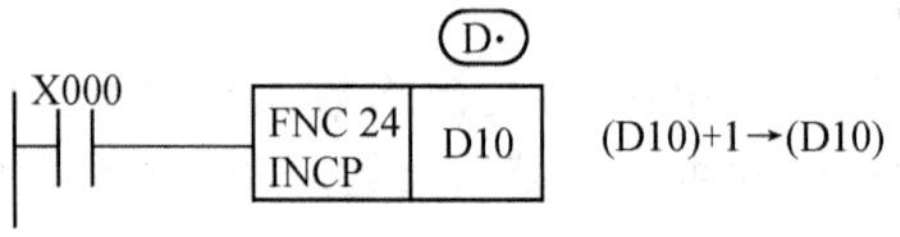

图 2.13.10　功能指令 INC

工作原理：图 2.13.10 为 BIN 递增指令 INC 的梯形图，对应的指令为 INCP　D10。X0 每置 ON 一次，D10 的内容就加 1。

注意事项：(1) X0 每置 ON 一次，[D]指定软元件的内容就加 1。在连续执行型指令中，每个扫描周期都将执行加 1 运算，所以必须引起注意。(2) 16 位运算时，如果+32 767 加 1 变为−32 768，则标志位不动作；32 位运算时，如果+2 147 483 647 加 1 变为−2 147 483 648，则标志位不动作。

【例 2.13.8】 DEC 功能指令的应用，如图 2.13.11 所示。

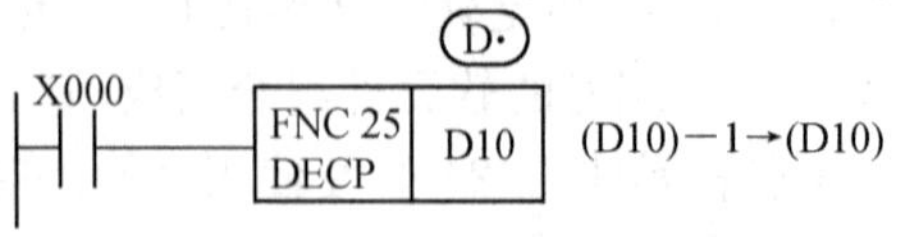

图 2.13.11　功能指令 DEC

工作原理：图 2.13.11 为 BIN 递减指令 DEC 的梯形图，对应的指令为 DEC　D10。X0 每置 ON 一次，D10 的内容就减 1。

注意事项：(1) X0 每置 ON 一次，[D]指定软元件的内容就减 1。在连续执行型指令中，

每个扫描周期都将执行减 1 运算，所以必须引起注意。(2) 16 位运算时，如果－32 768 减 1 变为＋32 767，则标志位不动作；32 位运算时，如果－2 147 483 648 减 1 变为＋2 147 483 647，则标志位不动作。

6. 逻辑与 WAND、逻辑或 WOR、逻辑异或 WXOR

逻辑与 WAND、逻辑或 WOR、逻辑异或 WXOR 指令的助记符、功能号、操作数和程序步数等指令概要如表 2.13.6 所示。

表 2.13.6　逻辑与、或、异或指令概要

指令		操作数	程序步
P / D	与运算 FNC26 WAND WAND(P)	S1·、S2·：K,H、KnX、KnY、KnM、KnS、T、C、D、V,Z；D·：KnY、KnM、KnS、T、C、D、V,Z	WAND WAND(P) 7 步 (D)AND (D)AND(P) 13 步
P / D	或运算 FNC27 WOR WOR(P)	S1·、S2·：K,H、KnX、KnY、KnM、KnS、T、C、D、V,Z；D·：KnY、KnM、KnS、T、C、D、V,Z	WOR WOR(P) 7 步 (D)OR (D)OR(P) 13 步
P / D	异或运算 FNC28 WXOR WXOR(P)	S1·、S2·：K,H、KnX、KnY、KnM、KnS、T、C、D、V,Z；D·：KnY、KnM、KnS、T、C、D、V,Z	WXOR WXOR(P) 7 步 (D)XOR (D)XOR(P) 13 步

指令格式：FNC26　WAND　[S1]　[S2]　[D]
　　　　　FNC27　WOR　[S1]　[S2]　[D]
　　　　　FNC28　WXOR　[S1]　[S2]　[D]

指令功能：

WAND 指令：将[S1]指定软元件的内容与[S2]指定软元件的内容按位进行逻辑与运算，运算结果放在[D]指定的软元件内。

WOR 指令：将[S1]指定软元件的内容与[S2]指定软元件的内容按位进行逻辑或运算，运算结果放在[D]指定的软元件内。

WXOR 指令：将[S1]指定软元件的内容与[S2]指定软元件的内容按位进行逻辑异或运算，运算结果放在[D]指定的软元件内。

源操作数范围：K，H，KnX，KnY，KnM，KnS，T，C，D，V，Z。

目的操作数范围：KnY，KnM，KnS，T，C，D，V，Z。

【例 2.13.9】　WAND 功能指令的应用，如图 2.13.12 所示。

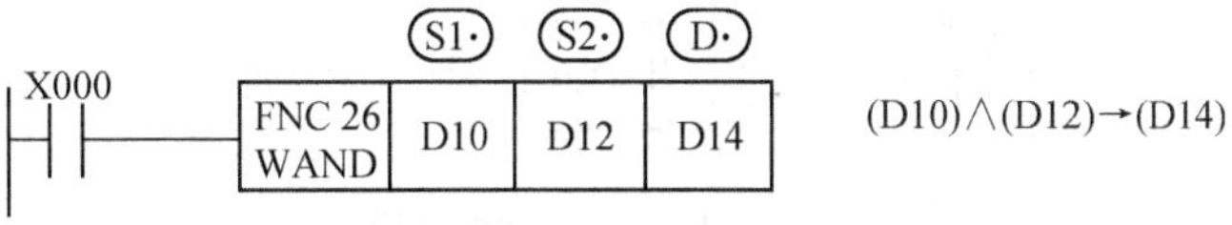

图 2.13.12　功能指令 16 位逻辑与 WAND

工作原理：图 2.13.12 为 16 位逻辑与指令 WAND 的梯形图，对应的指令为 WAND

D10　D12　D14。X0 为 ON 时,D10 与 D12 的内容进行逻辑与运算。

【例 2.13.10】 WOR 功能指令的应用,如图 2.13.13 所示。

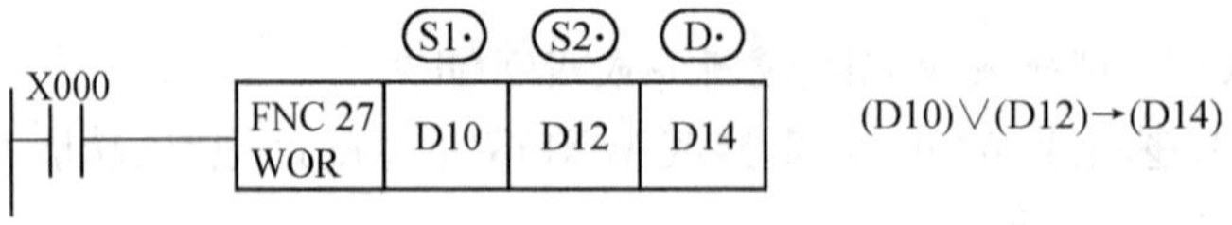

图 2.13.13　功能指令 16 位逻辑或 WOR

工作原理:图 2.13.13 为 16 位逻辑或指令 WOR 的梯形图,对应的指令为 WOR　D10　D12　D14。X0 为 ON 时,D10 与 D12 的内容进行逻辑或运算。

【例 2.13.11】 WXOR 功能指令的应用,如图 2.13.14 所示。

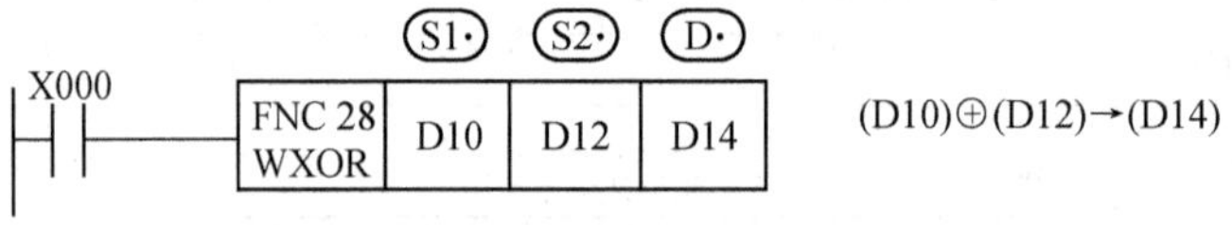

图 2.13.14　功能指令 16 位逻辑异或 WXOR

工作原理:图 2.13.14 为 16 位逻辑异或指令 WXOR 的梯形图,对应的指令为 WXOR　D10　D12　D14。X0 为 ON 时,D10 与 D12 的内容进行逻辑异或运算。

7. 求补指令 NEG

求补指令 NEG 的助记符、功能号、操作数和程序步数等指令概要如表 2.13.7 所示。

表 2.13.7　求补指令概要

求补指令		操作数	程序步
P	FNC29 NEG NEG(P)	K,H | KnX | KnY | KnM | KnS | T | C | D | V,Z ←—— D· (KnY ~ V,Z) ——→	NEG NEG(P)　3 步 (D)NEG (D)NEG(P)　5 步
D			

指令格式:FNC29　　NEG　　[D]

指令功能:

NEG 指令:将[D]指定软元件的内容按位先取反(0→1,1→1),然后再加 1,将运算结果再存入[D]中。

操作数范围:KnY,KnM,KnS,T,C,D,V,Z。

【例 2.13.12】 NEG 功能指令的应用,如图 2.13.15 所示。

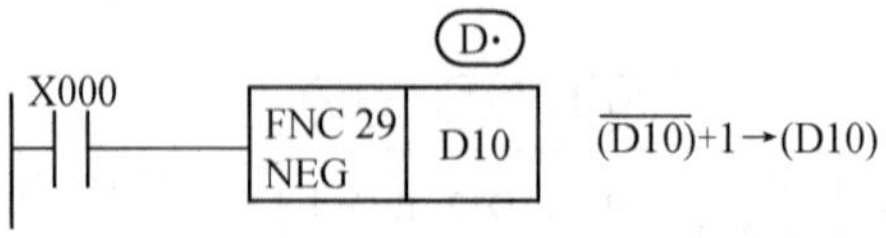

图 2.13.15　功能指令 NEG

工作原理:图 2.13.15 为求补指令 NEG 的梯形图,对应的指令为 NEG D10。图中,X0 为 ON 时,D10 的内容进行求补运算,运算结果再存入 D10 中。

四、项目实施

根据自动售货机的工作原理，用 PLC 实现控制过程，设计步骤如下。

1. 主电路设计

如图 2.13.16 所示的主电路采用了 2 个元件，由于电磁阀线圈的启动电流较大，采用中间继电器的触点控制。中间继电器 KA 的线圈与 PLC 的输出点连接，可以确定主电路中需要 2 个输出点。

2. 确定 I/O 点总数及地址分配

控制电路中有 1 个复位按钮 SB3，两个选择控制按钮 SB1 和 SB2；3 个检测传感器 SQ1～SQ3；还有 3 个指示灯与 PLC 的输出点连接。这样整个系统总的输入点数为 6 个，输出点数为 5 个。

PLC 的 I/O 分配的地址如表 2.13.8 所示。

表 2.13.8　I/O 地址分配表

输入信号			输出信号		
1	X0	1 元投币检测传感器 SQ1	1	Y0	咖啡输出控制中间继电器 KA1
2	X1	5 元投币检测传感器 SQ2	2	Y1	汽水输出控制中间继电器 KA2
3	X2	10 元投币检测传感器 SQ3	3	Y2	咖啡按钮指示灯 HL1
4	X3	咖啡按钮 SB1	4	Y3	汽水按钮指示灯 HL2
5	X4	汽水按钮 SB2	5	Y4	找钱指示灯 HL3
6	X5	复位/清除操作按钮 SB3			

3. 控制电路

自动售货机电气原理图如图 2.13.16 所示。

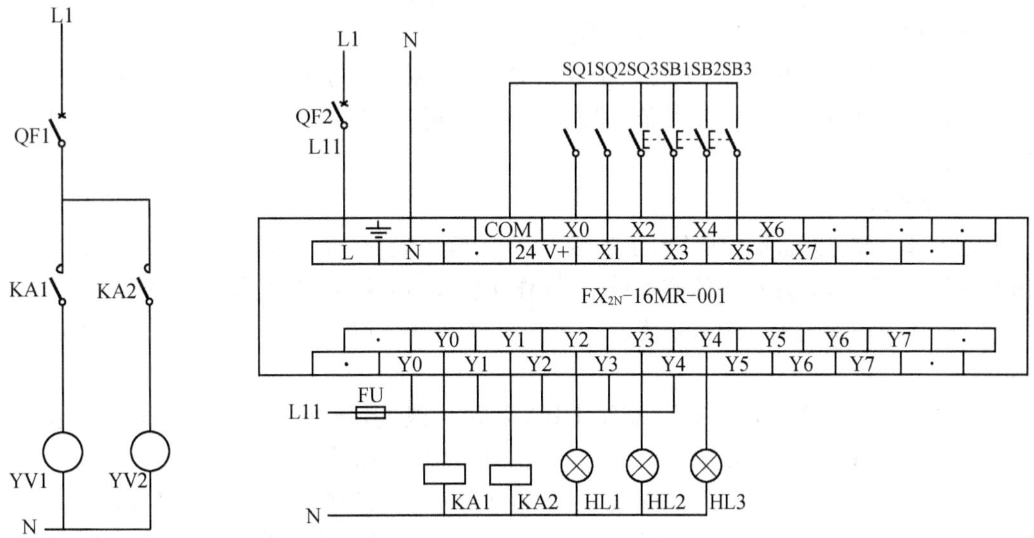

(a) 主电路　　(b) PLC控制电路

图 2.13.16　自动售货机电气原理图

4. 设备材料表

本控制中输入点数应选 6×1.2≈8 点,输出点数应选 5×1.2=6 点(继电器输出)。通过查找三菱 FX_{2N}系列选型表,选定三菱 FX_{2N}-16MR-001(其中输入 8 点,输出 8 点,继电器输出)。通过查找电气元件选型表,选择的元器件列表如表 2.13.9 所示。

表 2.13.9　设备材料表

序号	符号	设备名称	型号、规格	单位	数量	备注
1	PLC	可编程控制器	FX_{2N}-16MR-001	台	1	
2	QF1	空气断路器	DZ47-D25/4P	个	1	
3	QF2	空气断路器	DZ47-D10/1P	个	1	
4	KA	中间继电器	JZ7-44 吸引线圈电压 AC 220 V	个	2	
5	FU	熔断器	RT18-32/6 A	个	1	
6	SQ	检测开关	GF70	个	3	
7	SB	按钮	LA39-11	个	3	
8	YV	电磁阀	DF-50-AC:220 V	个	2	
9	HL	指示灯	AD16-22DS	个	3	

5. 程序设计

根据控制原理进行程序设计,梯形图程序如图 2.13.17 所示。

该程序中使用了特殊继电器 M8002 和 M8013。特殊继电器是 PLC 中十分有用的资源,学会使用它们不但可以节省大量外部资源,有时还可以简化程序。特殊继电器 M8002 是上电初始"ON"继电器,而且只接通一个扫描周期。在程序的初始设置中使用它不但可以省略 DF 指令,还可以节省一个开关。M8013 是内部定时时钟脉冲,可以产生周期为 1 s、占空比为 50%的方波脉冲,在程序中常用作秒脉冲定时信号。

该程序还使用了运算指令,如比较指令和加减运算指令,巧妙地实现了投币币值累加、币值多少的判断及找钱等带有一定智能的控制,充分体现了 PLC 的优点,这样的控制用传统继电控制是无法实现的。

6. 运行调试

根据 PLC 控制原理图在实验台上连接 PLC 实验装置,检查无误后,将图 2.13.17 所示梯形图下载到 PLC 中,选择程序的监控模式,操作实验装置,观察程序的执行过程和实验结果。

(1) PLC 上电运行时,M8002 接通一个扫描周期,执行指令 MOV K0 D100,D100 数值清零。

(2) 投入 1 元钱,X0 状态接通,观察 D100 数值的改变;投入 5 元钱,X1 状态接通,观察 D100 数值的改变;投入 10 元钱,X2 状态接通,观察 D100 数值的改变。

(3) 若 D100 中数值大于等于 12 元、小于等于 15 元,可以购买汽水,观察 M30 的动作情况;若 D100 中数值大于等于 15 元,既可以购买汽水,也可以购买咖啡,观察 M30、M20 的动作情况。

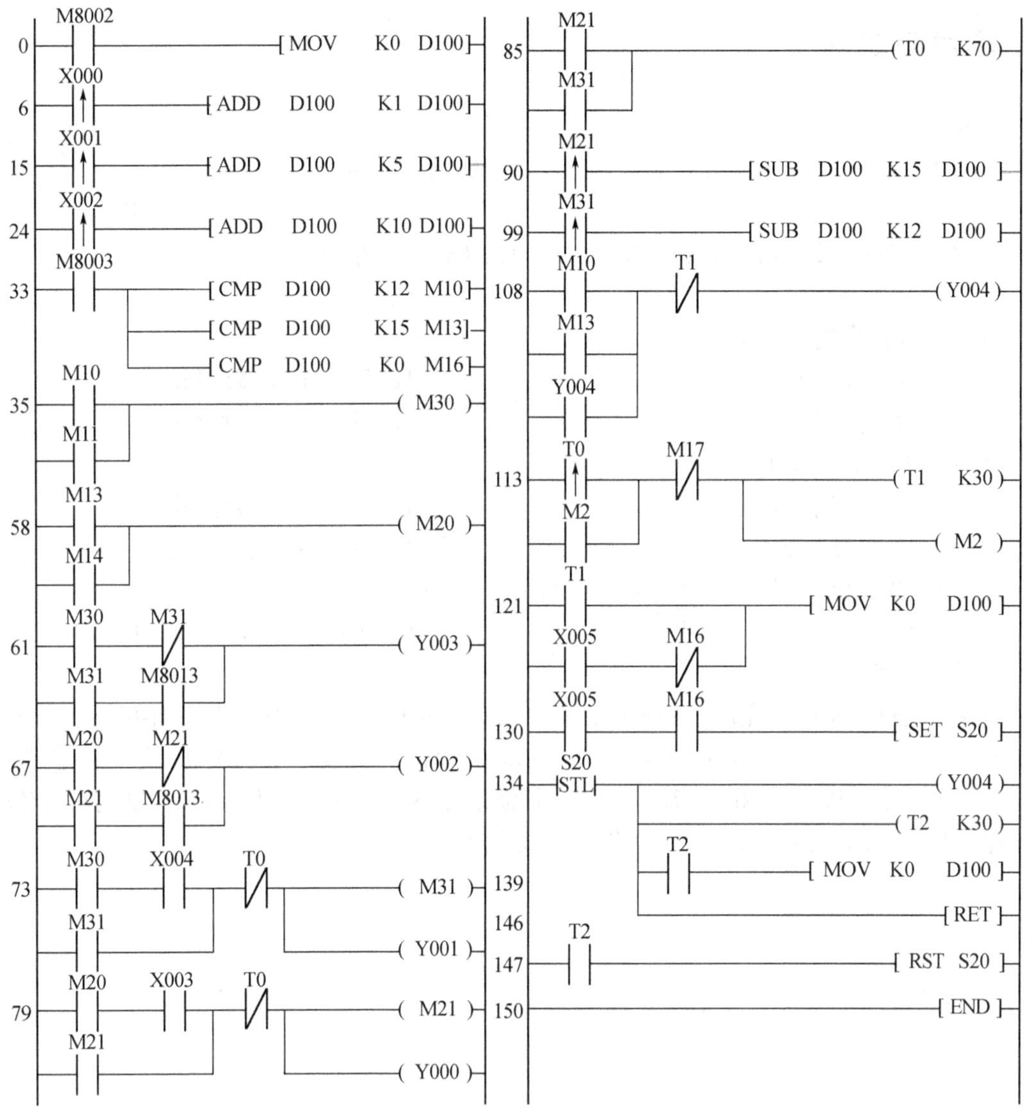

图 2.13.17　自动售货机 PLC 程序

(4) 按下汽水按钮 SB2,X4 状态接通,观察 M31、Y1、Y3、Y4、T0 的动作情况和 D100 中数值的改变。

(5) 按下咖啡按钮 SB1,X3 状态接通,观察 M21、Y0、Y2、Y4、T0 的动作情况和 D100 中数值的改变。

(6) T0 定时时间到,汽水或咖啡排出完毕,观察 M21、M31、Y1～Y4、T0 的动作情况。

(7) 若已经投入钱币,又按下了清除按钮 SB3,X5 状态接通,S20 被置位,开启退币过程,观察 Y4、T2 的动作情况和 D100 中数值的改变。

五、思考与练习

1. 选择题

(1) FX_{2N}系列 PLC 功能指令中包含(　　)条四则运算指令。

A. 4　B. 6　C. 8　D. 10

(2) FX_{2N}系列 PLC 功能指令中包含(　　)条逻辑运算指令。

A. 4　B. 6　C. 8　D. 10

(3) AND 指令的功能是(　　)。

A. 两个 16 位数相与　B. 两个 16 位数相或

C. 两个 32 位数相与　D. 两个 32 位数相或

(4) OR 指令的功能是(　　)。

A. 两个 16 位数相与　B. 两个 16 位数相或

C. 两个 32 位数相与　D. 两个 32 位数相或

(5) 求补指令除了用 NEG 表示,还可以用(　　)表示。

A. FNC19　B. FNC25　C. FNC29　D. FNC30

2. 应用拓展

请在本项目的基础上完成三种液体饮料的自动售货机设计,控制要求添加条件为:当投入的硬币总值等于或超过 10 元时,牛奶按钮指示灯亮;灯亮时,按下牛奶按钮,则牛奶排出,7 s 后自动停止。牛奶排出时,相应指示灯闪烁,其他条件不变。请完成主电路、控制电路、I/O 地址分配、PLC 程序及元器件选择,编制规范的技术文件。

项目十四　步进电机的定位控制

【项目目标】

1. 掌握 PLC 的功能指令：PLSY、PWM、PLSR。
2. 了解步进电机在 PLC 系统中的使用方法。
3. 进一步了解 PLC 应用设计的步骤。

一、项目任务

步进电机定位运行控制如图 2.14.1 所示，控制要求如下：

(1) 启动后，小车自动返回 ST2 点，停车 6 s，然后自动向 ST4 点运行。到达 ST4 点后，停车 6 s，然后自动返回 ST2 点，如此往复。

(2) 按下停止按钮后小车需完成当前循环后停在 ST3 位置。

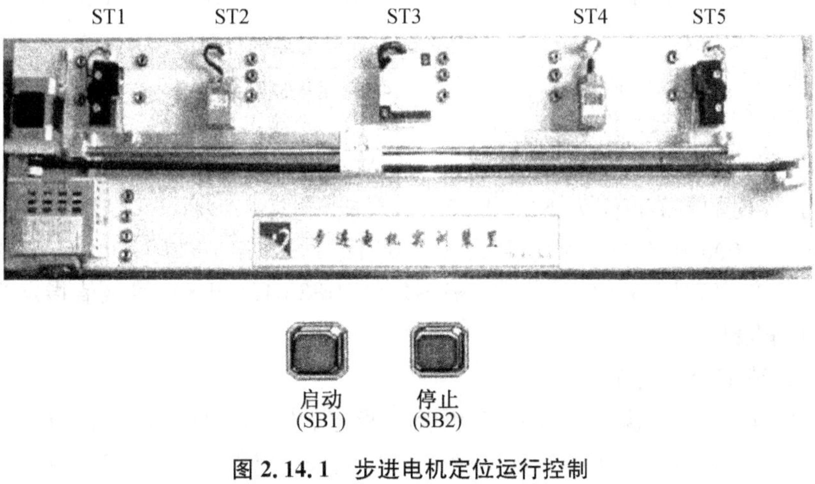

图 2.14.1　步进电机定位运行控制

二、项目分析

小车的定位可以通过设置变频器减速度参数为 0 来实现，但累计误差大。对于需要精确定位的系统，例如照相机底片定位，则需要使用步进电机。本项目中，为了实现精确定位，采用步进电机实现控制。步进电机工作原理:每来一个脉冲,电机旋转一个角度。步进电机的运行,需要脉冲输入。步进电机的控制,需要 PLC 的脉冲输出指令。

三、相关指令

FX_{2N}系列 PLC 的功能指令(四)

1. 脉冲输出指令 PLSY

脉冲输出指令的助记符、功能号、操作数和程序步数等指令概要如表 2.14.1 所示。

表 2.14.1　PLSY 指令概要

脉冲输出指令		操作数	程序步
D	FNC57 PLSY (D)PLSY	(S1·)(S2·): K,H / KnX / KnY / KnM / KnS / T / C / D / V,Z X / Y / M / S (D·):可以仅指定Y000或Y001	PLSY　7 步 (D)PLSY　13 步

指令格式:FNC57　PLSY　[S1]　[S2]　[D]

　　　　　FNC57　DPLSY　[S1]　[S2]　[D]

指令功能:

PLSY 是 16 位的脉冲输出指令,以[S1]指定的频率产生[S2]个定量的脉冲,输出[D]所指定的软元件中(Y0 或 Y1)。

DPLSY 是 32 位的脉冲输出指令,以[S1+1][S1]指定的频率产生[S2+1][S2]个定量的脉冲,输出[D]所指定的软元件中(Y0 或 Y1)。

[S1]、[S2]操作数范围:K,H,K*n*X,K*n*Y,K*n*M,K*n*S,T,C,D,V,Z。其中:[S1]指定频率范围。16 位指令时的数值范围为 K2～K20000,对应频率为 2～20 000 Hz;32 位指令时的数值范围为 K1～K100000,对应频率为 1～100 000 Hz。[S2]指定产生脉冲量。允许设定范围:16 位指令→1～32 767(PLS),32 位指令 →1～2 147 483 647(PLS),将该值指定为 0 时,则对产生的脉冲不作限制。

[D]操作数范围:Y0 或 Y1。

指令规则:(1) 在指令执行过程中,变更[S2]指定的字软元件内容后,将从下一个指令驱动开始执行变更内容。(2) [D]指定输出脉冲的 Y 编号。仅限于 Y0 或 Y1 有效(请使用晶体管输出方式),为了输出高频脉冲,可编程控制器的输出晶体管上必须是额定负载的电流。(3) 脉冲的占空比为 50%。输出控制不受扫描周期的影响,采用中断处理。(4) 设定脉冲发完后,执行结束标志 M8029 动作。(5) 从 Y0 或 Y1 输出的脉冲数将保存于下列特殊数据寄存器中。D8140(低位)、D8141(高位):输出至 Y0 的脉冲总数[FNC59(PLSR),FNC57(PLSY)指令的输出脉冲总数]。D8142(低位)、D8143(高位):输出至 Y1 的脉冲总数[FNC59(PLSR),FNC57(PLSY)指令的输出脉冲总数]。D8136(低位)、D8137(高位):输出至 Y0 和

Y1的脉冲总数。各个数据寄存器内容可以利用"D MOV　K0　D80 * *"执行清除。

【例2.14.1】 PLSY功能指令的应用，如图2.14.2所示。

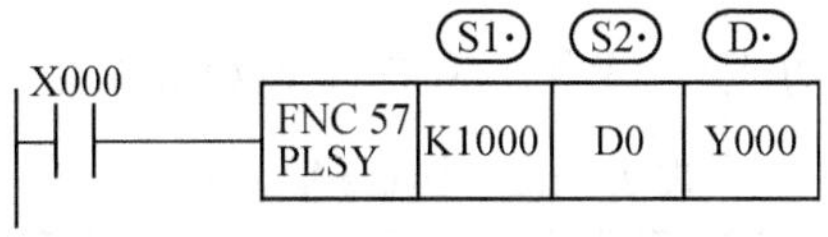

图2.14.2　脉冲输出指令梯形图

工作原理：图2.14.2为PLSY脉冲输出指令的梯形图，对应的指令为PLSY　K1000　D0　Y000。设定D0中的内容为K2000，当X0为ON时，执行PLSY指令，以指定的1 kHz的频率产生2 000个定量脉冲输出。脉冲输出波形为占空比为50%的方波，如图2.14.3所示。

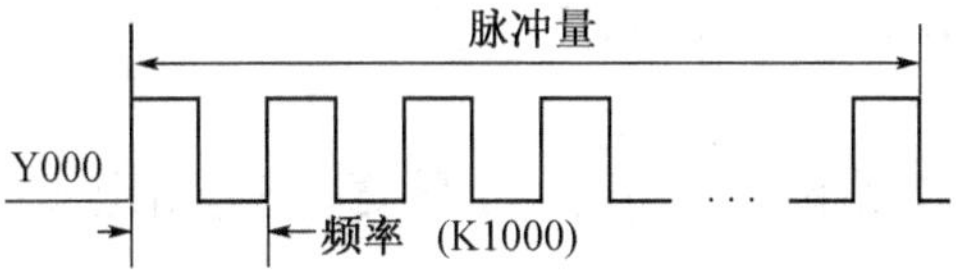

图2.14.3　脉冲输出波形图

注意事项：

(1) 可编程控制器必须使用晶体管输出方式，如图2.14.4所示。

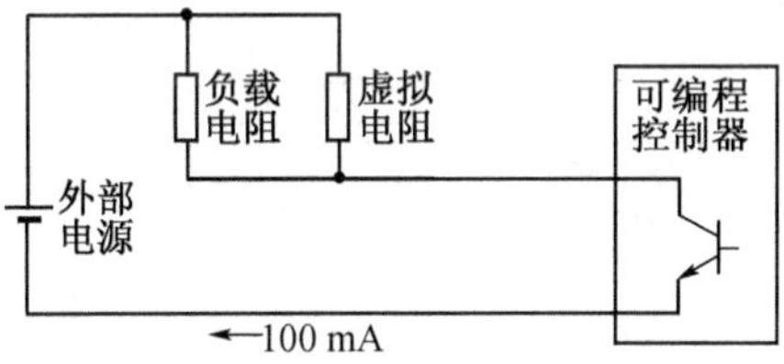

图2.14.4　晶体管输出示意图

对应于输出脉冲频率，设计将负载电压叠加于输出晶体管上。负载为DC5 V、0.1 A时，输出频率为20 kHz以下；负载为DC 12～24 V、0.1 A时，输出频率为10 kHz以下。

(2) 关于指令的使用次数限制。

① 在编程过程中，可同时使用2个FNC57(PLSY)指令或者2个FNC59(PLSR)指令，在Y0和Y1输出端得到各自独立的脉冲输出。

② 在编程过程中，可同时使用1个FNC57(PLSY)指令和1个FNC59(PLSR)指令，在Y0和Y1输出端得到各自独立的脉冲输出。

③ 使用组合FNC55(HSZ)指令和FNC57(PLSY)指令的[频率控制模式]时，仅能在Y0或Y1输出间任意使用一点。另外，在编程中使用FNC57(PLSY)指令或FNC59(PLSR)指令，无法同时得到两点脉冲输出。

(3) 由FNC58(PWM)指令指定的输出编号不得重复使用。

(4) 同其他高速处理指令合并使用时的注意事项如下：

① 高速计数器和FNC56(SPD)指令合并使用时，其处理频率的总数必须低于规定频率。

② 执行 FNC57(PLSY)或 FNC59(PLSR)指令的两点同时输出时,无法与高速计数器和 FNC56(SPD)指令合并使用(参见高速计数器)。

2. 脉宽调制指令 PWM

脉宽调制指令的助记符、功能号、操作数和程序步数等指令概要如表 2.14.2 所示。

表 2.14.2 PWM 指令概要

脉宽调制指令	操作数	程序步
FNC 58 PWM	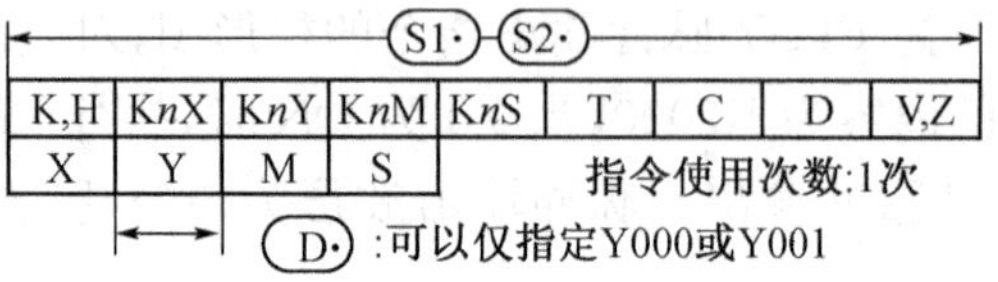	PWM 7 步

指令格式:FNC58 PWM [S1] [S2] [D]

指令功能:

PWM 是 16 位的脉宽调制指令。[S1]指定脉宽,[S2]指定周期,通过设定的脉宽和周期连续输出脉冲波形。

[S1]、[S2]操作数范围:K,H,KnX,KnY,KnM,KnS,T,C,D,V,Z。其中:[S1]指定脉宽范围为 0~32 767 ms,[S2]指定周期范围为 0~32 767 ms,并且[S1]≤[S2]。

[D]指定输出的 Y 端子,仅对 Y0 和 Y1 有效(请使用晶体管输出方式)。

【例 2.14.2】 PWM 功能指令的应用,如图 2.14.5 所示。

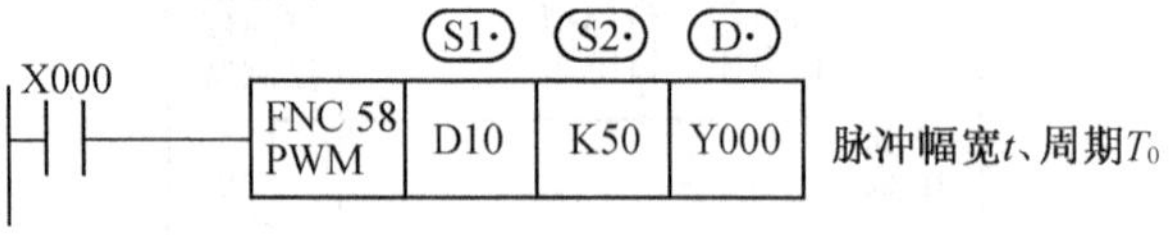

图 2.14.5 PWM 脉宽调制指令梯形图

工作原理:图 2.14.5 为 PWM 脉宽调制指令的梯形图,对应的指令为 PWM D0 K50 Y000。当 X0 为 ON 时,执行。PWM 指令是以指定的周期产生定宽脉冲的指令。波形图如图 2.14.6 所示。

注意事项:(1) 可编程控制器必须使用晶体管输出方式。为了进行高频率脉冲输出,使可编程控制器的输出晶体管中流过规定的负载电流。(2) 该输出的 ON/OFF 可进行中断处理执行。(3) 脉冲的占空比为 50%。输出控制不受扫描周期的影响。采用中断处理。(4) 设定脉冲发完后,执行结束标志 M8029 动作。(5) FNC57(PLSY)指令或 FNC59(PLSR)指令指定的输出号码不要重复使用。

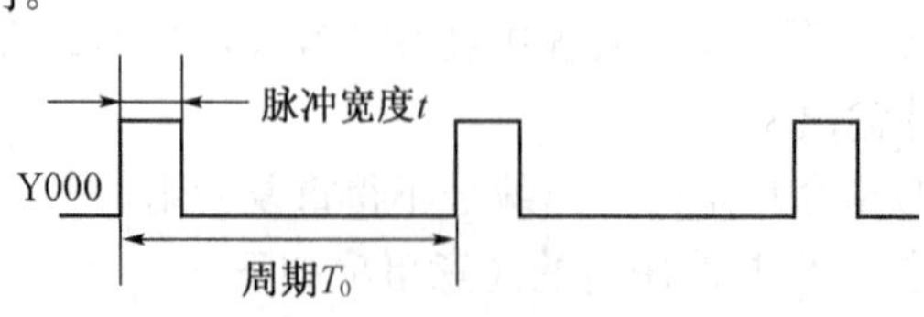

图 2.14.6 脉冲输出波形图

3. 带加减速脉冲输出指令 PLSR

带加减速脉冲输出指令的助记符、功能号、操作数和程序步数等指令概要如表 2.14.3 所示。

表 2.14.3　PLSR 指令概要

带加减速脉冲输出指令		操作数	程序步
D	FNC59 PLSR (D)PLSR	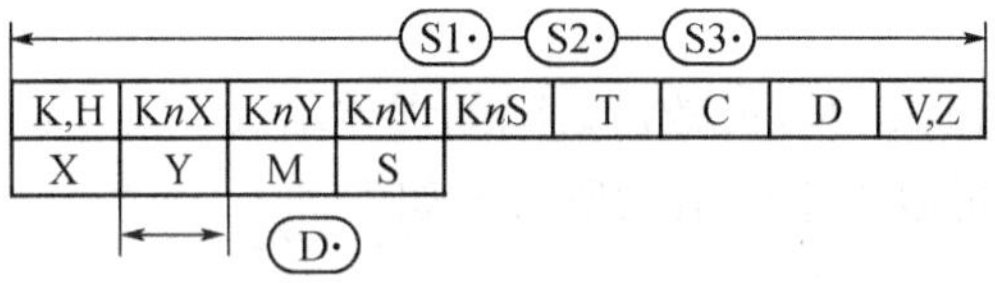	PLSR　7 步 (D)PLSR　17 步

指令格式：FNC59　PLSR　[S1]　[S2]　[S3]　[D]

FNC59　DPLSR　[S1]　[S2]　[S3]　[D]

指令功能：

PLSR 是带加减速功能的定尺寸传送脉冲输出指令。根据[S1]指定的最高频率进行定加速，在达到所指定的输出脉冲数[S2]后，进行定减速脉冲输出。

[S1]、[S2]、[S3]操作数范围：K，H，KnX，KnY，KnM，KnS，T，C，D，V，Z。其中：[S1]指定最高频率 0～20 000 Hz；[S2]指定总的输出脉冲数 110～32 767（32 位时为 110～2 147 483 647）；[S3]加减速时间。

[D]指定输出的 Y 端子，仅对 Y0 和 Y1 有效（请使用晶体管输出方式）。

【例 2.14.3】 PLSR 功能指令的应用，如图 2.14.7 所示。

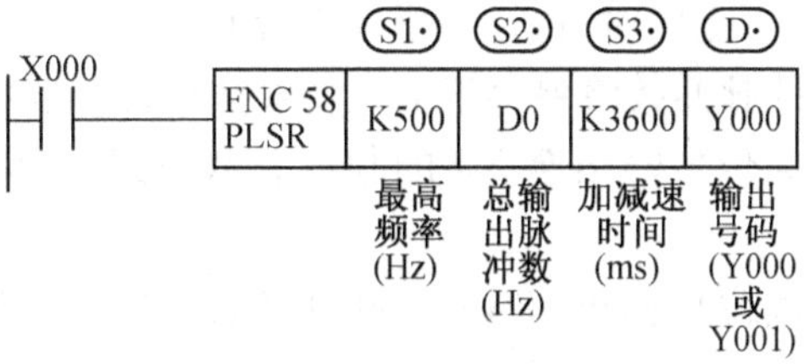

图 2.14.7　PLSR 带加减速脉冲输出指令

工作原理：图 2.14.7 为 PLSR 带加减速脉冲输出指令的梯形图，对应的指令为 PLSR K500　D0　K3600　Y000。当 X0 为 ON 时，执行 PLSR 指令，为带加减速功能的定尺寸传送用的脉冲输出指令。输出脉冲波形图如图 2.14.8 所示。

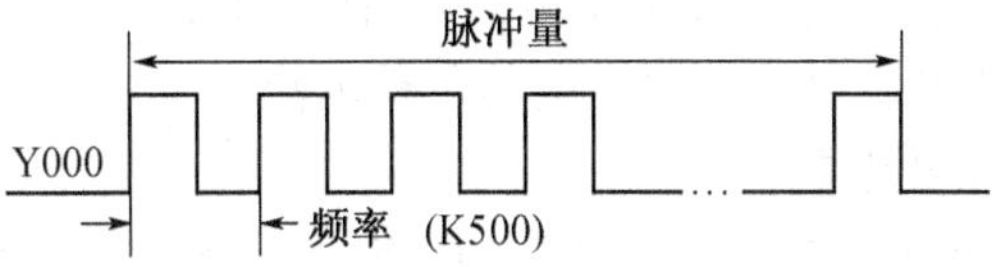

图 2.14.8　脉冲输出波形图

指令技术要求：

(1) [S3]加减速时间。允许设定范围:5 000(ms)以下。加速时间和减速时间以相同值动作。

① 加减速时间应设定为扫描时间最大值(D8012 值以上)的 10 倍以上。小于 10 倍时,加减速时序会不一定。

② 作为加减速时间可以设定的最小值公式如下:

$$\boxed{S3 \cdot} \geq \frac{90\,000}{\boxed{S1 \cdot}} \times 5。$$

若设定值小于最小允许值时,加减速时间的误差增大。

③ 作为加减速时间可以设定的最大值公式如下:

$$\boxed{S3 \cdot} \leq \frac{\boxed{S2 \cdot}}{\boxed{S1 \cdot}} \times 818。$$

④ 加减速时的变速次数(段数)固定在 10 次。

在不能按这些条件设定时,请降低最高频率[S1]。

(2) [D]指令输出脉冲的 Y 编号。仅限于 Y0 或 Y1 有效(请使用晶体管输出方式)。

(3) 该命令的输出频率为 10～20 000 Hz。若设定的加减速频率超过此范围,PLC 会自动控制在上述频率范围内。

(4) 输出控制不受扫描周期影响,进行中断处理。

(5) 在指令执行中即使改写操作数,输出不会立即改变,只有在下一次输出驱动时才有效。

(6) [S2]设定的脉冲输出完毕时,执行完毕标志置 ON。

(7) 从 Y0 或 Y1 输出的脉冲数将保存于下列特殊数据寄存器中。

D8140(低位)、D8141(高位):输出至 Y0 的脉冲总数[FNC59(PLSR),FNC57(PLSY)指令的输出脉冲总数]。

D8142(低位)、D8143(高位):输出至 Y1 的脉冲总数[FNC59(PLSR),FNC57(PLSY)指令的输出脉冲总数]。

D8136(低位)、D8137(高位):输出至 Y0 和 Y1 的脉冲总数[FNC59(PLSR),FNC57(PLSY)指令的输出脉冲总数]。

各个数据寄存器内容可以利用"D　MOV　K0　D80 * *"执行清除。

注意事项:

(1) 可编程控制器必须使用晶体管输出方式,如图 2.14.4 所示。为了进行高频率脉冲输出,可编程控制器的输出晶体管中需流过规定的负载电流。

(2) 关于指令的使用次数限制。

① 在编程过程中,可同时使用 2 个 FNC57(PLSY)指令或者 2 个 FNC59(PLSR)指令,在 Y0 和 Y1 输出端得到各自独立的脉冲输出。

② 在编程过程中,可同时使用 1 个 FNC57(PLSY)指令和 1 个 FNC59(PLSR)指令,在 Y0 和 Y1 输出端得到各自独立的脉冲输出。

③ 使用组合 FNC55(HSZ)指令和 FNC57(PLSY)指令的[频率控制模式]时，仅能在 Y0 或 Y1 输出间任意使用一点。另外在编程中使用 FNC57(PLSY)指令或 FNC59(PLSR)指令，无法同时得到两点脉冲输出。

(3) 由 FNC58(PWM)指令指定的输出编号不得重复使用。

(4) FNC57(PLSY)指令或 FNC59(PLSR)指令指定的输出号码不得重复使用。

(5) 同其他高速处理指令合并使用时的注意事项如下：

① 高速计数器和 FNC56(SPD)指令合并使用时，其处理频率的总数必须低于规定频率。

② 执行 FNC57(PLSY)或 FNC59(PLSR)指令的两点同时输出时，无法与高速计数器和 FNC56(SPD)指令合并使用(参见高速计数器)。

四、项目实施

根据步进电机定位控制的工作原理，用 PLC 实现控制过程，设计步骤如下：

1. 主电路及控制电路设计

因步进电机的控制功率较小，且原理简单，因此与控制电路一起设计，原理图如图 2.14.9 所示。

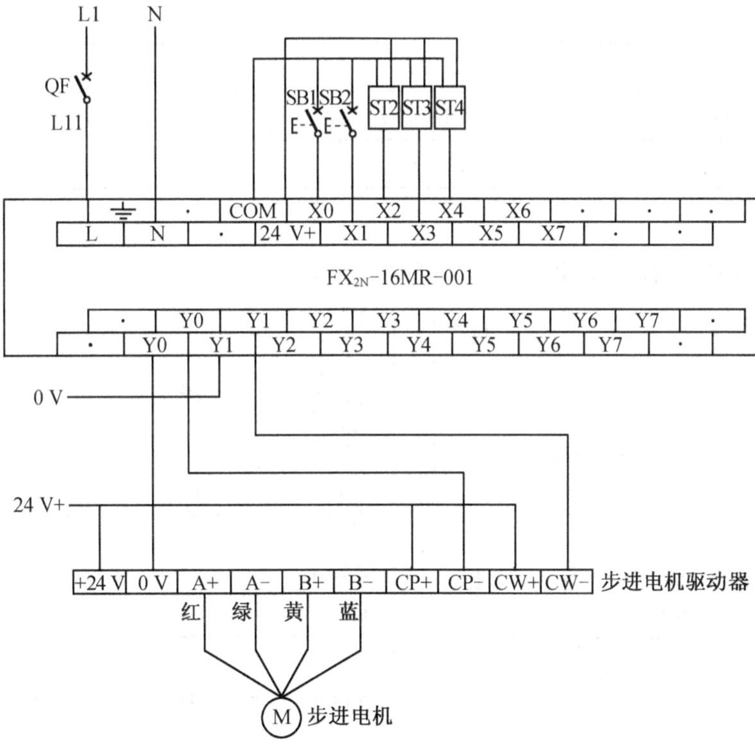

图 2.14.9　PLC 控制步进电机原理图

2. 确定 I/O 点总数及地址分配

PLC 的 I/O 分配的地址如表 2.14.4 所示。

表 2.14.4　I/O 地址分配表

输入信号			输出信号		
1	X0	启动按钮 SB1	1	Y0	脉冲输出
2	X1	停止按钮 SB2	2	Y1	方向
3	X2	ST2 开关			
4	X3	ST3 开关			
5	X4	ST4 开关			

3. 设备材料表

本控制中输入点数应选 5×1.2=6 点,输出点数应选 2×1.2≈3 点(继电器输出)。通过查找三菱 FX_{2N}系列选型表,选定三菱 FX_{2N}-16MR-001(其中输入 8 点,输出 8 点,继电器输出)。通过查找电气元件选型表,选择的元器件列表如表 2.14.5 所示。

表 2.14.5　设备材料表

序号	符号	设备名称	型号、规格	单位	数量	备注
1	PLC	可编程控制器	FX_{2N}-16MR-001	台	1	
2	QF	空气断路器	DZ47-D10/1P	个	1	
3	FU	熔断器	RT18-32/6 A	个	2	
4	ST	接近开关	SA1805,SA1705	个	3	
5	SB	按钮	LA39-11	个	2	

4. 程序设计

根据控制原理进行程序设计,程序如图 2.14.10 所示。

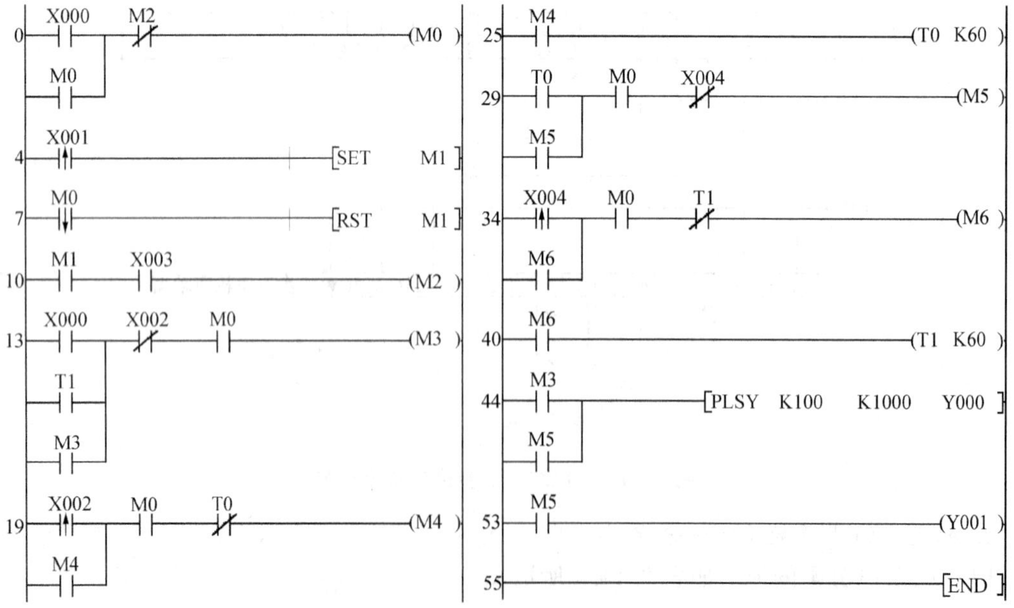

图 2.14.10　步进电机运行控制程序

5. 运行调试

根据PLC控制原理图在实验台上连接PLC实验装置，检查无误后，将图2.14.10所示梯形图下载到PLC中，选择程序的监控模式，操作实验装置，观察程序的执行过程和实验结果。

(1) 按下启动按钮SB1，梯形图中X0接通，观察M0、M3的动作情况。

(2) 小车左行回到ST2处，X2接通，观察M3、M4和T0的动作情况。

(3) T0定时时间到，观察M4、M5的动作情况。

(4) 小车右行至ST4处，X4接通，观察M5、M6和T1的动作情况。

(5) T6定时时间到，观察M3、M6的动作情况。

(6) 按下停止按钮SB2，X1接通，M1被置位，当小车到达ST3处时，X3接通，观察M2、M0和M1的动作情况。

五、思考与练习

1. 选择题

(1) 带加减速脉冲输出的指令是(　　)。

A. PLSY　　B. PLSX　　C. PLSR　　D. PWM

(2) 脉宽调制的指令是(　　)。

A. PLSY　　B. PLSX　　C. PLSR　　D. PWM

(3) 脉冲输出的指令是(　　)。

A. PLSY　　B. PLSX　　C. PLSR　　D. PWM

(4) 下列选项中表达正确的是(　　)。

A. 在脉冲输出指令中，对输出方式没要求

B. 在脉冲输出指令中，必须是晶体管输出方式

C. 在脉冲输出指令中，必须是晶闸管输出方式

D. 在脉冲输出指令中，必须是光电耦合输出方式

(5) 下列选项中表达正确的是(　　)。

A. 在编程过程中，可同时使用2个FNC57(PLSY)指令和2个FNC59(PLSR)指令，在Y0和Y1输出端得到各自独立的脉冲输出

B. 在编程过程中，可同时使用1个FNC57(PLSY)指令或1个FNC59(PLSR)指令，在Y0和Y1输出端得到各自独立的脉冲输出

C. 使用组合FNC55(HSZ)指令和FNC57(PLSY)指令的频率控制模式时，可同时使用Y0或Y1

D. 在编程过程中，可同时使用2个FNC57(PLSY)指令或者2个FNC59(PLSR)指令，在Y0和Y1输出端得到各自独立的脉冲输出

2. 应用拓展

如图2.14.1所示，步进电机定位运行控制要求如下：

(1) 启动后，小车自动返回ST1点，停车5 s，向ST2点运行，到达ST2点后，停车5 s，自动返回ST1点；10 s后向ST3点运行，到ST3点后，停10 s，返回ST1点；15 s后，向ST4点运行，在ST4点停15 s后返回ST1点；20 s后，向ST5点运行，20 s后，返回ST1点。如此往复运行。

(2) 按下停止按钮，小车需完成当前循环后停在ST1位置。

项目十五　A/D 及 D/A 功能模块的应用

【项目目标】

1. 掌握外部设备 I/O 读写指令：FROM、TO。
2. 学会使用模拟转换功能模块 FX_{2N}- 3A 及 A/D、D/A 特殊功能模块。
3. 学会标准型温度、湿度传感器的模拟量转换及量纲变换程序设计。
4. 学会 PLC 的模拟量输出程序设计。

一、项目任务

请设计一个室内温度、湿度的检测系统，如图 2.15.1 所示。要求如下：

(1) 在室内距地面 1.4 m 的位置，安装 1 只温度传感器和 1 只湿度传感器。

(2) 室内温度小于 20 ℃时，指示灯 HL1(红色)亮；室内温度大于 30 ℃时，指示灯 HL3(红色)亮；室内温度在 20～30 ℃之间时，指示灯 HL2(绿色)亮。

(3) 室内湿度小于等于 60%时，输出一个 5 V 电压信号；室内湿度大于 60%时，输出一个 10 V的电压信号。

(4) 单按键控制：第一次按下按钮 SB，检测系统工作开始，并且工作指示灯 HL4 亮；再按一次按钮 SB，则停止检测及输出，HL4 熄灭。

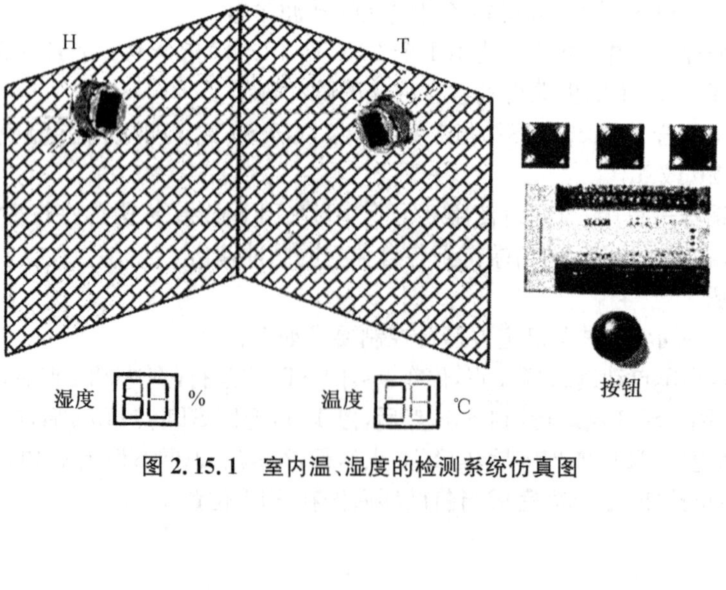

图 2.15.1　室内温、湿度的检测系统仿真图

二、项目分析

本项目涉及模拟量的输入和输出，PLC 需要增加 A/D 和 D/A 转换模块。在温度和湿度模拟信号输入时，要将模拟信号转换成数字信号，才能进行数据处理；PLC 输出时，又要求将数字信号转换成模拟信号，才能获得 5 V 或 10 V 的电压信号。下面根据控制要求，对各元件的功能特点加以分析：

(1) A/D 转换模块的模拟量输入信号要与传感器输出信号相匹配。A/D 转换模块一般可以转换三种类型的模拟输入信号，可以是 0～5 V、0～10 V 的电压信号或者是 4～20 mA 的电流信号，至少要求传感器能输出上述信号中的一种，这里选择的温度、湿度传感器输出的是 0～10 V 的标准信号。有关 A/D 转换模块、传感器的功能特点在基本指令详解部分有详细的说明。

(2) 量纲变换。在 A/D 转换取得数字数据后，需要进行量纲变换才能获得所熟悉的温度或湿度的度量值。一般采用算术运算即可实现。

(3) 转换精度的控制。在项目任务的要求中虽没有要求控制精度，但在 PLC 系统设计时一定要考虑，常用 A/D 转换模块的转换精度有 8 位和 12 位，转换精度越高，成本也越高。由于上述控制是对一个普通室内的环境参数检测，选择 8 位的转换精度即可。

(4) D/A 模拟量转换输出。D/A 的输出一般也有 0～5 V、0～10 V 和 4～20 mA 三种标准输出类型，常用的转换精度有 8 位和 12 位，这里选择的是一个 8 位 D/A 转换模块。

三、相关指令

FX_{2N} 系列 PLC 的功能指令(五)

1. 读出指令 FROM　BFM

读出指令的助记符、功能号、操作数和程序步数等指令概要如表 2.15.2 所示。

表 2.15.2　FROM　BFM 读出指令概要

BFM 读出指令		操作数	程序步
P	FNC78 FROM FROM(P)	D·: K,H | KnX | KnY | KnM | KnS | T | C | D | V,Z (D· 范围: KnY～V,Z) m_1,m_2,n (K,H) m_1=0~7 m_2=0~31 n=1~32 767 特殊单元,特殊模块号缓冲存储器(BFM)号传送点数	FROM FROM(P)　9 步 (D)FROM (D)FROM(P)　17 步
D			

指令格式：FROM　m_1　m_2　D　n

指令功能：读特殊功能模块指令，是将增设的特殊单元 m_1 缓冲存储器(BFM)m_2 中的内容读到可编程控制器[S(＊)]中的指令。

m_1：模块单元号(范围 0～7)，是指与 PLC 连接的特殊模块号码，模块号从基本单元最近的开始,按 No. 0、No. 1、No. 2、…、No. 7 的顺序,在指令中对应 K0、K1、K2、…、K7。

m_2:缓冲存储器(BMF)号(范围 0~31)。特殊功能模块中内置了若干个 16 位 RAM 存储器。每一个 BFM 单元在不同的功能模块中都有不同的功能定义,在应用时要特别注意。

D:传送地点。表示 FROM 指令的目标操作数,用于保存从功能模块读取的数据。

n:传送点数。表示从功能模块读取数据或向功能模块写入数据的位数(范围 1~32 767)。K1 表示 16 位数据。

【例 2.15.1】 图 2.15.2 为 FROM　BFM 读出指令的梯形图。

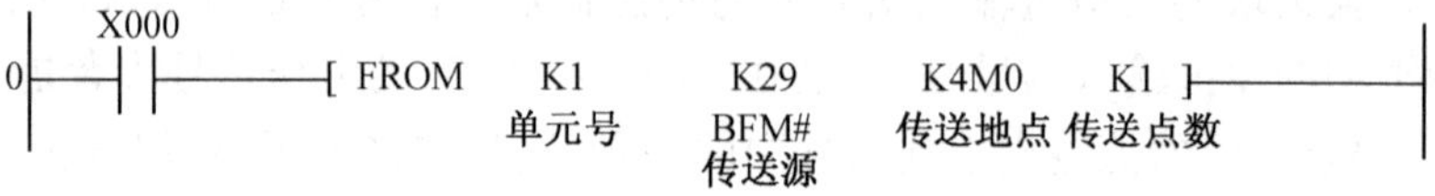

图 2.15.2　FROM 指令的应用

工作原理:X0 为 ON 时,执行 FROM 读出指令,从特殊单元(模块)No. 1 的缓冲储存器(BFM#)29 中读出 16 位数据传送至可编程控制器的 K4M0 中;当 X0 为 OFF 时,不执行传送指令,传送地点的数据不变化。

2. TO　BFM 写入指令

写入指令的助记符、功能号、操作数和程序步数等指令概要如表 2.15.3 所示。

表 2.15.3　TO　BFM 写入指令概要

BFM 写入指令		操作数	程序步
P	FNC79 TO TO(P)	(D·): KnY, KnM, KnS, T, C, D, V,Z K,H KnX KnY KnM KnS T C D V,Z m_1,m_2,n: K,H m_1=0~7 m_2=0~31 n=1~32 767 特殊单元,特殊模块号缓冲存储器(BFM)号传送点数	TO TO(P)　9 步 (D)TO (D)TO(P)　17 步
D			

指令格式:TO　m_1　m_2　S　n

指令功能:写入特殊功能模块指令,是将[S(＊)]的 n 点数据写入特殊单元 m_1 缓冲器 m_2 中的指令。

m_1:模块单元号(范围 0~7),是指与 PLC 连接的特殊模块号码,模块号从基本单元最近的开始,按 No. 0、No. 1、No. 2、…、No. 7 的顺序,在指令中对应 K0、K1、K2、…、K7。

m_2:缓冲存储器(BMF)号(范围 0~31)。特殊功能模块中内置了若干个 16 位 RAM 存储器。每一个 BFM 单元在不同的功能模块中都有不同的功能定义,在应用时要特别注意。

S:传送地点。表示 TO 指令在 PLC 内的源操作数,用于向功能模块传送数据的存储单元。

n:传送点数。表示从功能模块读取数据或向功能模块写入数据的位数(范围 1~32 767)。K1 表示 16 位数据。

【例 2.15.2】 图 2.15.3 为 TO　BFM 写入指令的梯形图。

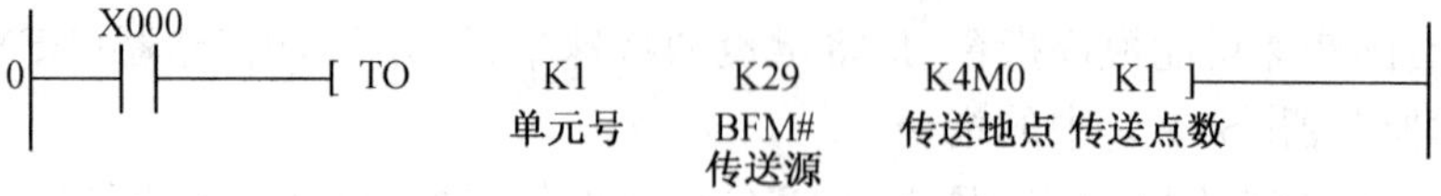

图 2.15.3　TO 指令的应用

工作原理：X0 为 ON 时，执行 TO 写入指令，从可编程控制器的 K4M0 中对特殊单元（模块）N0.1 的缓冲储存器（BFM#）29 写入 16 位数据；当 X0 为 OFF 时，不执行传送指令。

注意：(1) 脉冲指令执行后，传送地点的数据也不变化。(2) 位元件的数指定是 K1～K4（16 位指令）、K1～K8（32 位指令）。

3. FROM/TO 指令的操作数处理

(1) 特殊单元、模块号[m_1]。

① 模块号从基本单元最近的开始，按 No. 0→No. 1→No. 2→…→No. 7 的顺序连接。

② 模块号用于 FROM/TO 指令指定哪个模块工作而设定。

(2) 缓冲存储器（BFM）号[m_2]。

① 特殊增设模块中内藏了 32 点 16 位 RAM 存储器，称为缓冲存储器。编号范围为 #0～#32 767，其内容根据各模块的控制目的而决定。

② 用 32 位指令对 BFM 处理时，指定的 BFM 为低 16 位，其后续编号的 BFM 为高 16 位。

(3) 传送点数[n]。

① 用 n 指定传送的字点数。16 位指令的 $n=2$ 和 32 位指令的 $n=1$ 为相同含义。

② 在特殊辅助继电器 M8164（FROM/TO 指令的传送点数指定寄存器）的内容作为传送点数[n]进行处理。

(4) 特殊辅助继电器 M8028 的作用。

① 在 M8028 为 OFF 时，FROM、TO 指令执行时为中断禁止状态。此时若有中断或定时器中断将能执行，只有在 FROM、TO 指令执行完后才响应中断，并且这两条指令可以在中断中使用。

② 在 M8028 为 ON 时，FROM、TO 指令执行时允许响应中断状态。如中断产生会立即响应，但在中断程序中不能使用 FROM、TO 指令。

【例 2.15.3】 如图 2.15.4 所示，当 X0 为 ON 时，指令根据 m_1 指定的 No.1(K1)特殊模块，对 m_2 指定的缓冲器 BFM#29(K29)内 16 位数据读出并传送到可编程控制器的 K4M0 即 M0～M15 中，传送的数据为一个字。当 X1 为 ON 时，指令将指定的 D0 中 16 位数据写入 No.1 特殊模块缓冲器 BFM#12。最后的 K1 表示传送一个字。

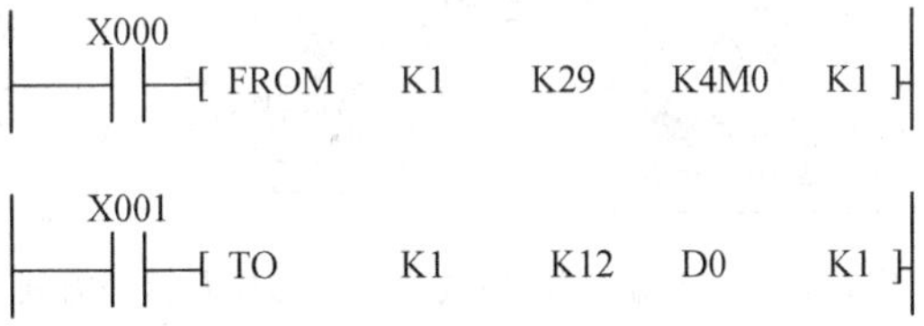

图 2.15.4　缓冲器读写指令应用

四、知识拓展

FX_{0N}- 3A 特殊功能模块

(一) FX_{0N}- 3A 特殊功能模块简介

FX_{0N}- 3A 模拟输入模块(以后称之为 FX_{0N}- 3A)有 2 个模拟量输入通道和 1 个模拟量输出通道。输入通道将接收的电压或电流信号转换成数字值送入到 PLC 中,输出通道将数字值转换成电压或电流信号输出。

1. FX_{0N}- 3A 模块功能特点

(1) FX_{0N}- 3A 的最大分辨率为 8 位。

(2) 在输入/输出方式上,电流或电压类型的区分是通过端子的接线方式决定。两个模拟输入通道可接受的输入为 DC 0～10 V,DC 0～5 V 或 4～20 mA。

(3) FX_{0N}- 3A 模块可以与 FX_{2N}、FX_{2NC}、FX_{1N}、FX_{0N} 系列 PLC 连接使用。与 FX_{2N} 系列 PLC 连接使用时最多可以连接 8 个模块,模块使用 PLC 内部电源。

(4) FX_{2N} 系列 PLC 可以对模块进行数据传输和参数设定,为 TO/FROM 指令。

(5) 在 PLC 扩展母线上占用 8 个 I/O 点。8 个 I/O 点可以分配给输入或输出。

(6) 模拟到数字的转换特性可以调节。

2. FX_{0N}- 3A 模块的外部接线方式和信号特性

(1) FX_{0N}- 3A 模块的外部结构及接线方式如图 2.15.5 所示。

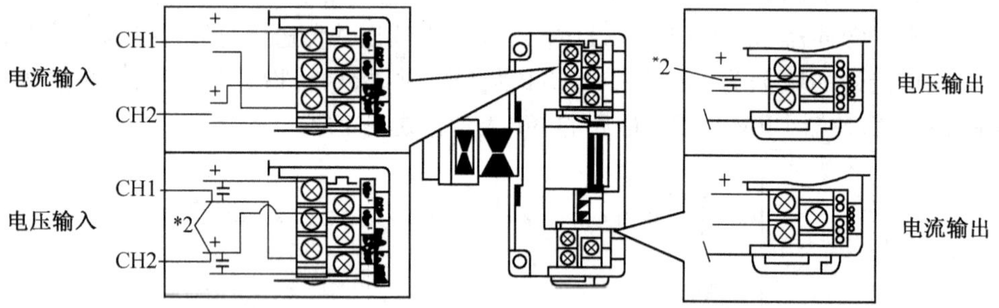

图 2.15.5 FX_{0N}- 3A 模块的外部结构及接线方式

模拟输入通道 1 有三个接线端子 V_{in1}、I_{in1} 和 COM1,电压模拟信号输入时将信号的地分别接 V_{in1} 和 COM1,电流模拟信号输入时,先将 V_{in1} 和 I_{in1} 短接,然后再接输入信号,COM1 接公共地。模拟输入通道 2 接线方式同通道 1。

要特别注意的是:两个输入通道在使用时必须选择相同类型的输入信号,即都是电压类型或都是电流类型,不能将一个通道作为模拟电压输入而将另一个作为电流输入,这是因为两个通道使用相同的偏量值和增量值。并且,当电压输入存在波动或有大量噪声时,在位置* 2 处连接一个 0.1～0.47 μF 的电容。

电压输出时接 V_{out} 和 COM,电流输出时接 I_{out} 和 COM。

(2) FX$_{0N}$-3A 模块的信号特性。

如图 2.15.6 所示为三种不同标准类型模拟输入的转换特性图，数据的有效范围是 1～250。

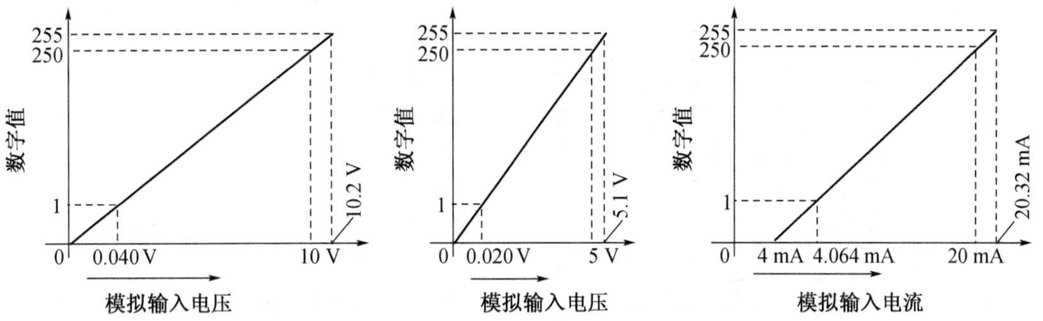

图 2.15.6　FX$_{0N}$-3A 模块的模拟输入转换特性图

如图 2.15.7 所示为模拟输出的转换特性图，输出数据的有效范围是 1～250，如果输出数据超过 8 位，则只有低 8 位数据有效，高于 8 位的数据将被忽略。

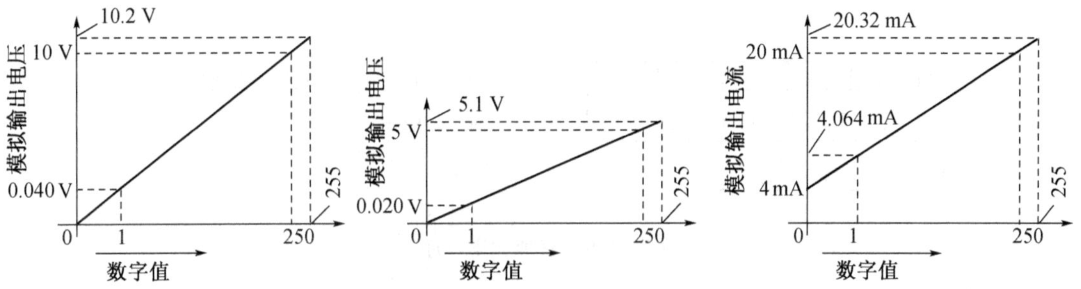

图 2.15.7　FX$_{0N}$-3A 模块的模拟输出转换特性图

(3) FX$_{0N}$-3A 模块的输入输出控制程序。

FX$_{0N}$-3A 模块内部分配有 32 个缓存器 BFM0～BFM31，其中使用的有 BFM0、BFM16 和 BFM17，其余均未使用。各缓存器的功能如表 2.15.4 所示。

表 2.15.4　FX$_{0N}$-3A 模块内部缓存器的功能

缓冲存储器编号	b15～b8	b7	b6	b5	b4	b3	b2	b1	b0
0	保留	通过 BFM#17 的 b0 选择 A/D 转换通道的当前值输入数据(以 8 位存储)							
16		D/A 转换通道上的当前值输出数据(以 8 位存储)							
17	保留						D/A 转换启动	A/D 转换启动	A/D 转换通道
1～15,18～31	保留								

BFM17 各位作用如下：

b0=0，选择模拟输入通道 1；

b0=1，选择模拟输入通道 2；

b1=0→1，启动 A/D 转换处理；

b2=0→1，启动 D/A 转换处理。

模拟输入读取程序。如图 2.15.8 所示程序中,当 M0 变成 ON 时,从模拟输入通道 1 读取数据;当 M1 变为 ON 时,从模拟输入通道 2 读取数据。

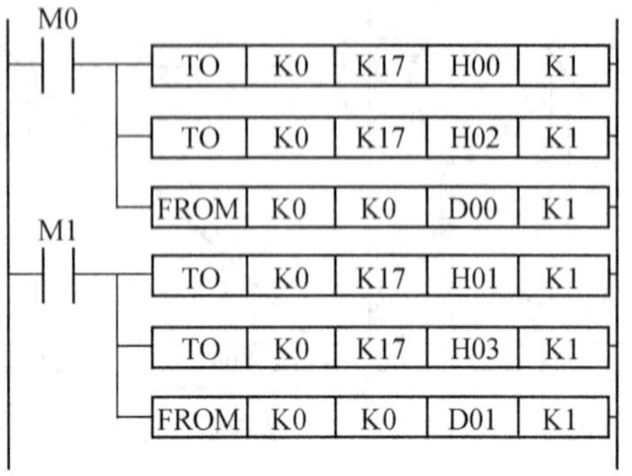

(H00)写入 BFM#17,选择输入通道 1
(H02)写入 BFM#17,启动通道 1 的 A/D 转换处理
读取 BFM#0,把通道 1 的当前值存入寄存器 D0 中
(H00)写入 BFM#17,选择输入通道 2
(H02)写入 BFM#17,启动通道 2 的 A/D 转换处理
读取 BFM#0,把通道 2 的当前值存入寄存器 D1 中

图 2.15.8　模拟输入读取程序

模拟输出程序。如图 2.15.9 所示程序中,需要转换的数据放于寄存器 D02 中,M0 变成 ON 时,将 D02 中的数据送 D/A 转换器转换成相应的模拟量输出。

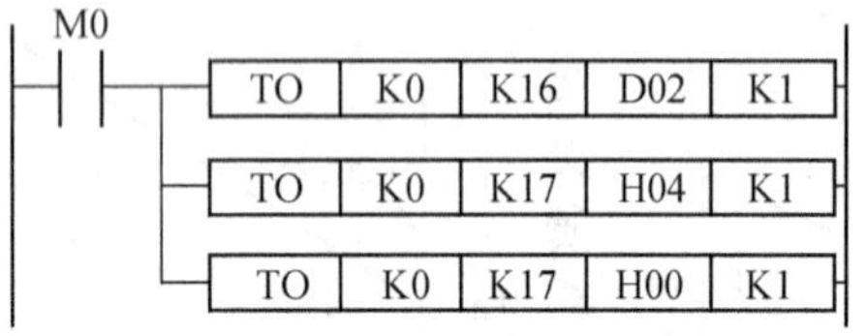

将 D02 中要转换的数据送 BFM#16 中,等待转换
(H 04)写入 BFM#17,进行 D/A 转换

图 2.15.9　模拟输出程序

(二) 其他 A/D、D/A 特殊功能模块

1. A/D 转换模块

FX_{2N}系列 PLC 的 A/D 转换模块有 FX_{2N}- 2AD、FX_{2N}- 4AD、FX_{2N}- 8AD 三种。其中 FX_{2N} - 2AD 模拟输入模块用于将 2 点模拟输入(电压和电流输入)转换成 12 位的数字值,并将这个值输入到 PLC 中。模拟输入可通过接线方式进行选择,两个模拟输入通道可接受的输入为 DC 10 V,DC 0～5 V 或 4～20 mA。模拟到数字的转换特性可以通过调节器进行调节。此模块占用 8 个 I/O 点,可以用 FROM/TO 指令与 PLC 进行数据传输。

在接线时,只需将输入模拟量接到相应的端子,电压接 V_{in} 和 COM 端子,电流接 I_{in} 和 COM 端子(且将 V_{in} 和 I_{in} 短接),但两通道应同时为电压输入或电流输入。其输入特性如图 2.15.10所示。

2. D/A 转换模块

FX_{2N}系列 PLC 的 D/A 转换模块有 FX_{2N}- 2DA、FX_{2N}- 4DA 两种。其中 FX_{2N}- 2DA 模拟量输出模块用于将 12 位的数字值转换成 2 点模拟输出(电压和电流输出),并将这个值输入 PLC 中。模拟输出可通过接线方式进行选择,两个模拟输出通道可接受的输出为 DC 0～10 V、DC 0～5 V 或 4～20 mA。数字到模拟的转换特性可以通过调节器进行调节。此模块占用 8 个 I/O 点,可以用 FROM/TO 指令与 PLC 进行数据传输。

接线时,模拟电压输出端子是 V_{out} 和 COM(且将 I_{out} 和 COM 短接),模拟电流输出端子是 I_{out} 和 COM,输出特性如图 2.15.11 所示。

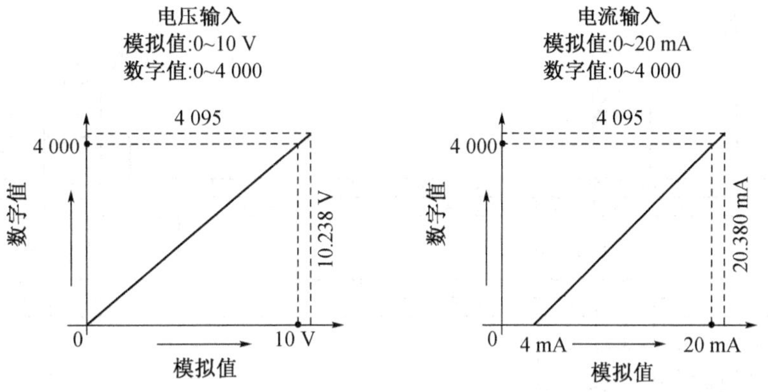

图 2.15.10　FX_{2N}-2AD 模块输入特性

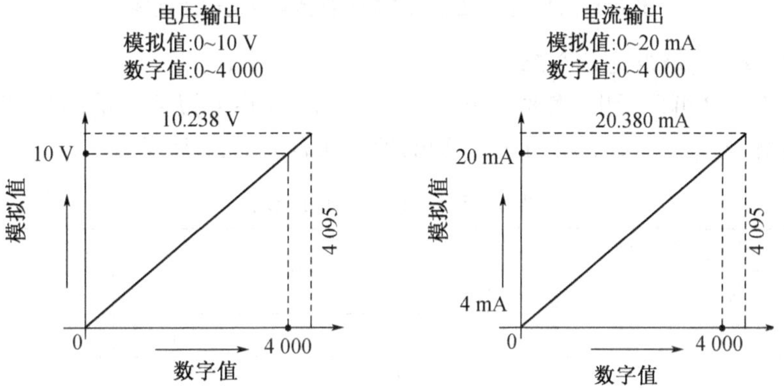

图 2.15.11　FX_{2N}-2DA 模块输出特性

3. FX_{2N}-4AD-PT、FX_{2N}-4AD-TC 模拟特殊模块

FX_{2N}-4AD-PT 模拟特殊模块是将来自 4 个铂温度传感器(Pt100,3 线,100 Ω)的输入信号放大,并将数据转换成 12 位的可读数据,存储在主处理单元中。

FX_{2N}-4AD-TC 模拟特殊模块是将来自 4 个热电偶传感器(K 或 J 型)的输入信号放大,并将数据转换成 12 位的可读数据,存储在主处理单元中。

这两种模块摄氏和华氏数据都可以读,所有数据的传输和参数设置可以通过各自的软件控制来调整。数据读出由 FROM/TO 指令完成,各占用扩展总线的 8 个 I/O。

五、项目实施

根据项目任务的控制要求及分析,本项目中均为弱电控制,这样控制原理图就不分主电路与控制电路,用 PLC 实现控制系统的设计步骤如下。

1. 控制电路设计

将选择的 A/D 和 D/A 转换模块、温度传感器、湿度传感器与 PLC 的主控单元连接,即构成了室内温度、湿度的检测系统。原理图如图 2.15.12 所示。

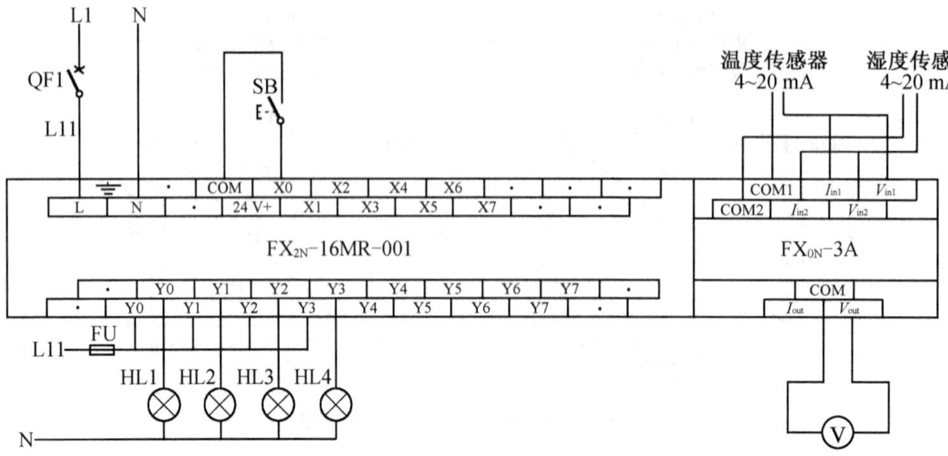

图 2.15.12　室内温度、湿度的检测系统控制原理图

2. 确定 I/O 点总数及地址分配

根据图 2.15.12 可以看出,需要一个启动按钮 SB,两路模拟输入量;四盏指示灯 HL1～HL4,电压模拟输出信号。PLC 的 I/O 分配的地址如表 2.15.5 所示。

表 2.15.5　I/O 地址分配表

开关量输入信号			开关量输出信号		
1	X0	启动按钮 SB	1	Y0	HL1
			2	Y1	HL2
			3	Y2	HL3
			4	Y3	HL4
模拟量输入			模拟量输出		
1	A11	温度信号输入	1	A01	5、10 V 信号输出
2	A12	湿度信号输入			

3. 设备材料表

本项目中输入点数应选 1×1.2≈2 点,输出点数应选 4×1.2≈5 点(继电器输出)。通过查找三菱 FX_{2N}系列选型表,选定三菱 FX_{2N}- 16MR - 001(其中输入 8 点,输出 8 点,继电器输出)。2 路模拟量输入、1 路模拟量输出 A/D 和 D/A 转换模块选择 FX_{2N}- 3A。温度、湿度一体的传感器,其他元件通过查找电气元件选型表,选择的元器件列表如表 2.15.6 所示。

表 2.15.6　设备材料表

序号	符号	设备名称	型号、规格	单位	数量	备注
1	PLC	可编程控制器	FX_{2N}- 16MR - 001	台	1	
2	A/D 和 D/A	模数和数模转换	FX_{0N}- 3A	个	1	
3	T	温度传感器	SHT11	个	1	
4	H	湿度传感器	SHT11	个	1	

（续表）

序号	符号	设备名称	型号、规格	单位	数量	备注
5	QF	空气断路器	DZ47－D10/1P	个	1	
6	FU	熔断器	RT18－32/6 A	个	1	
7	SB	按钮	LA39－11	个	1	
8	HL	指示灯	AD16－22DS	个	4	

4. 程序设计

根据控制原理进行程序设计，根据功能分别设计温度检测转换、湿度检测转换、温度湿度量纲变换、温度数据比较与输出控制、湿度数据比较与 D/A 转换输出五个程序段，将五个程序段连接在一起即是整个 PLC 控制程序。

（1）温度检测转换程序设计，程序如图 2.15.13 所示。

从模拟通道 1(8 位 A/D)转换来的压力实时值存放于寄存器 D200 单元中，转换 10 次后的平均值放于 D110 中。在这一程序中部分寄存器的分配如下：

D200 为温度的实时值；D114 为温度和；D118 计数(M132 大于，M133 等于，M134 小于)；D110 为温度平均值(占用 D111)。

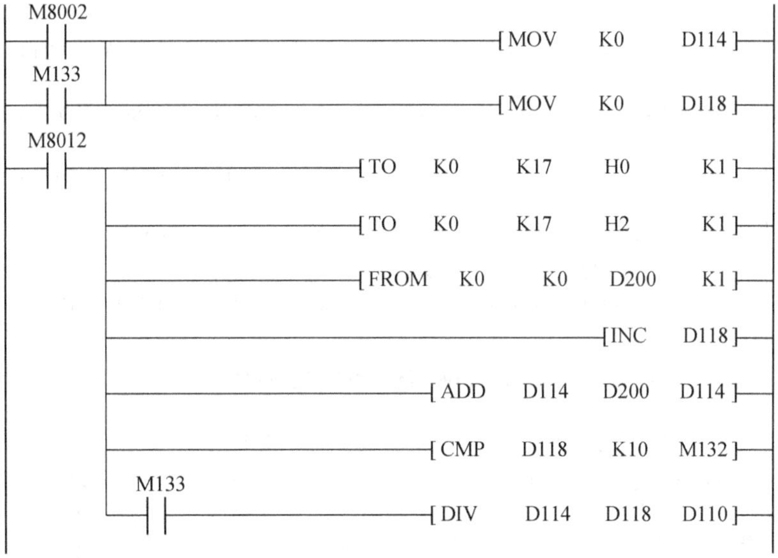

图 2.15.13　温度检测转换程序

（2）湿度检测转换程序设计，程序如图 2.15.14 所示。

从模拟通道 2(8 位 A/D)转换来的湿度实时值存放于寄存器 D202 单元中，转换 10 次后的平均值放于 D112 中，在这一程序中部分寄存器的分配如下：

D202 为湿度时值；D119 计数(M135 大于，M136 等于，M137 小于)；Dl16 为湿度和；D112 为湿度平均值(占用 D113)。

（3）温度、湿度量纲变换程序设计。

量纲变换也称工程量变换。例如：温度单位用℃，流量单位用 m^3/h(立方米/小时)，压强单位为 N/m^2(牛顿/平方米),这些参数经 A/D 转换后变为无量纲的数,并且是一个具有不同测量范围的数,经过算术运算或其他运算方式的处理,将测量值转换成相应的工程量值,这种转换称为量纲变换。可以根据如下公式进行编程:

$$A_x = N_x \times (A_{max} - A_{min}) \div M + A_{min}。$$

其中:A_x 为具有实际工程标量的值;N_x 为测量值,A/D 转换器转换来的数据;A_{max} 为传感器最大表示值或刻度值;A_{min} 为传感器最小表示值或刻度值;M 为 A/D 转换的最大数。

根据上述温度湿度转换程序及图 2.15.15 所示,量纲变换计算式为

温度(℃)=D110×[70−(−40)]÷250+(−40)=D110×11÷25−40;

湿度(%)=D112×(100−0)÷250+0=D112×2÷5。

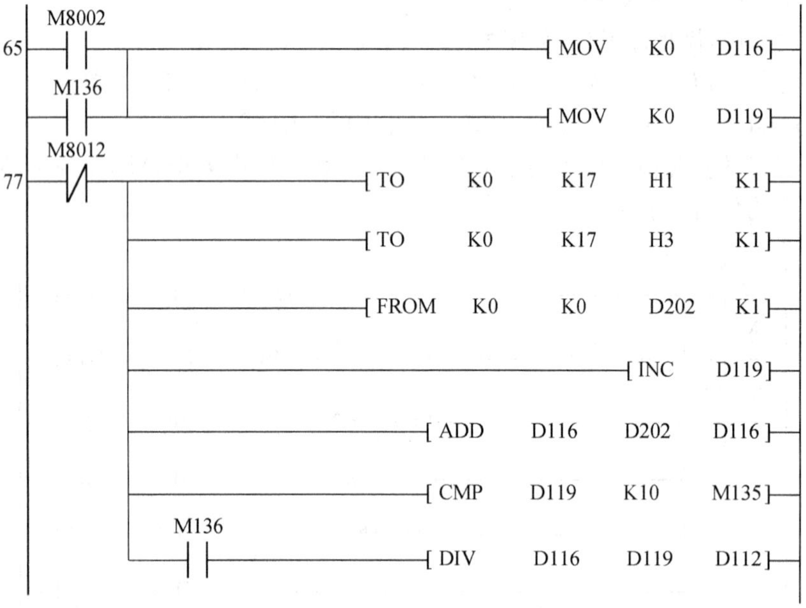

图 2.15.14　湿度检测转换程序

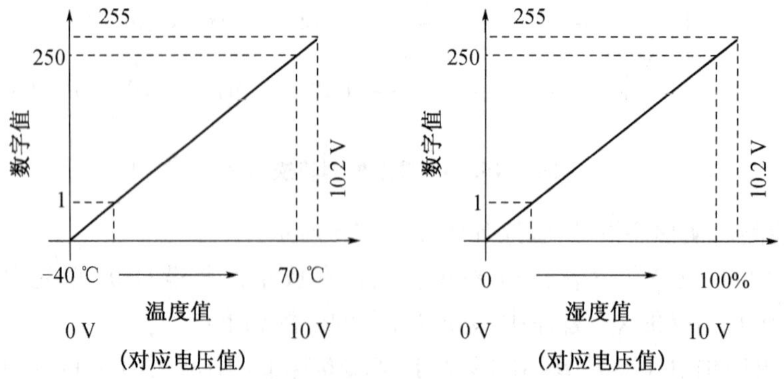

图 2.15.15　温度、湿度与 A/D 转换数据的量程关系图

根据上述原理设计量纲变换程序,程序如图 2.15.16 所示。使用寄存器的 D120、D121、D123、D124、D125、D126、D127、D128,其中存放量纲变换后的温度值为 D124,湿度值为 D127。

(4) 运行控制及温度数据比较处理程序设计,程序如图 2.15.17 所示。

X0、M0、M1 构成了单按键运行控制程序。X0 按下一次时,M1 自保持输出;X0 再按下一次时,M1 停止输出。

经量纲变换后的温度值存放于 D124 中,与参数值 K20(20 ℃)比较,影响的内部继电器是 M100(>20 ℃)、M101(=20 ℃)、M102(<20 ℃);与参数 K30(30 ℃)进行比较,影响的内部电器位有 M103(>30 ℃)、M104(=30 ℃)、M105(<30 ℃)。

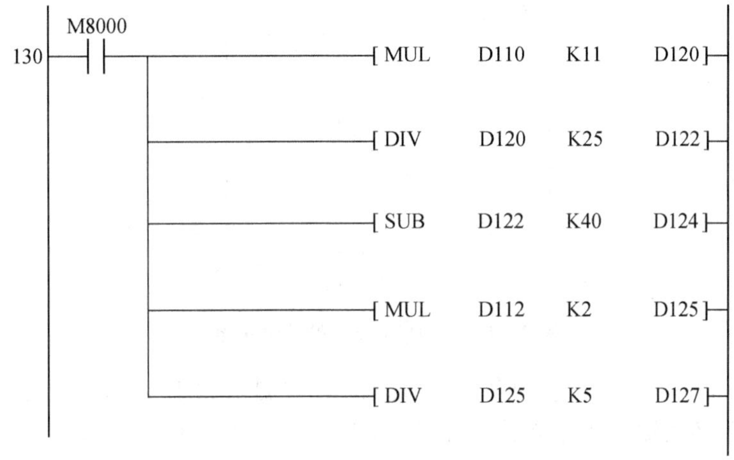

图 2.15.16　温度、湿度量纲变换程序

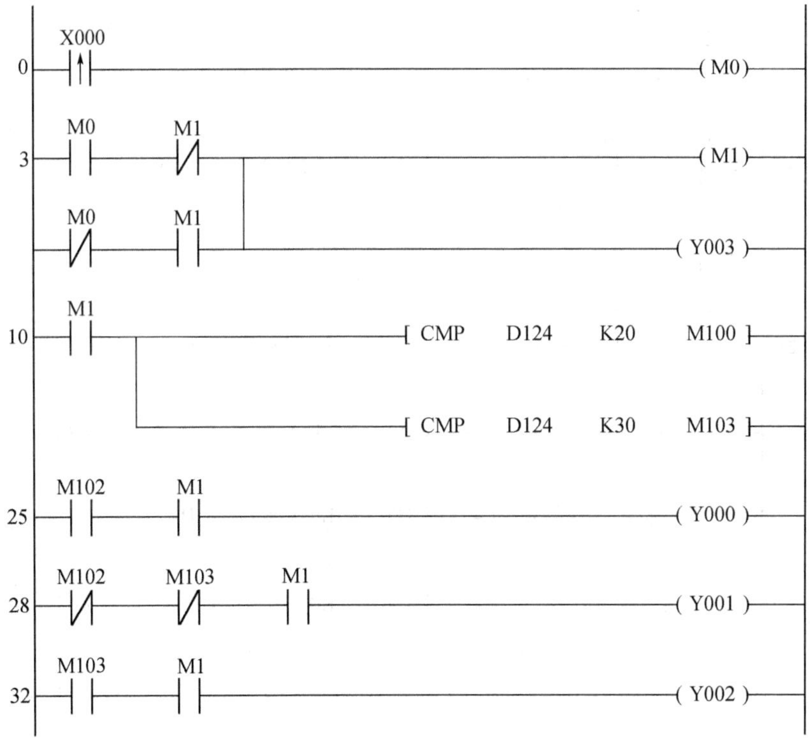

图 2.15.17　运行控制及温度数据比较处理程序

在温度小于 20 ℃时,Y0 输出。在温度大于等于 20 ℃且小于等于 30 ℃时,Y1 输出。在温度大于 30 ℃时,Y2 输出。

(5) 湿度数据比较及 D/A 转换输出程序设计。

D/A 转换输出是将 0～250 的数转换成 0～10 V 的电压,由于是线性关系(图 2.15.18),所以需要输出 10 V 时,对应 PLC 内的数据是 250;需要输出 5 V 时,对应 PLC 内的数据是 125。

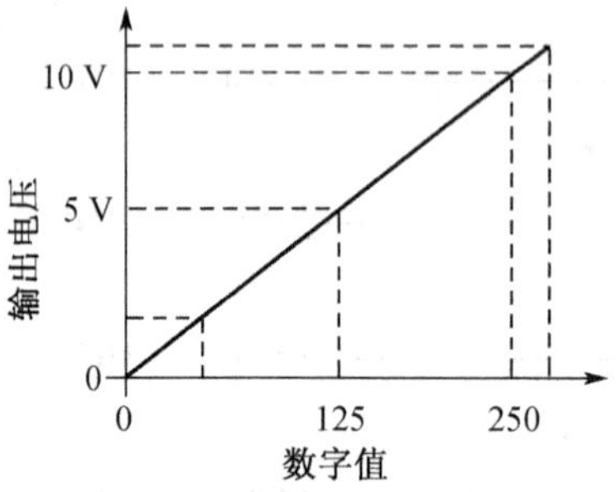

图 2.15.18　D/A 转换的线性关系图

程序如图 2.15.19 所示。在程序中,首先判断湿度是否大于 60%,确定出两个状态,在不同的状态给 D/A 转换输出寄存器赋值为 K5 或 K10。通过 PLC 的外部设备写指令 TO 将输出寄存器中的数送 D/A 转换器,转换成相应电压信号。使用的寄存器有 D129,使用的位继电器有 M106、M107、M108。

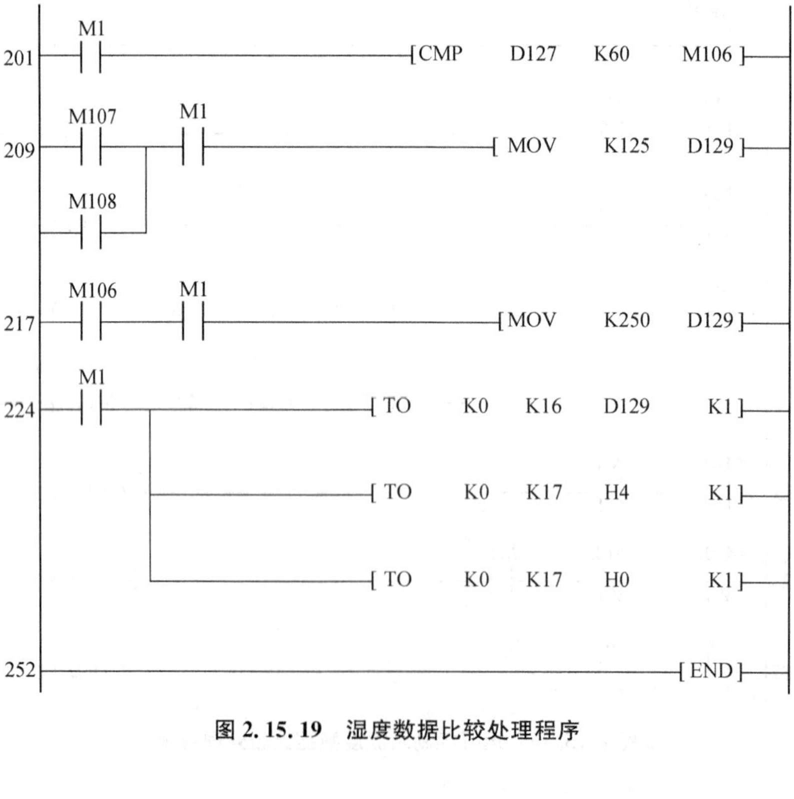

图 2.15.19　湿度数据比较处理程序

该程序运用了大量功能指令，最重要的是 PLC 外部设备的读写指令 FROM/TO，真正实现了 A/D 和 D/A 转换模块的功能。

5. 运行调试

根据 PLC 控制原理图在实验台上连接 PLC 实验装置，检查无误后，将梯形图下载到 PLC 中，选择程序的监控模式，操作实验装置，观察程序的执行过程和实验结果。

(1) 按下按钮 SB，X0 状态接通，观察 M1、Y3 的动作情况。

(2) 通过程序监控，观察相应数据寄存器的数值。若 D124 的数值小于 20，观察 M102、Y0 的动作情况；若 D124 的数值大于等于 20，且小于等于 30，观察 M102、M103、Y1 的动作情况；若 D124 的数值大于 30，观察 M103、Y2 的动作情况。

(3) 若 D127 的数值大于等于 60，观察 M107、M108 的动作情况；若 D127 的数值小于 60，观察 M106 的动作情况。改变湿度输入，用电压表测量 D/A 转换输出变化是否正确。

(4) 再次按下 SB 按钮，X0 状态再次接通，检测工作停止，观察 M1、Y3 的动作情况。

六、思考与练习

1. 选择题

(1) TO　BFM 写入指令对应的高级指令序号是(　　)。

A. FNC76　　B. FNC77　　C. FNC78　　D. FNC79

(2) FROM　BFM 读出指令对应的高级指令序号是(　　)。

A. FNC76　　B. FNC77　　C. FNC78　　D. FNC79

(3) FX_{0N}-3A 的最大分辨率为(　　)位。

A. 12　　B. 8　　C. 16　　D. 32

(4) FX_{2N}系列 PLC 外接 FX_{0N}-3A 功能模块，最大数量是(　　)块。

A. 1　　B. 2　　C. 3　　D. 8

(5) 接线时，模拟信号接入＃1A/D 转换器时，接线应是(　　)和 COM1。

A. V_{in1}　　B. COM

C. I_{in1}　　D. I_{in1}和 V_{in1}并接后

2. 应用拓展

在本项目的基础上，增加以下控制要求：

(1) A/D 转换精度要求 12 位分辨率。

(2) D/A 转换精度要求 12 位分辨率。

(3) 温度要求能计算输出为 0.1 ℃。

结合项目开始时的要求，请规范设计，完成控制电路、I/O 地址分配、PLC 程序及元器件选择。

项目十六　两台 PLC 通信控制

【项目目标】

1. 熟练使用基本指令和功能指令。
2. 学习 FX_{2N} 系列 PLC 的通信功能模块及网络结构。
3. 学会组建 N∶N 型小型网络及应用程序设计。

一、项目任务

通信联网,要求有多台 PLC 连接起来使用或者由一台计算机与多台 PLC 组成分布式控制系统。以 FX_{2N} 系列中两台 PLC 之间的通信控制来说明 PLC 小型组网的设计。两台 PLC 通信控制的仿真图如图 2.16.1 所示。

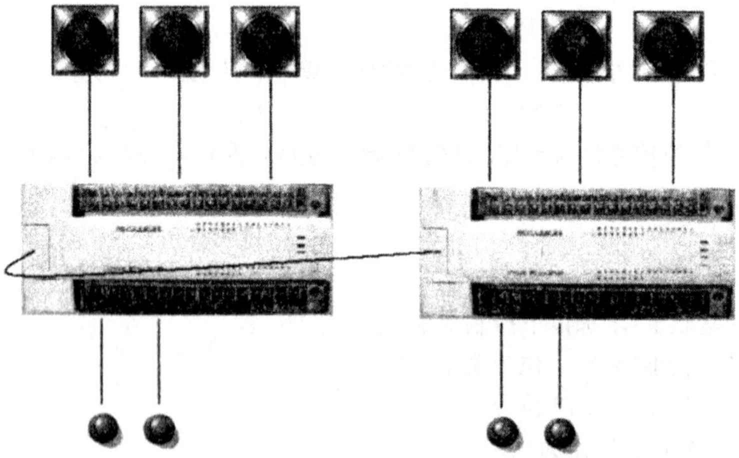

图 2.16.1　两台 PLC 通信控制仿真图

(1) 用两台 FX_{2N} 型号的 PLC 通过 RS485 通信模块连接成一个 N∶N 型网络结构。第一台为主机,第二台为从机。

(2) 按下主机的按钮 SB01 后,与从机连接的指示灯 HL11 点亮;松开 SB01,HL11 熄灭。

(3) 按下从机的 SB11,与主机连接的指示灯 HL01 点亮;松开 SB11,HL01 熄灭。

(4) 主机中数据寄存器 D100(K10)作为从机计数器 C1 的计数初值。主机的按钮 SB02

为从机 C1 的复位按钮，从机按钮 SB12 为 C1 的计数信号输入，当 SB12 输入 10 次时，C1 的输出触点控制主机上的 HL02 点亮。

(5) 主机检测到没有与从机建立好通信时，HL03 指示灯亮；从机没有检测到与主机建立好通信时，HL13 指示灯亮。

二、项目分析

本项目主要任务是实现两台 PLC 之间的通信。PLC 之间的通信线路如何连接？它们之间是怎样进行数据交换的？

现今的 PLC 都具有强大的网络通信功能，不仅能组建成各种类型的开放式大型工厂自动化网络(CC 链接、AS－i 网络、Profibus－DP、DeviceNet)，还能实现在现场控制的小型数据链接网络(N：N 链接、并行链接、计算机链接、I/O 链接)，本项目的控制要求就是属于后一种类型。下面采用 N：N 链接的形式实现上述功能要求。

三、相关指令

PLC 数据通信功能及应用

1. N：N 型小型网络功能特点

FX_{2N}系列 PLC 可组成 N：N 型小型网络，是众多网络结构中最基本的一种结构形式。N：N型小型网络主要应用于工业现场的多任务复杂控制系统，网络内的 PLC 有各自不同的任务分配，进行各自的控制，同时它们之间又相互联系、相互通信，以达到共同控制的目的。N：N型小型网络示意图如图 2.16.2 所示。

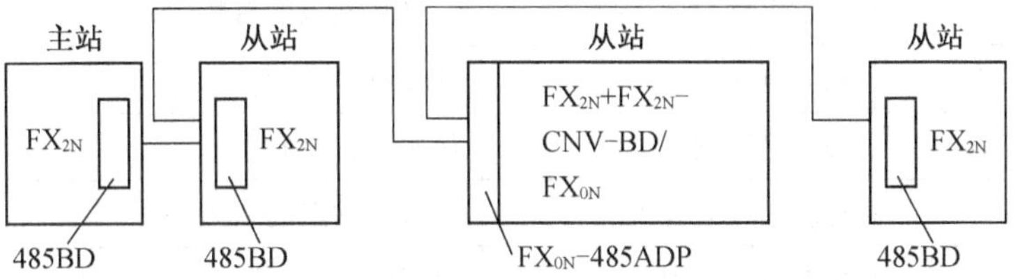

图 2.16.2 N：N 型小型网络结构示意图

网络特点：

(1) 传输标准符合 RS485 通信方式。

(2) PLC 链接数目最大为 8 个，即 1 个主站和 7 个从站的主从式结构。

(3) 采用 FX_{2N}－485BD 通信模块时通信距离最大为 50 m；采用 FX_{2N}－485ADP 时最大距离可达 500 m。

(4) 通信方式为半双工通信方式，固定波特率为 38 400 bps。

(5) 数据交换占用内部辅助继电器和数据寄存器的规定区域。

(6) 具有模式 0、模式 1 和模式 2 三种通信模式，通过特殊辅助继电器设定。

2. N∶N通信用特殊辅助继电器

PLC内部共有10个与N∶N型小型网络通信有关的特殊辅助继电器,主要用于控制网络参数的设置和工作状态标志,均为只读类型。各继电器作用如表2.16.1所示。

表2.16.1 N∶N通信用特殊辅助继电器表

辅助继电器	名称	描述	响应类型
M8038	N∶N型小型网络参数设置	用来设置N∶N型小型网络参数	主站、从站均可用
M8183	主站通信错误标志	#0主站点通信错误时为"ON"	从站可用
M8184	从站通信错误标志	#1从站点通信错误时为"ON"	主站、从站均可用
M8185		#2从站点通信错误时为"ON"	
M8186		#3从站点通信错误时为"ON"	
M8187		#4从站点通信错误时为"ON"	
M8188		#5从站点通信错误时为"ON"	
M8189		#6从站点通信错误时为"ON"	
M8190		#7从站点通信错误时为"ON"	
M8191	数据通信	当与其他站点通信时为"ON"	

3. N∶N通信用特殊数据寄存器

PLC内部共有26个与N∶N型小型网络通信有关的特殊数据寄存器,主要用于数据字参数的设置和状态标志。各寄存器作用描述如表2.16.2所示。

表2.16.2 N∶N通信用特殊数据寄存器表

特性	数据寄存器	名称	描述	响应类型
只读	D8173	站点号	存储它自己的站点号	主站、从站均可用
	D8174	从站点总数	存储从站点的总数	
	D8175	刷新范围	存储刷新范围	
只写	D8176	站点号设置	设置其自身站点号	
	D8177	总从站点数设置	设置从站点的总数	仅主站
	D8178	刷新范围设置	设置刷新范围	
读写	D8179	重试次数设置	设置重试次数	
	D8180	通信超时设置	设置通信超时	
只读	D8201	当前网络扫描时间	存储当前网络扫描时间	主站、从站均可用
	D8202	最大网络扫描时间	存储最大网络扫描时间	
	D8203	主站点的通信错误数目	主站点的通信错误数目	仅从站

（续表）

特性	数据寄存器	名称	描述	响应类型
只读	D8204	从站点的通信错误数目	#1从站点的通信错误数目	主站、从站均可用
	D8205		#2从站点的通信错误数目	
	D8206		#3从站点的通信错误数目	
	D8207		#4从站点的通信错误数目	
	D8208		#5从站点的通信错误数目	
	D8209		#6从站点的通信错误数目	
	D8210		#7从站点的通信错误数目	
	D8211	主站点的通信错误代码	从站点的通信错误代码	仅从站
	D8212	从站点的通信错误代码	#1从站点的通信错误代码	主站、从站均可用
	D8213		#2从站点的通信错误代码	
	D8214		#3从站点的通信错误代码	
	D8215		#4从站点的通信错误代码	
	D8216		#5从站点的通信错误代码	
	D8217		#6从站点的通信错误代码	
	D8218		#7从站点的通信错误代码	

网络通信的建立需要对相应数据寄存器进行参数设置，#0主站与其他从站的参数设置不同，下面分别介绍。

(1) #0站的参数设置。主站通信设置程序必须放在程序的开始位置，即从0逻辑行开始。与主站点设置有关的寄存器及参数功能如下：

① 主站站号设定寄存器D8176。将PLC设为主站时D8176的值为K0。

② 从站点的总数设定寄存器D8177。D8177的范围是1～7，表示与主站连接的有几个从站点，FX_{2N}在此通信方式下最大从站数为7个。

③ 工作模式设置寄存器D8178。设置范围是0、1、2，分别表示N：N通信方式的三种工作模式，每种通信模式规定了数据共享的区域，PLC之间只能在这一共享区域内进行数据交换。

D8178＝0时为工作模式0，各站通过32个数据寄存器进行数据交换，每个站只能对分配给各自的4个数据寄存器进行读写操作，对分配给其他站点的数据寄存器只能进行读操作。各站寄存器分配如表2.16.3所示。

表 2.16.3　N：N 通信不同工作模式下各站寄存器分配表

站点	模式 0	模式 1		模式 2	
	字软件(D)	位软元件(M)	字软件(D)	位软元件(M)	字软件(D)
＃0 主站	D0～D3	M1000～M1031	D0～D3	M1000～M1063	D0～D7
＃1 从站	D10～D13	M1064～M1095	D10～D13	M1064～M1127	D10～D17
＃2 从站	D20～D23	M1128～M1159	D20～D23	M1128～M1191	D20～D27
＃3 从站	D30～D33	M1192～M1223	D30～D33	M1192～M1255	D30～D37
＃4 从站	D40～D43	M1256～M1287	D40～D43	M1256～M1319	D40～D47
＃5 从站	D50～D53	M1320～M1351	D50～D53	M1320～M1383	D50～D57
＃6 从站	D60～D63	M1384～M1415	D60～D63	M1384～M1447	D60～D67
＃7 从站	D70～D73	M1448～M1479	D70～D73	M1448～M1511	D70～D77

D8178＝1 时为工作模式 1，各站通过 256 个内部继电器和 32 个数据寄存器进行数据交换，各站分配有 32 点内部继电器位和 4 个数据寄存器。具体分配情况如表 2.16.3 所示。

D8178＝2 时为工作模式 2，各站通过 512 个内部继电器和 64 个数据寄存器进行数据交换，各站分配有 64 点内部继电器位和 8 个数据寄存器。具体分配情况如表 2.16.3 所示。

④ 重试次数设定寄存器 D8179。设定值范围为 0～10，默认为 3，如果主站点与从站点重试通信操作超过设定值，则从站点通信错误标志为 ON 状态。

⑤ 通信超时设置 D8180。通信超时是主站点与从站点间的通信驻留时间，设定值为 5～255，时间单位为 10 ms，系统默认值为 5。

【例 2.16.1】 3 台 PLC 构成 N：N 型网络，刷新范围为 64 位软元件和 8 字软元件(模式 2)，重试次数 3，通信超时 5(50 ms)，则＃0 主站的设置程序如图 2.16.3 所示。

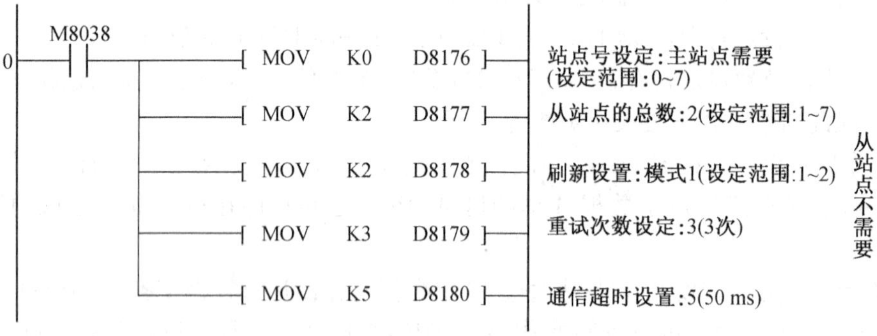

图 2.16.3　＃0 主站的设置程序

(2) 从站的参数设置。从站通信设置程序也必须放在程序的开始位置，即从 0 逻辑行开始。与从站点设置有关的寄存器只有从站站号设置寄存器 D8176，设置范围为 K1～K7，分别表示为＃1 从站到＃7 从站。

【例 2.16.2】 根据例 2.16.1 要求，则＃1 从站的设置程序为图 2.16.4(a)所示，＃2 从站的设置程序如图 2.16.4(b)所示。

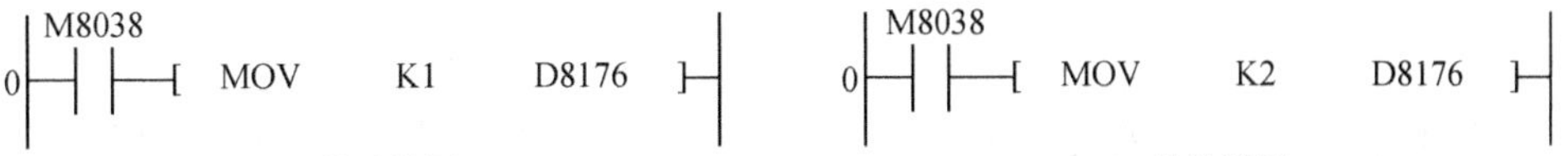

(a) #1从站设置　　(b) #2从站设置

图 2.16.4　#1、#2 从站的设置程序

4. FX$_{2N}$-485BD 通信模块

FX$_{2N}$-485BD 通信模块适应于现场控制的小型数据链接网络(N：N 链接、并行链接、计算机链接、I/O 链接)应用。该模块使用 PLC 内部电源，在 PLC 内部有相应的安装位置和接口。有 5 个外部接线端子和两个指示灯，功能分别如下：

(1) RDA、RDB　RS485 通信接收端接线端子。

(2) SDA、SDB　RS485 通信发送端接线端子。

(3) SG 接地端子。

(4) SD　LED 信号发送指示灯，信号发送时高速闪烁。

(5) RD　LED 信号接收指示灯，信号接收时高速闪烁。

四、项目实施

N：N 链接采用 RS485 通信方式，PLC 内置了专用的通信协议，只要进行相应的硬件接线和 PLC 的通信设置即可实现两台 PLC 之间的通信。系统设计步骤如下：

1. 主电路及控制电路设计

由于本项目的输出控制为指示灯，没有复杂的控制电路，因此可将主电路及控制电路合在一起进行设计，控制原理图如图 2.16.5 所示。通信的硬件采用了 FX$_{2N}$-485BD 模块，直接安装在 PLC 的基本单元上。用 2 芯的屏蔽双绞线按图中所示方式接线，即可解决两台 PLC 通信的硬件问题。

2. 确定 I/O 点总数及地址分配

根据项目要求，主机及从机的 I/O 地址分配表如表 2.16.4 所示。

表 2.16.4　主机、从机 I/O 地址分配表

主机 I/O 地址分配表						从机 I/O 地址分配表					
输入信号			输出信号			输入信号			输出信号		
1	X0	按钮 SB01	1	Y0	HL01	1	X0	按钮 SB11	1	Y0	HL11
2	X1	计数器复位 SB02	2	Y1	HL02	2	X1	计数输入 SB12	2	Y1	HL12
			3	Y7	HL03				3	Y7	HL13

3. 设备材料表

系统控制选定三菱 FX$_{2N}$-16MR-001(其中输入 8 点，输出 8 点，继电器输出)及其他元器件如表 2.16.5 所示。

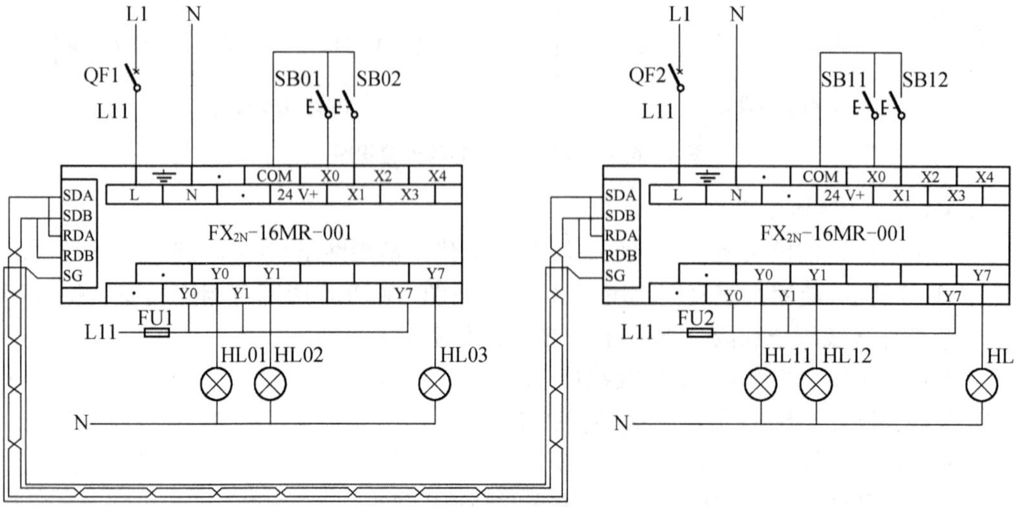

图 2.16.5 两台 PLC 通信控制原理图

表 2.16.5 设备材料表

序号	符号	设备名称	型号、规格	单位	数量	备注
1	PLC	可编程控制器	FX_{2N}-16MR-001	台	2	
2	QF	空气断路器	DZ47-D25/3P	个	2	
3	FU	熔断器	RT18-32/6 A	个	2	
4	COMM	通信模块	FX_{2N}-485-BD	个	1	
5	SB	按钮	LA39-11	个	4	
6	HL	指示灯	AD16-22C	个	6	

4. 程序设计

在程序中必须对 PLC 进行相关参数的设置，主机的设置参数有 5 个，分别为站点号 D8176、从站总数 D8177、刷新范围 D8178、重试次数 D8179 和通信超时 D8180。从站的设置参数为 D8176。

PLC 之间的数据交换是通过专用区域的位软元件(512 个位)和字软元件(64 个字)来实现的，每个站分配有 64 个内部继电器位元件和 8 个数据寄存器字元件。每个站只能将要传输的数据写入各自规定的区域内，可以读取其他站的数据和位。

(1) 主机程序设计

主站分配的 64 个内部继电器位元件是 M1000 至 M1063，8 个数据寄存器是 D0 至 D7。将按钮 SB01、SB02 的状态送 M1000 和 M1063，将 D100 中的数据送 D2 中，＃1 从站就能通过通信专用区域取得这些信息，同时主站从＃1 从站的 M1064 和 M1127 就能取得 SB11 和计数器 C1 辅助触点的状态，分别送 Y0、Y1 输出。主站控制程序如图 2.16.6 所示。

(2) ＃1 从站控制程序设计

＃1 从站分配的 64 个内部继电器位元件是 M1064 至 M1127，8 个数据寄存器是 D10 至 D17。把按钮 SB11、计数器 C1 的状态送 M1064 和 M1127 中，＃0 主站就能通过通信专用区域取得这些信息。＃1 从站通过 M1000 和 M1063 取得 SB01 和计数器 C1 复位控制状态分别送 Y0、C1 中。从站控制程序如图 2.16.7 所示。

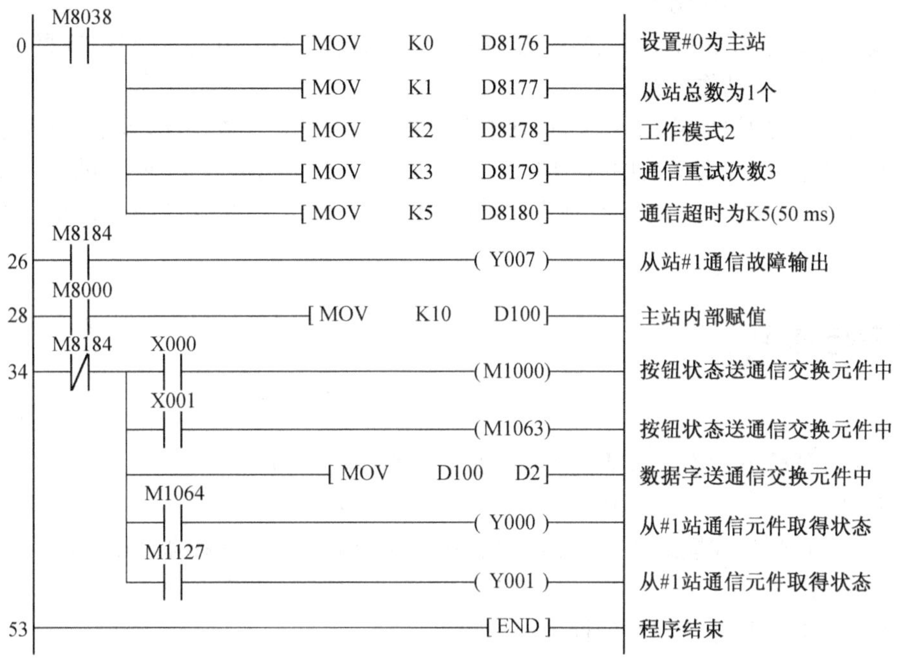

图 2.16.6　主站控制程序

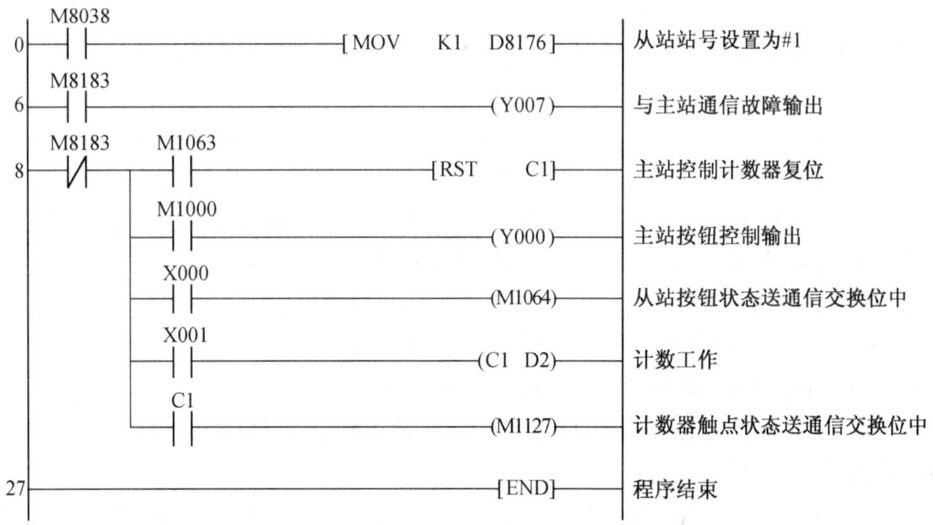

图 2.16.7　从站控制程序

5. 运行调试

根据 PLC 控制原理图在实验台上连接 PLC 实验装置，检查无误后，将图 2.16.6 所示梯形图下载到＃0PLC 中，将图 2.16.7 所示梯形图下载到＃1PLC 中，选择程序的监控模式，操作实验装置，观察程序的执行过程和实验结果。

(1) 如果上电后主机、从机上的 Y7 指示灯亮,说明了什么,如何解决?

(2) 按下主机按钮 SB01,主站控制程序中 X0 状态接通,观察主站中 M1000 的动作情况,从站中 M1000 和 Y0 动作情况。

(3) 按下从机按钮 SBl1,从站控制程序中 X0 状态接通,观察从站中 M1064 的动作情况,主站中 M1064 和 Y0 动作情况。

(4) 每按下从机按钮 SB12 一次,从站中 X1 接通一次,C1 计数一次,观察 D2 当前值的变化。当 C1 计数值满,观察从站中 M1127 的动作情况、主站中 M1127 和 Y1 的动作情况。按下主机按钮 SB02,主站中 X1 接通,观察主站中 M1063 的动作情况、从站中 M1063 和 C1 的动作情况。

五、思考与练习

1. 选择题

(1) N∶N 通信方式中,主、从机的数量最多台数是(　　)。

A. 2　　B. 4　　C. 6　　D. 8

(2) N∶N 通信方式模式 0 中,在主、从机中用于通信的数据寄存器范围是(　　)。

A. 4 个字　　B. 8 个字　　C. 16 个字　　D. 32 个字

(3) FX_{2N}-485BD 通信模块的标准通信距离是(　　)m。

A. 50　　B. 100　　C. 15　　D. 500

(4) N∶N 通信方式模式 1 中每个站可写的位元件是(　　)个。

A. 0　　B. 32　　C. 64　　D. 512

(5) N∶N 通信方式模式 1 中每个站进行数据交换的元件是(　　)。

A. X 和 Y　　B. M 和 D

C. X、Y、M、D　　D. X、Y、M、S、C、D

2. 应用拓展

采用三台 PLC 构成 N∶N 型小型网络,刷新范围为 64 位软元件和 8 字软元件(模式 2),重试次数 3,通信超时 5(50 ms)。在此系统配置的基础上实现如下控制要求:

(1) #0 主站点的 X0 接通时,#1、#2 站点的 Y0 均输出。

(2) #1 从站点的 X0 接通时,#2、#0 站点的 Y1 均输出。

(3) #2 从站点的 X0 接通时,#0、#1 站点的 Y2 均输出。

(4) #0 主站点中的数据寄存器 D1 指定为#1 站点中计数器 C1 的设定值,计数器 C1 的输出触点反映到主站点的 Y5 上。

(5) #1 从站点 1 的数据寄存器 D10 指定为#2 站点中计数器 C1 的设定值,计数器 C2 的输出触点反映到主站点的 Y6 上。

分别编制#0、#1、#2 站的控制程序。

项目十七　文本显示器/触摸屏与 PLC 的应用控制

【项目目标】

1. 掌握 PLC 与触摸屏人机界面的连接应用。
2. 学习触摸屏的分类。
3. 学会使用触摸屏作简单的人机界面设计。

一、项目任务

随着工厂自动化水平的提高，在小型 PLC 领域中控制系统日趋复杂和高级，因此要求加强人与机械的沟通。请用触摸屏、PLC 及外部按钮和指示灯设计一个 8 盏彩灯的控制系统，不仅能通过外部按钮控制运行和显示，也能通过触摸屏人机界面控制运行和显示。控制系统仿真画面如图 2.17.1 所示。

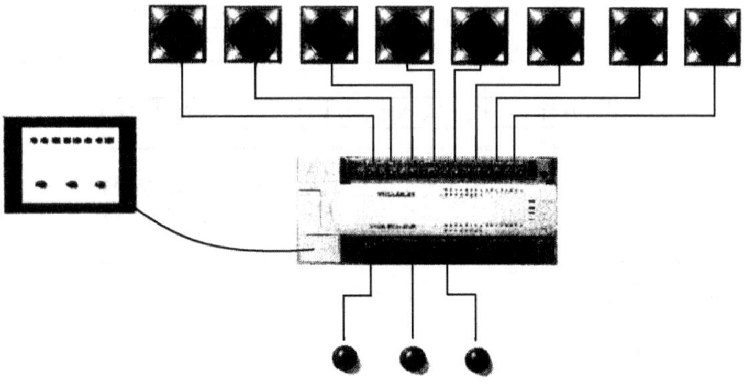

图 2.17.1　触摸屏应用系统仿真图

二、项目分析

通过分析项目任务，需要完成 PLC 的程序设计和触摸屏人机界面的设计。具体任务说明如下：

(1) 由按钮 SB1 或触摸按钮选择彩灯以“样式一”方案显示。8 个灯从左至右依次点亮

1 s,当最后一个灯亮后又从第一个灯开始循环运行。

(2) 由按钮 SB2 或触摸按钮选择彩灯以“样式二”方案显示。8 个灯从右至左以秒速度依次点亮,当全亮后,又从第一个灯开始循环运行。

(3) 由按钮 SB3 或触摸按钮“停止”控制所有运行方案停止运行。

(4) 在触摸屏上设计 8 个可以循环显示的指示灯和 3 个触摸按钮。

(5) 在触摸屏右下角显示 PLC 内部的当前时间,显示格式为“##:##:##”。

三、相关指令

FX_{2N}系列 PLC 的功能指令(六)

FX_{2N}系列 PLC 中有 10 条能使位数据或字数据向指定方向旋转、移位的指令,包括 ROR、ROL、RCR、RCL、SFTR、SFTL、WSFR、WSFL、SFWR 和 SFRD 指令。

1. *循环右移指令 ROR、循环左移指令 ROL*

循环指令 ROR 和 ROL 的助记符、功能号、操作数和程序步数等指令概要如表 2.17.1 所示。

表 2.17.1 循环指令概要

循环指令		操作数	程序步
P	右移 FNC30 ROR ROR(P)	K,H | KnX | KnY | KnM | KnS | T | C | D | V,Z n: K,H;D·: KnY~V,Z 回转量: n≤16(16位指令) n≤32(32位指令)	ROR ROR(P) 5 步
D			(D)ROR (D)ROR(P) 9 步
P	左移 FNC31 ROL ROL(P)	K,H | KnX | KnY | KnM | KnS | T | C | D | V,Z n: K,H;D·: KnY~V,Z 回转量: n≤16(16位指令) n≤32(32位指令)	ROL ROL(P) 5 步
D			(D)ROL (D)ROL(P) 9 步

指令格式:ROR [D] n

ROL [D] n

指令功能:

ROR 指令是将[D]指定的操作数从左向右循环移动 n 位。最后一次从低位移出的状态存于进位标志 M8022 中。

ROL 指令是将[D]指定的操作数从右向左循环移动 n 位。最后一次从高位移出的状态存于进位标志 M8022 中。

[D]操作数范围:KnY,KnM,KnS,T,C,D,V,Z。

n 操作数范围:K,H。

【例 2.17.1】 循环右移指令 ROR 的应用如图 2.17.2 所示。

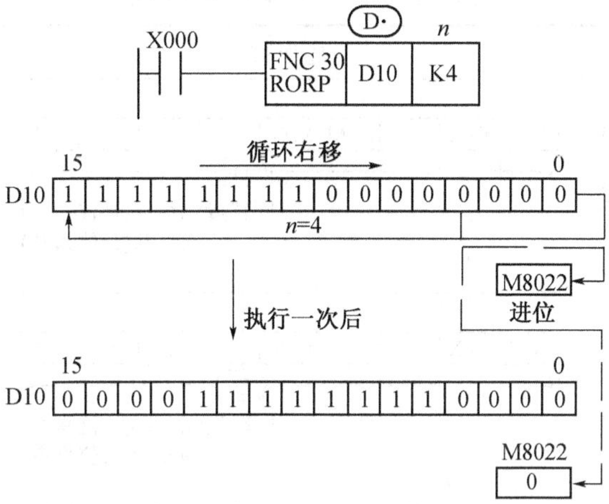

图 2.17.2 功能指令 ROR

工作原理：图 2.17.2 为循环右移指令 ROR 的梯形图和工作示意图，对应指令为 RORP D10 K4。当 X0 由 OFF→ON 时，将 D10 指定软元件内的各位数据向右移 4 位，最后一次从低位移处的状态存于进位标志 M8022 中。

【例 2.17.2】 循环左移指令 ROL 的应用，如图 2.17.3 所示。

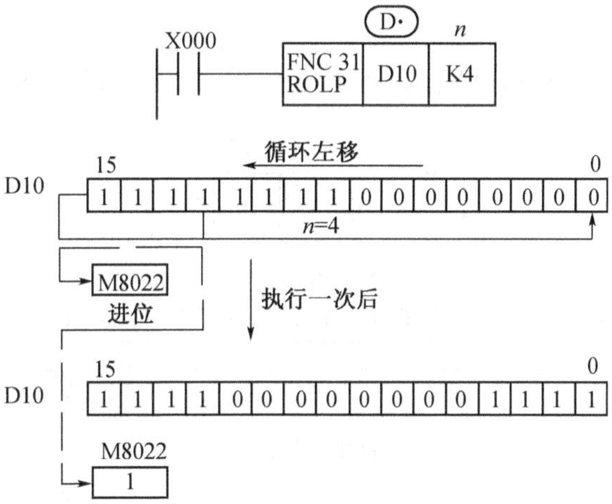

图 2.17.3 功能指令 ROL

工作原理：图 2.17.3 为循环左移指令 ROL 的梯形图和工作示意图，对应指令为 ROLP D10 K4。当 X0 由 OFF→ON 时，将 D10 指定软元件内的各位数据向左移 4 位，最后一次从高位移处的状态存于进位标志 M8022 中。

注意事项：(1) 连续执行指令每个扫描周期都进行回转动作，所以务必引起注意。(2) 32 位指令的情况一样。(3) 在未指定软元件的情况下，只有 K4(16 位指令)和 K8(32 位指令)是有效的。

2. 带进位循环右移指令 RCR、带进位循环左移指令 RCL

带进位循环移位指令的助记符、功能号、操作数和程序步数等指令概要如表 2.17.2 表示。

表 2.17.2 带进位循环指令概要

带进位循环移位指令		操作数	程序步
P D	右移 FNC32 RCR RCR(P)	K,H / KnX / KnY / KnM / KnS / T / C / D / V,Z n：K,H；D·：KnY,KnM,KnS,T,C,D,V,Z 回转量: n≤16(16位指令) n≤32(32位指令)	RCR RCR(P) 5 步 (D)RCR (D)RCR(P) 9 步
P D	左移 FNC33 RCL RCL(P)	K,H / KnX / KnY / KnM / KnS / T / C / D / V,Z n：K,H；D·：KnY,KnM,KnS,T,C,D,V,Z 回转量: n≤16(16位指令) n≤32(32位指令)	RCL RCL(P) 5 步 (D)RCL (D)RCL(P) 9 步

指令格式:RCR [D] n

RCL [D] n

指令功能:

RCR 指令是将[D]指定的操作数与进位标志 M8022 一起,从左向右循环移动 n 位。

RCL 指令是将[D]指定的操作数与进位标志 M8022 一起,从右向左循环移动 n 位。

[D]操作数范围:KnY,KnM,KnS,T,C,D,V,Z。

n 操作数范围:K,H。

【例 2.17.3】 带进位循环右移指令 RCR 的应用,如图 2.17.4 所示。

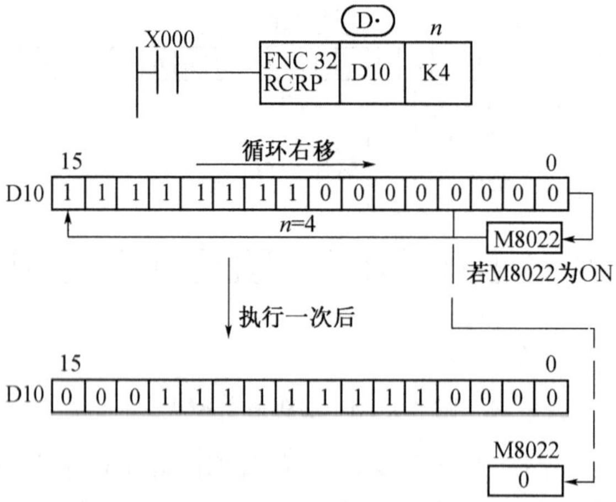

图 2.17.4 功能指令 RCR

工作原理:图 2.17.4 为带进位循环右移指令 RCR 的梯形图和工作示意图,对应指令为 RCRP D10 K4。当 X0 由 OFF→ON 时,D10 的各位数据进行 4 位右移。

【例 2.17.4】 带进位循环左移指令 RCL 的应用,如图 2.17.5 所示。

工作原理:图 2.17.5 为带进位循环左移指令 RCL 的梯形图和工作示意图,对应指令为 RCLP D10 K4。当 X0 由 OFF→ON 时,D10 指定软元件内的各位数据就进行 4 位左移。

注意事项:(1) 因为循环环路中有进位标志,所以如果执行循环移位指令前预先驱动

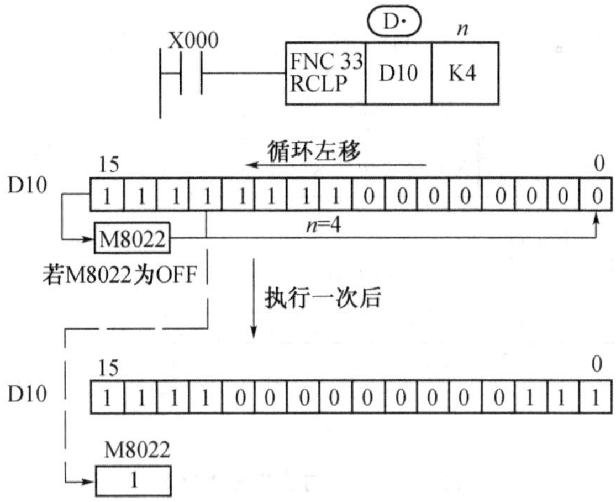

图 2.17.5　功能指令 RCL

M8002,可以将其送入目标地址中。(2) 连续执行指令每个扫描周期都进行循环动作,所以务必引起注意。(3) 32 位指令的情况一样。(4) 在未指定软元件的情况下,只有 K4(16 位指令)和 K8(32 位指令)是有效的。

3. *位右移指令 SFTR、位左移指令 SFTL*

位移动指令的助记符、功能号、操作数和程序步数等指令概要如表 2.17.3 所示。

表 2.17.3　位移动指令概要

位移动指令		操作数	程序步
P	右移 FNC34 SFTR SFTR(P)	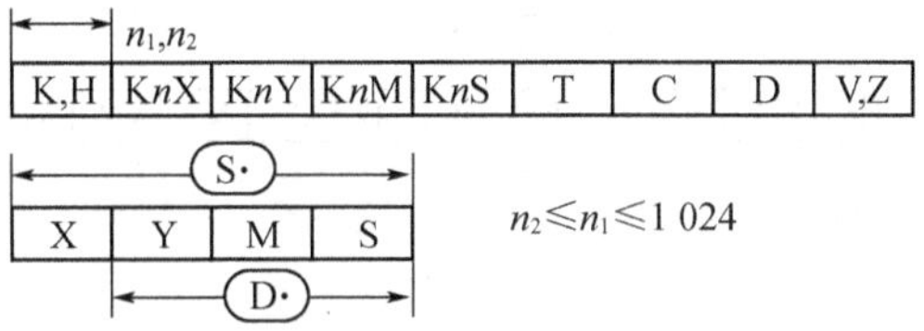	SFTR SFTR(P)　7 步
P	左移 FNC35 SFTL SFTL(P)	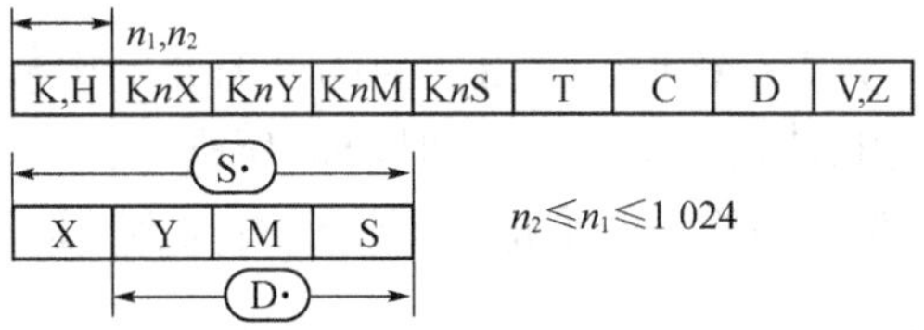	SFTL SFTL(P)　7 步

指令格式:SFTR　[S]　[D]　n_1　n_2

SFTL　[S]　[D]　n_1　n_2

其中:[S]为移位的源位组件首地址,[D]为移位的目的组件首地址,n_1 为目的组件个数,n_2 为源位组件个数。

指令功能:

SFTR 指令是先将 n_1 位的[D]软元件右移 n_2 位,再将 n_2 位的[S]添加到[D]的高位中。

SFTL 指令是先将 n_1 位的[D]软元件左移 n_2 位,再将 n_2 位的[S]添加到[D]的低位中。

[S]、[D]操作数范围:X,Y,M,S。

n 操作数范围:K,H。

【例 2.17.5】 位右移指令 SFTR 的应用,如图 2.17.6 所示。

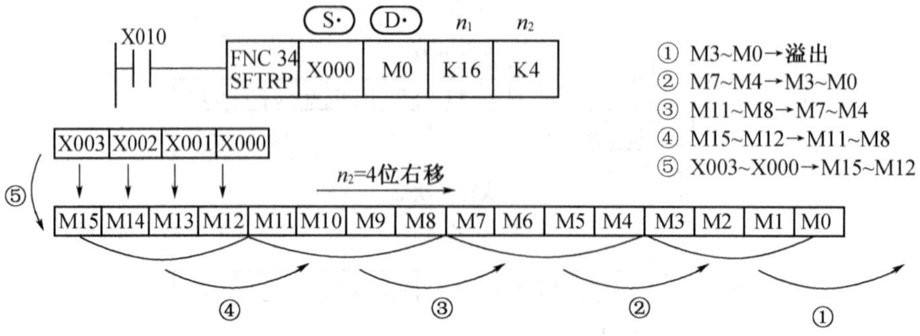

图 2.17.6 功能指令 STFR

工作原理:图 2.17.6 为位右移指令 SFTR 的梯形图和工作示意图,对应指令为 SFTR X000 M0 K16 K4。当 X10 由 OFF→ON 时,M0 所指定的 16 个位元件的数据右移 4 位,再将 X3 至 X0 的 4 位添加到 M15 至 M12 中。

【例 2.17.6】 位左移指令 SFTL 的应用如图 2.17.7 所示。

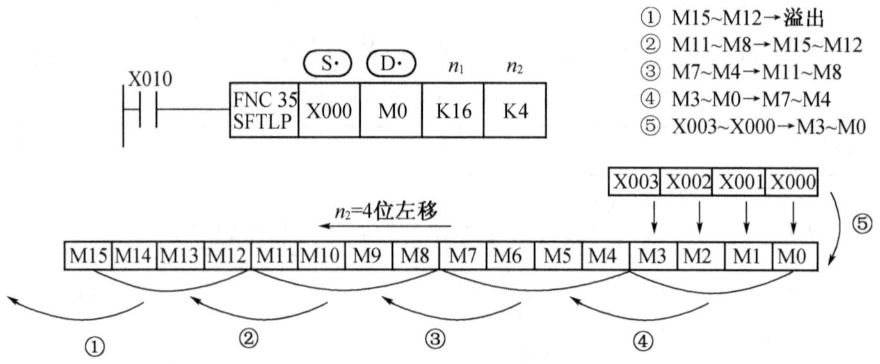

图 2.17.7 功能指令 STFL

工作原理:图 2.17.7 为位左移指令 SFTL 的梯形图和工作示意图,对应指令为 SFTL X000 M0 K16 K4。当 X10 由 OFF→ON 时,M0 所指定的 16 个位元件连同 X0 所指定的 4 个位元件的数据左移 4 位。同样说明了将 X3 至 X0 添加到 M3 至 M0 的低位中。

四、知识拓展

触摸屏技术介绍

人机界面是在操作人员和控制系统之间双向沟通的桥梁。以往的控制系统需由熟练的操作员才能操作,而且操作困难,无法提高工作效率。随着科技的飞速发展,越来越多的机器与现场操作都趋向于使用人机界面,触摸屏作为一种新型的人机界面,从一出现就受到关注,它简单易用、功能强大、稳定性良好，非常适合用于工业环境，也可以用于日常生活中，因此其应用非常广泛。比如：自动化停车设备、自动洗车机、天车升降控制、生产线监控等，甚至还可用于智能大厦管理、会议室声音控制、温度调整等。

大的控制设备生产厂商，例如西门子、施耐德、三菱、欧姆龙、松下等均有它们的触摸屏系列产品，此外还有一些专门生产触摸屏的厂商。

触摸屏的基本工作原理：用户用手指或其他物体触摸安装在显示器前端的触摸屏时，所触摸位置的坐标被触摸屏控制器检测，并通过串行通信接口（RS232、RS422 或 RS485）送到 PLC 的 CPU，从而得到输入信息。

使用触摸屏的组态软件，可以在触摸屏上设计出所需的画面。触摸屏的组态软件带有丰富的图库，用户可以增减图库中的元件，也可建立自己的图库。画面的生成是可视化的，无需用户编程，用户可以自由地组合文字、按钮、图形、数字等来处理或监控管理及应付随时可能变化的信息，具有画面美观、直观、操作方便等优点，操作人员很容易掌握。

用触摸屏上的元件代替硬件按钮和指示灯等外部元件，还可以减少 PLC 控制器所需的 I/O点数，降低生产成本。需要注意的是，画面上的按钮用于为 PLC 提供启动和停止电动机的输入信号，但这些信号只能通过 PLC 的辅助继电器 R 来传递，不能送给 PLC 的输入继电器 X，因为 X 的状态唯一取决于外部输入电路的通断状态，不可能用触摸屏上的按钮来改变。

五、项目实施

1. 主电路及控制电路设计

在此项目中，只有 8 盏指示灯输出，因此主电路较简单，与控制电路一起绘制控制原理图。整个系统的控制原理图如图 2.17.8 所示。在这一系统中硬件部分需要注意的是，PLC 与触摸屏之间是通过专用电缆连接的，接口标准为 RS422 通信标准。

2. 确定 I/O 点总数及地址分配

在项目分析中很详细地确定了输入量为 3 个按钮开关，输出为 8 个指示灯。PLC 的 I/O 分配地址如表 2.17.4 所示。

表 2.17.4　I/O 地址分配表

输入信号			输出信号		
1	X0	启动按钮 SB1	1	Y0	指示灯 HL1
2	X1	启动按钮 SB2	2	Y1	指示灯 HL2
3	X2	停止按钮 SB3	3	Y2	指示灯 HL3
			4	Y3	指示灯 HL4
			5	Y4	指示灯 HL5
			6	Y5	指示灯 HL6
			7	Y6	指示灯 HL7
			8	Y7	指示灯 HL8

3. 设备材料表

根据控制原理图及 I/O 分配表,控制系统中 PLC 输入点数应选 3×1.2≈4 点,输出点数应选 8×1.2≈10 点(继电器输出),选定三菱 FX_{2N}-32MR-001(输入 16 点,输出 16 点,继电器输出)。通过查找相关元器件选型表,选择的元器件如表 2.17.5 所示。

表 2.17.5 设备材料表

序号	符号	设备名称	型号、规格	单位	数量	备注
1	PLC	可编程控制器	FX_{2N}-32MR-001	台	1	
2	TOP	触摸屏	F930GOT-BWD-C	台	1	
3	QF	空气断路器	DZ47-D25/3P	个	1	
4	FU	熔断器	RT18-32/6 A	个	1	
5	HL	指示灯	AD16-22DS	个	8	
6	SB	按钮	LA39-11	个	3	

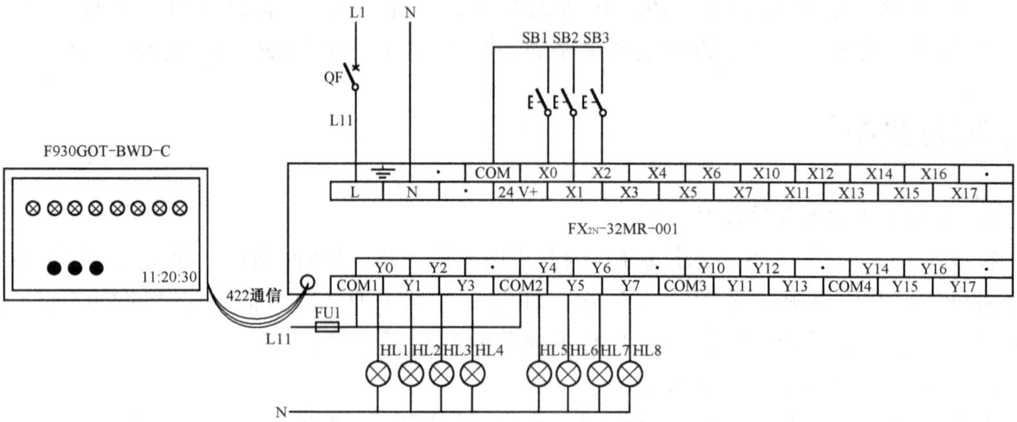

图 2.17.8 触摸屏、PLC 控制彩灯原理图

4. PLC 程序设计

(1) 运行控制程序设计

在项目中有两种不同的输出控制样式,程序的运行与停止是控制内部程序段的运行和停止,通过内部 M10 选择"样式一"的运行程序,M11 选择"样式二"的运行程序。程序中的 M0、M1、M2 是通过触摸屏上的触摸"按钮"来实现对程序的选择控制。运行控制程序如图 2.17.9 所示。

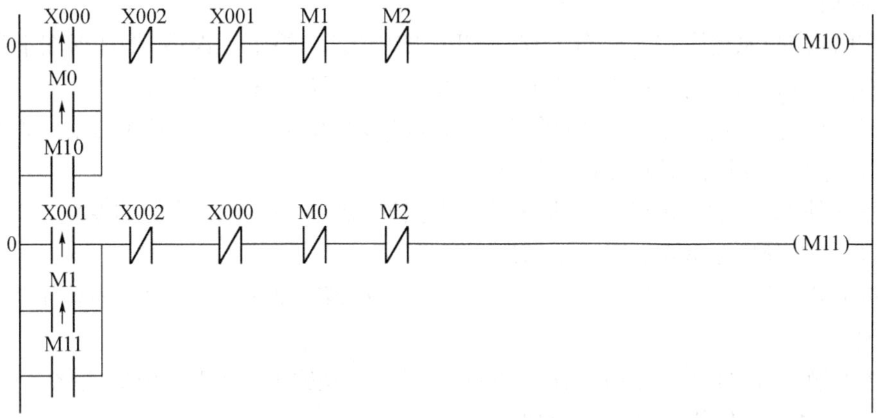

图 2.17.9　运行控制程序

(2) 控制输出程序

程序如图 2.17.10 所示，在“样式一”的程序中通过循环移位指令实现，在“样式二”的程序中通过移位指令实现。同时在程序中特殊继电器 M8013 和两个定时器产生时序控制脉冲。通过比较会发现，特殊继电器是 PLC 中十分有用的资源，学会使用它们不但可以节省大量外部资源，有时还可以简化程序。

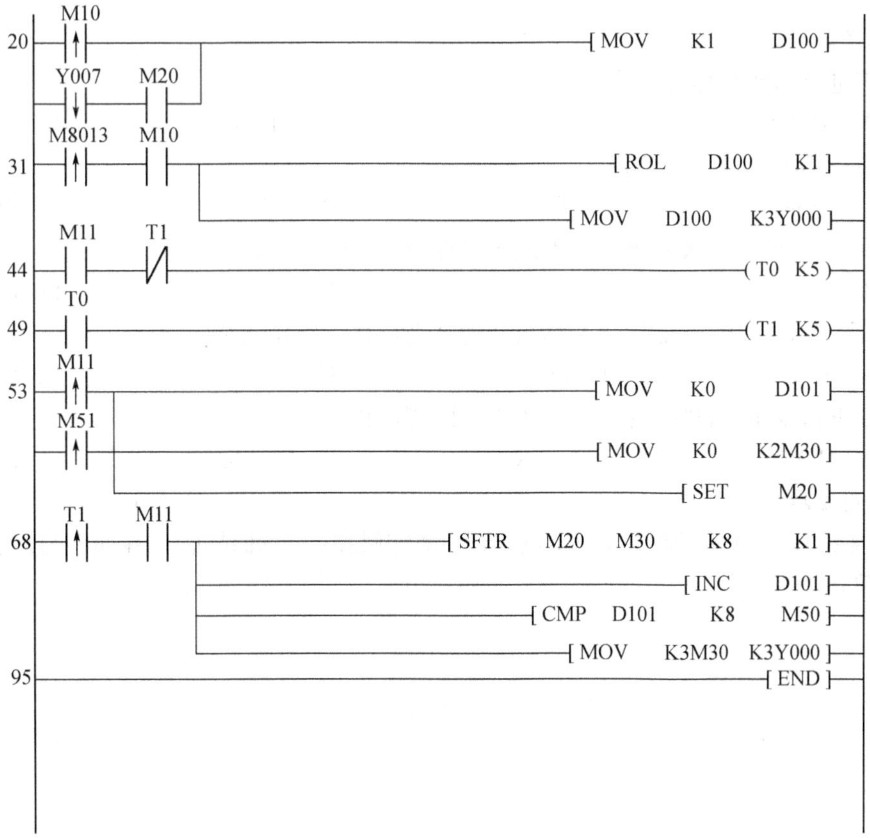

图 2.17.10　控制输出程序

5. 运行调试

根据 PLC 控制原理图在实验台上连接 PLC 实验装置,检查无误后,将梯形图下载到 PLC 中,选择程序的监控模式,操作实验装置,观察程序的执行过程和实验结果。

(1) 按下外部启动按钮 SB1,梯形图中 X0 接通,观察 D100 中数值的变化、M10 及外部 HL1～HL8 的动作及触摸屏画面显示情况。

(2) 按下外部启动按钮 SB2,梯形图中 X1 接通,观察 D101 中数值的变化、M11 及外部 HL1～HL8 的动作及触摸屏画面显示情况。

(3) 按下外部停止按钮 SB3,梯形图中 X2 接通,观察外部 HL1～HL8 的动作及触摸屏画面显示情况。

(4) 按下触摸屏"样式一按钮",梯形图中 M0 接通,观察 D100 中数值的变化、M10 及外部 HL1～HL8 的动作及触摸屏画面显示情况。

(5) 按下触摸屏"样式二按钮",梯形图中 M1 接通,观察 D101 中数值的变化、M11 及外部 HL1～HL8 的动作及触摸屏画面显示情况。

(6) 按下触摸屏"停止按钮",梯形图中 M2 接通,观察外部 HL1～HL8 的动作及触摸屏画面显示情况。

六、思考与练习

1. 选择题

(1) 带进位循环右移指令是(　　)。

A. ROR　　B. RCR　　C. SFTR　　D. SFTL

(2) 位右移指令是(　　)。

A. ROR　　B. RCR　　C. SFTR　　D. SFTL

(3) 在下列选项中,人机界面也不能输出控制的是(　　)。

A. Y　　B. M　　C. X　　D. D

(4) 在下列选项中,不能用位左移指令对其进行移位操作的是(　　)。

A. Y　　B. M　　C. S　　D. D

(5) 以下指令中,对进位标志位 M8022 没有影响的是(　　)。

A. ROR　　B. RCR　　C. SFTR　　D. ROT

2. 应用扩展

根据项目十七,在实现项目要求的基础上,增加触摸屏人机界面,在界面中显示室内的温度值和湿度值。

项目十八　PLC控制变频器的多种运行方式

【项目目标】

1. 了解变频器的多种运行方式及参数的设置。
2. 学会使用PLC控制变频器的各种运行方式。
3. 进一步了解PLC应用设计的步骤。

一、项目任务

用PLC、变频器实现对电动机的7种不同运行频率的控制。

如图2.18.1所示，由PLC和变频器构成控制电动机7种段速运行的控制系统。变频器的7个段速输出频率，第1～7段速分别为10、45、20、38、30、40和50 Hz。要求实现下面的控制过程：

(1) 在自动状态下，按下正转或反转启动按钮，变频器每10 s改变一次输出频率，从第1段速一直变化到第7段速并保持运行。按下停止按钮，变频器无论在什么段速运行，都停止输出。

(2) 在手动状态下，通过3个具有自锁功能的按钮分别控制以上7个段速的输出。

(3) 具有正、反转控制功能。

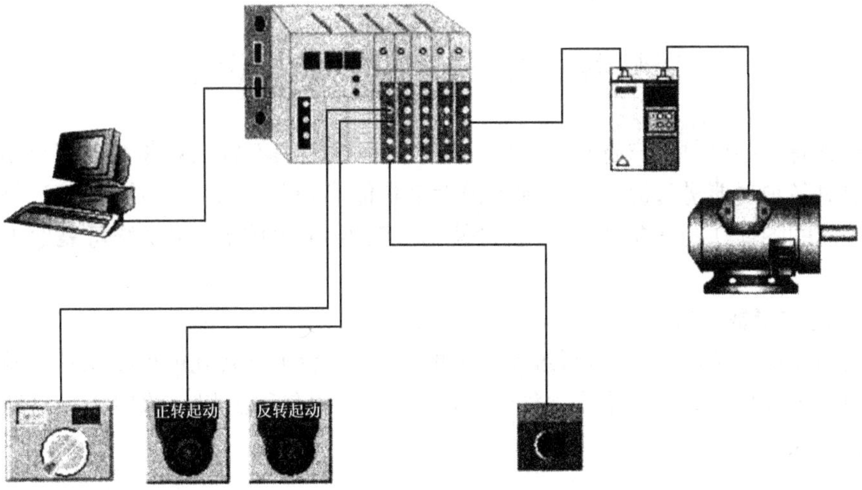

图2.18.1　PLC、变频器多段速控制仿真图

二、项目分析

在变频器 7 段速控制中,首先需要对相应的参数进行设置(Pr. 4～Pr. 6,Pr. 24～Pr. 27)。设置完成后,PLC 主要起顺序控制的作用,顺序接通或断开变频器的外部控制开关(RL,RM,RH,STF)。变频器的开关量控制与输出频率的对应关系如表 2.18.1 所示。例如,通过 PLC 输出控制 STF、RM、RL 接通,则变频器以 20 Hz 的频率正转运行;如果是 SFR、RH 接通,则变频器以 38 Hz 的频率反转运行。

表 2.18.1 变频器的开关量输入与输出频率的对应关系表

变频器开关量输出					变频器 8 段速输出/Hz							
正转	反转	8 段速选择			停止	1	2	3	4	5	6	7
STF	SFR	RH	RM	RL		Pr. 4	Pr. 5	Pr. 6	Pr. 24	Pr. 25	Pr. 26	Pr. 27
0		0	0	0	0							
1		0	0	0	0							
1		0	0	1		10						
1		0	1	0			45					
1		0	1	1				20				
1		1	0	0					38			
1		1	0	1						30		
1		1	1	0							40	
1		1	1	1								50

三、相关知识

变频器常用控制功能与参数设定

变频器具有多种可供用户选择的控制功能,用户在使用前,需要根据生产机械拖动系统的特点和要求对各种功能进行设置。这种预先设定功能参数的工作称为功能预置。准确、细致地预置变频器的各项功能和参数,对于正确使用变频器和变频器调速系统可靠地工作是至关重要的。

(一) 功能与参数设置

用户在功能预置时,首先确定系统所需要的功能,然后再预置功能所要求的参数。变频器操作手册中将各种功能划分为多个功能组,这些功能组的名称由相应的功能代码的范围来设定,详见表 2.18.2。

表 2.18.2 功能组代码范围

序列号	功能组名称	功能代码范围
1	基本功能	Pr. 0～Pr. 9
2	标准运行功能	Pr. 10～Pr. 37
3	输出端子功能	Pr. 41～Pr. 43
4	第二功能	Pr. 44～Pr. 50
5	显示功能	Pr. 52～Pr. 56，Pr. 144
6	自动再启动功能	Pr. 57～Pr. 58
7	附加功能	Pr. 59
8	运行选择功能	Pr. 60～Pr. 79
9	电动机参数选择功能	Pr. 80～Pr. 96
10	V/F 调整功能	Pr. 100～Pr. 109
11	第三功能	Pr. 110～Pr. 116
12	通信功能	Pr. 117～Pr. 124
13	PID 调节功能	Pr. 128～Pr. 134
14	变频与工频切换功能	Pr. 135～Pr. 139
15	齿隙功能	Pr. 140～Pr. 143
16	电流检测	Pr. 150～Pr. 153
17	端子安排功能	Pr. 180～Pr. 195
18	程序运行	Pr. 200～Pr. 230
19	多段速度运行	Pr. 231～Pr. 239

1. 功能码

表示各种功能的代码称为功能码，如三菱 FR－A540 系列变频器中，“Pr. 79”为功能码，表示操作模式选择功能。

2. 参数码

表示各种功能所需要的参数代码，称为参数码。如“Pr. 79”功能码确定后，再置“2”，即“Pr. 79＝2”，说明选择了外部操作模式，“2”即为参数码。

（二）变频器的运行控制方式

变频器在电气控制中应用已经非常广泛，特别是在交流异步电动机的降压启动及调速应用方面。变频具有多种控制方式，这些控制方式可以通过 PLC 来控制或独立控制，了解一些变频器的运行控制方式对今后的控制系统设计会有很大的帮助。

1. 外控电位器控制运行方式

（1）用跨接线按图 2.18.2 所示进行连接。

（2）合上变频器电源开关，变频器面板点亮，参数如下所示进行设置：

①Pr. 1 参数为“50”——上限频率。

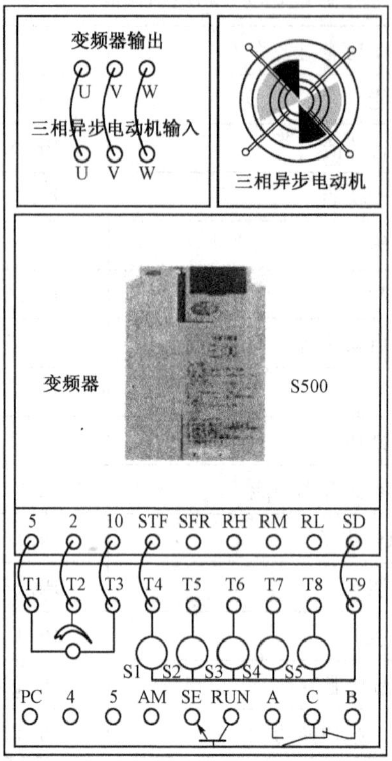

图 2.18.2　外控电位器控制运行方式

②Pr. 2 参数为“0”——下限频率。

③Pr. 7 参数为“5”——加速时间。

④Pr. 8 参数为“5”——减速时间。

(3) 按下启动/停止键 S1,面板窗口变为“0.0”,旋动电位器,窗口显示变化频率,同时电机随频率变化做变速运转。

2. 外部电压控制运行方式

(1) 用跨接线按图 2.18.3 所示进行接线。

(2) 合上变频器电源开关,变频器面板点亮,参数如下所示进行设置:

① Pr. 1 参数为“50”——上限频率。

② Pr. 2 参数为“0”——下限频率。

③ Pr. 7 参数为“5”——加速时间。

④ Pr. 8 参数为“5”——减速时间。

(3) 按下启动/停止键,调节电压源电位器旋钮,观察面板窗口,显示频率不断变化,同时电动机做变速转动。

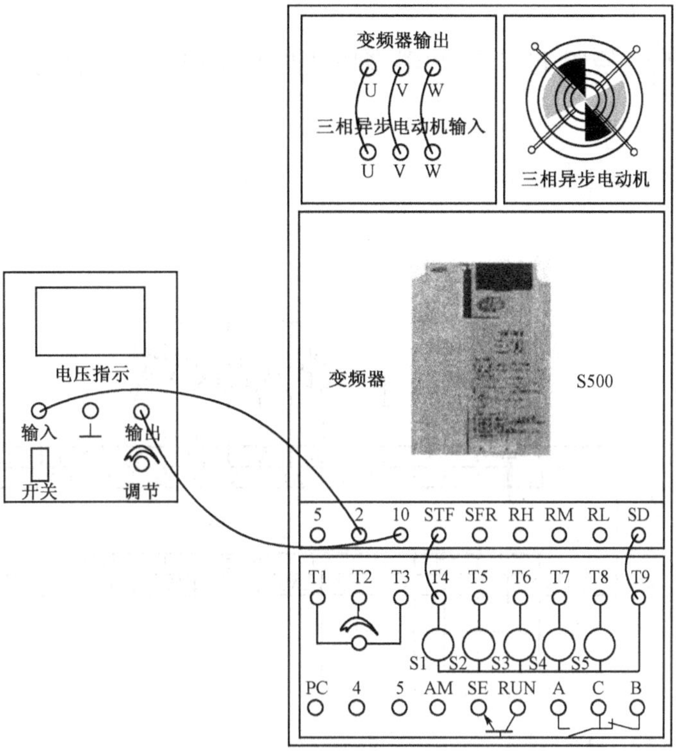

图 2.18.3　外部电压控制运行方式

四、项目实施

1. 主电路设计

如图 2.18.4 中主电路图所示，因变频器具有缺相、过流等多项保护措施，主电路中采用一个空气断路器作为隔离、保护器件即可。在应用变频器时需要注意，电源的输入侧与变频器输出侧不能接错，否则会引起故障或事故。

2. 确定 I/O 总点数及地址分配

在控制电路中，控制变频的运行需要 5 个输出信号，分别控制电动机的正、反转运行和多段速选择。输入信号为 7 个。PLC 的 I/O 分配地址如表 2.18.3 所示。

表 2.18.3　PLC、变频器多段速控制 I/O 地址分配表

输入信号			输出信号		
1	X0	自动/手动转换开关 SA	1	Y0	正转启动
2	X1	正转启动按钮 SB0	2	Y1	反转启动
3	X2	反转启动按钮 SB1	3	Y2	RL(多段速选择)
4	X3	停止按钮 SB2	4	Y3	RM(多段速选择)
5	X4	段速选择按钮 SBL(低位)	5	Y4	RH(多段速选择)
6	X5	段速选择按钮 SBM			
7	X6	段速选择按钮 SBH(高位)			

3. 控制电路

根据 I/O 分配表,绘制 PLC、变频器多段速控制原理图。控制电路电气原理图如图 2.18.4 所示。

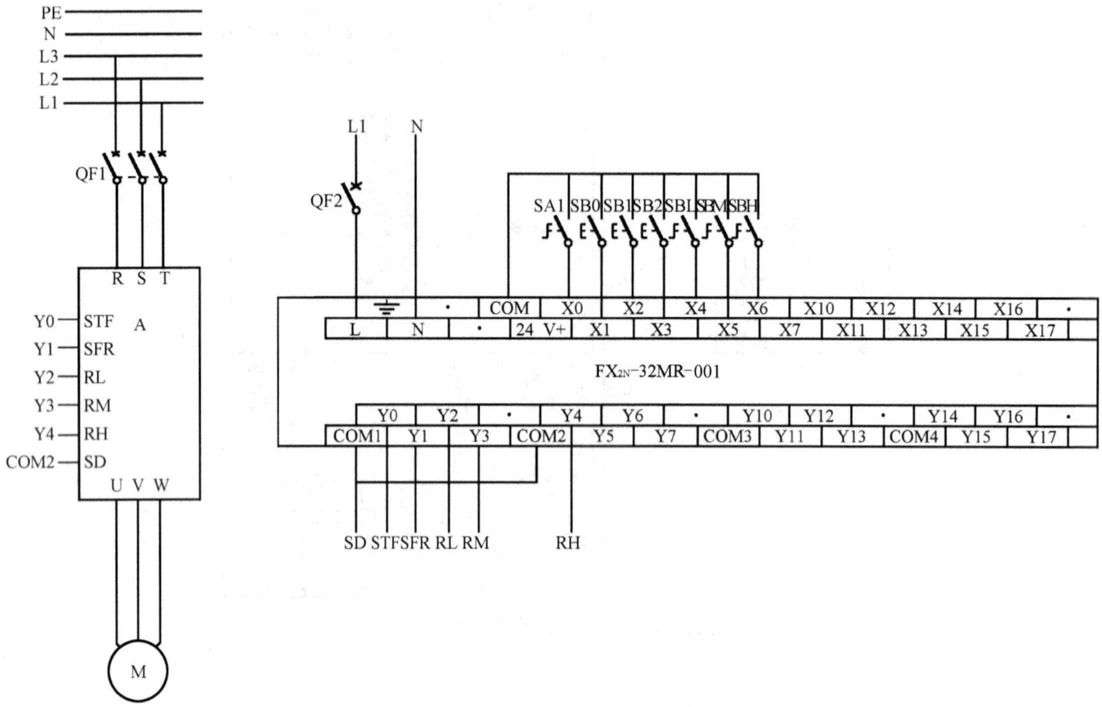

(a) 主电路　　　　(b) PLC控制电路

图 2.18.4　PLC、变频器多段速控制原理图

4. 设备材料表

本控制中输入点数应选 7×1.2≈9 点,输出点数应选 5×1.2=6 点(继电器输出)。通过查找三菱 FX_{2N}系列选型表,选定三菱 FX_{2N}- 32MR - 001(其中输入 16 点,输出 16 点,继电器输出)。通过查找电气元件选型表,选择的元器件如表 2.18.4 所示。

表 2.18.4 设备材料表

序号	符号	设备名称	型号、规格	单位	数量	备注
1	PLC	可编程控制器	FX_{2N}- 32MR - 001	台	1	
2	VVVF	变频器	FR - E500	台	1	
3	QF1	空气断路器	DZ47 - 40D/3P	个	1	
4	QF2	空气断路器	DZ47 - D10/1P	个	1	
5	SA	选择开关	LAY7 - 11	个	4	
6	SB	按钮	LA39 - 11	个	3	

5. 程序设计

(1) 变频器运行及自动控制输出程序设计

在本控制系统中，无论是正、反转控制，还是自动、手动运行控制，启动控制可以采用同一程序，正转运行时输出到 M0，反转输出到 M1。

在自动延时改变段速的控制中，由于存在 7 种不同速度的选择和三个输出之间的多种对应关系，在设计这一程序时，首先输出给内部辅助继电器，第 1 段速输出给 M11，第 2 段速至第 7 段速分别输出给 M12～M17，程序如图 2.18.5 所示。

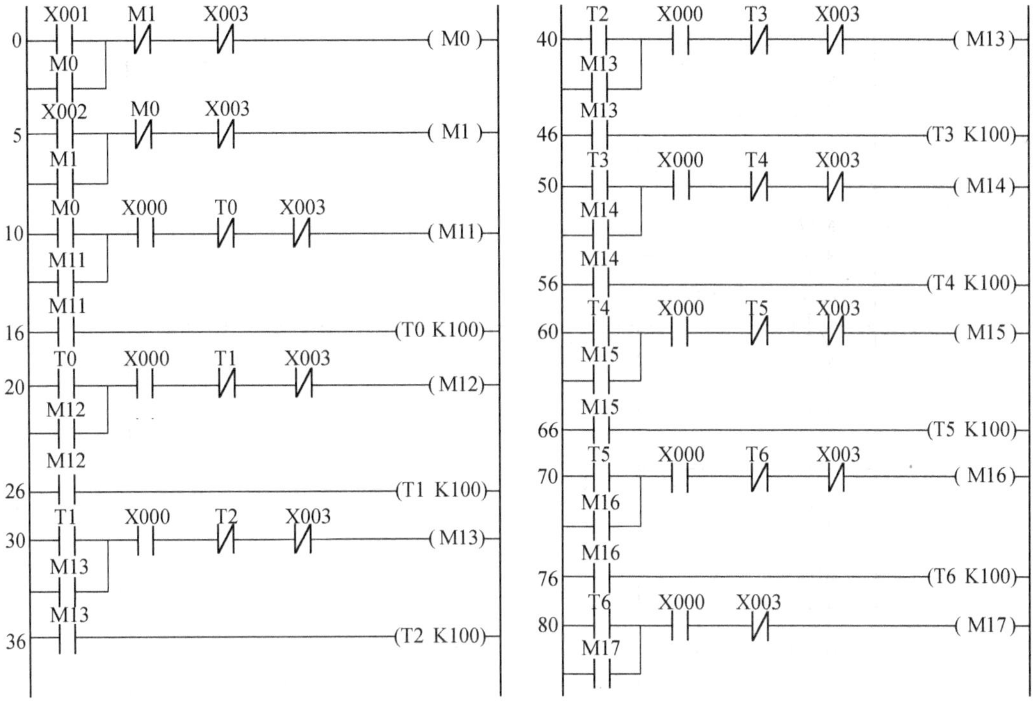

图 2.18.5　变频器运行及自动控制输出程序

(2) 变频器运行输出及 7 段速编码输出程序设计

在自动运行情况下，有 7 种段速输出，上述程序中分别输出给了内部辅助继电器 M11～M17，但是变频器通过三个输入端子(RL、RM、RH)以二进制编码的形式输入，对应关系如表 2.18.5 所示。只要 M14、M15、M16 和 M17 任何一个为 1，则 RH 输出；与 RM 对应的有 M12、M13、M16 和 M17；与 RL 对应的输出有 M11、M13、M15 和 M17。

表 2.18.5　内部继电器输出与输入端子间的对应关系表

	M11	M12	M13	M14	M15	M16	M17
RH(Y004)	0	0	0	1	1	1	1
RM(Y003)	0	1	1	0	0	1	1
RL(Y002)	1	0	1	0	1	0	1

在手动运行控制情况下，段速的选择是通过外部开关直接编码输入的，可以直接控制输出给 RL、RM 和 RH，程序如图 2.18.6 所示。

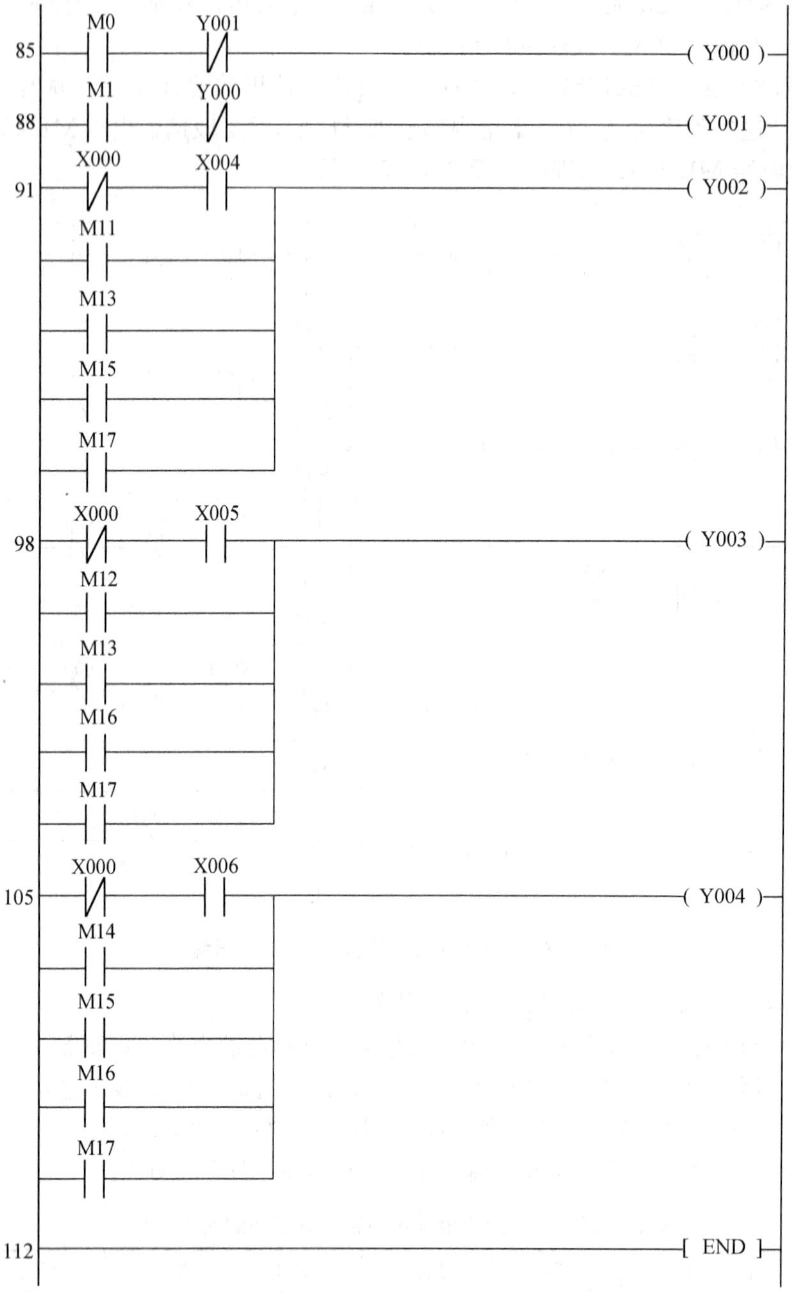

图 2.18.6　变频器运行输出及 7 段速编码输出程序

6．运行调试

根据 PLC 控制原理图在实验台上连接 PLC 实验装置，检查无误后，将梯形图下载到 PLC 中，选择程序的监控模式，操作实验装置，观察程序的执行过程和实验结果。

第一步　接通变频器，完成参数设置如下：

(1) Pr. 1 参数为“50”——上限频率。

(2) Pr. 2 参数为“5”——下限频率。

(3) Pr.4 参数为“20”——第 3 段速度。

(4) Pr.5 参数为“45”——第 2 段速度。

(5) Pr.6 参数为“10”——第 1 段速度。

(6) Pr.7 参数为“0.5”——加速时间。

(7) Pr.8 参数为“0.5”——减速时间。

(8) Pr.24 参数为“38”——第 4 段速度。

(9) Pr.25 参数为“30”——第 5 段速度。

(10) Pr.26 参数为“40”——第 6 段速度。

(11) Pr.27 参数为“50”——第 7 段速度。

(12) Pr.79 参数为“4”——外部信号输入。

第二步　自动运行控制。

(1) 将自动/手动转换开关 SA 旋转到自动位置，X0 接通。

(2) 按下正转启动按钮 SB0，X1 接通，观察 M0、T0～T6、M11～M17、Y0～Y4 的动作情况，观察变频器输出频率的变化情况。当变频器保持 50 Hz 运行后，按下停止按钮 SB2，X3 接通，观察 M0、T0～T6、M11～M17、Y0～Y4 的动作情况。

(3) 按下反转启动按钮 SB1，X2 接通，观察 M0、T0～T6、M11～M17、Y0～Y4 的动作情况，观察变频器输出频率的变化情况。当变频器保持 50 Hz 运行后，按下停止按钮 SB2，X3 接通，观察 M0、T0～T6、M11～M17、Y0～Y4 的动作情况。

第三步　手动运行控制。

(1) 将自动/手动转换开关 SA 旋转到手动位置，X0 断开。

(2) 按下正转启动按钮 SB0，手动改变 PLC 输入端子 X4、X5、X6 的状态，观察变频器输出频率的变化情况。

(3) 按下反转启动按钮 SBl，手动改变 PLC 输入端子 X4、X5、X6 的状态，观察变频器输出频率的变化情况。

五、思考与练习

1. 选择题

(1) 参数 Pr.25 的主要功能是(　　)。

A. 4 段速度设定　　B. 5 段速度设定

C. 6 段速度设定　　D. 7 段速度设定

(2) 参数 Pr.38 的主要功能是(　　)。

A. 5 V(10 V)输入时频率　　B. 5 V(10 V)输出时频率

C. 4～20 mA 输入时频率　　D. 4～20 mA 输出时频率

(3) 具有“RL 端子功能选择”功能的参数是(　　)。

A. Pr.179　　B. Pr.180　　C. Pr.181　　D. Pr.182

(4) 参数 Pr.79 的主要功能是(　　)。

A. 反转防止选择　　B. 参数写入禁止选择

C. 操作模式选择　　D. 电动机容量

(5) 具有"频率设定电流偏置"功能的参数是(　　)。

A. Pr. 902　　B. Pr. 903　　C. Pr. 904　　D. Pr. 905

2. 应用拓展

现有一台小功率(10 kW)的电动机,采用直接启动控制方式。用一只 PLC 设计控制系统,要求实现按下启动按钮 SB0 后,旋转开关打到一号位为外部电位器调节,旋转开关打到二号位为 4 段速度调节。4 段速度调节中,变频器每 20 s 加 15 Hz;加到 70 Hz 后,每 20 s 减 15 Hz;减到 10 Hz 后再加,如此循环。两种运行模式的最高运行频率都为 70 Hz,最低为 10 Hz。按下停止按钮后无论在哪种模式下都停止运行。请完成主电路、控制电路、I/O 地址分配、PLC 程序及元件选择,编制规范的技术文件。

项目十九　机械手控制

【项目目标】

1. 巩固 PLC 步进指令的使用，熟练使用 SFC 语言编制用户程序。
2. 熟悉变频器与 PLC 的综合使用。
3. 进一步了解 PLC 应用设计的步骤。

一、项目任务

图 2.19.1 是机械手工作仿真图。

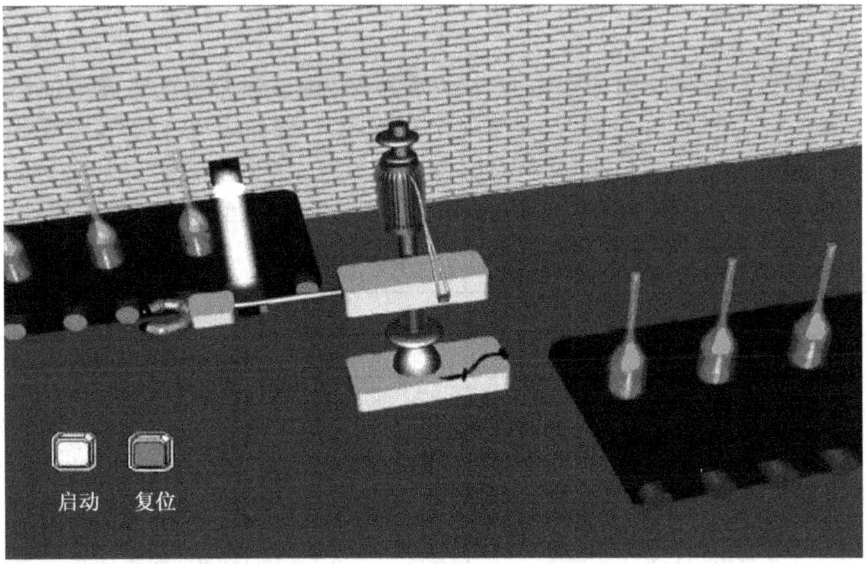

图 2.19.1　机械手工作仿真图

控制要求如下：

(1) 按下启动按钮，系统初始化(机械手臂上升、缩回、右转到位)，传送带 A 开始运行。

(2) 当 1# 物料光电传感器检测到有物料时，传送带 A 停止运行，机械手臂伸出；伸出到位后，机械手臂下降；下降到位后，机械手爪张开抓物；手爪夹紧到位后，机械手臂缩回；缩回到位后，机械手臂上升；上升到位后，机械手臂左转；左转到位后，机械手臂伸出；伸出到位后，机械手臂下降;下降到位后,机械手爪张开放物;物品放下后,手臂返回原位,准备下次运物。当 2#物料光电传感器检测到有物料时,传送带 B 开始运行,30 s 后停止运行。

(3) 按下停止按钮,整个控制系统停止工作。

(4) 控制传送带 A 的电动机功率较小,可直接控制;控制传送带 B 的电动机由变频器控制,设置为低频 15 Hz,正转运行。

二、项目分析

机械手臂的控制过程是一个典型的顺序控制,可以利用步进指令或功能指令实现控制要求。传送带 A 为一个循环系统,物料检测光电传感器 SQ1 有信号,电动机停止运行;没有信号,电动机转动。传送带 B 为另一个循环系统,物料检测光电传感器 SQ2 有信号,电动机开始运行,30 s 后,电动机停止运行。电动机运行控制、变频器参数设置,可参考前面项目。

三、项目实施

用 PLC 来实现机械手臂自动抓料控制。

1. 主电路设计

如图 2.19.2 所示,主电路中采用了空气断路器 QF、交流接触器 KM 和中间继电器 KA1～KA7。可以确定主电路中需要 8 个输出点。

2. 确定 I/O 总点数及地址分配

控制电路中有启动按钮 SB1、停止按钮 SB2;手臂右转限位开关 SQ5、左转限位开关 SQ6、上升限位开关 SQ1、下降限位开关 SQ2、伸出限位开关 SQ4、缩回限位开关 SQ3、手抓限位开关 SQ7;1#物料检测传感器 SQ11、2#物料检测传感器 SQ12,控制变频器的为两个输出点 Y10、Y11。整个系统总的输入点数为 12 个,输出点数为 10 个。I/O 分配地址如表 2.19.1 所示。

表 2.19.1 I/O 地址分配表

输入信号			输出信号		
1	X0	启动按钮 SB1	1	Y0	1#电机驱动传送带 A KM
2	X1	上升限位 SQ1	2	Y1	机械手臂上升 YV1
3	X2	下降限位 SQ2	3	Y2	机械手臂下降 YV2
4	X3	缩回限位 SQ3	4	Y3	机械手臂缩回 YV3
5	X4	伸出限位 SQ4	5	Y4	机械手臂伸出 YV4
6	X5	右转限位 SQ5	6	Y5	机械手臂右转 YV5
7	X6	左转限位 SQ6	7	Y6	机械手臂左转 YV6
8	X7	手爪限位 SQ7	8	Y7	机械手爪夹紧 YV7
9	X10	停止按钮 SB2	9	Y10	变频器正转 STF
10	X11	1#物料检测传感器 SQ11	10	Y11	变频器低速 RL
11	X12	2#物料检测传感器 SQ12			
12	X13	变频器故障保护 2A			

3. 控制电路

机械小车运行控制原理图如图 2.19.2 所示。

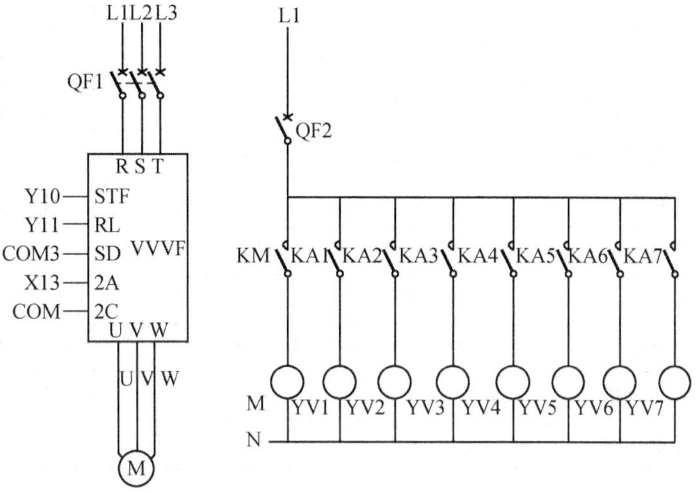

(a) 主电路

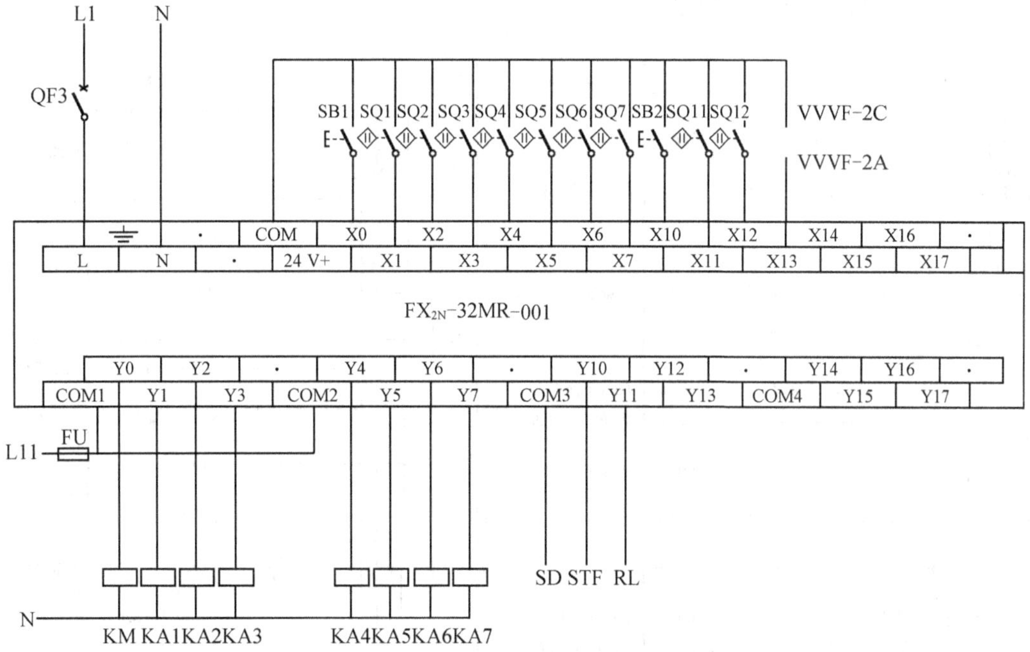

(b) PLC 控制电路

图 2.19.2　机械手运行 PLC 控制原理图

4. 设备材料表

本项目控制中输入点数应选 12×1.2≈15 点，输出点数应选 10×1.2=12 点(继电器输出)。通过查找三菱 FX_{2N}系列选型表，选定三菱 FX_{2N}- 32MR - 001(其中输入 16 点，输出 16 点，继电器输出)。通过查找电气元件选型表，选择的元器件如表 2.19.2 所示。

表 2.19.2 设备材料表

序号	符号	设备名称	型号、规格	单位	数量	备注
1	M	电动机	Y-112M-4 380 V,5.5 kW 1 378 r/min,50 Hz	台	1	
2	PLC	可编程控制器	FX_{2N}-32MR-001	台	1	
3	QF	空气断路器	DZ47-D25/3P	个	1	
4	FU	熔断器	RT18-32/6 A	个	1	
5	KM	交流接触器	CJX2(LC1-D)-12 线圈电压 220 V	个	2	
6	SB	按钮	LA39-11	个	2	
7	FR	热继电器	JRS1(LR1)-12316/10.5 A	个	1	
8	SQ	霍尔接近开关	VH-MD12A-10N1	个	7	
9	SQ	光电传感器	CF70	个	2	

5. 程序设计

这是一个典型的步进顺序控制,程序如图 2.19.3 所示。使用步进指令实现这一控制,虽然程序稍长,但可保证其动作顺序有条不紊。

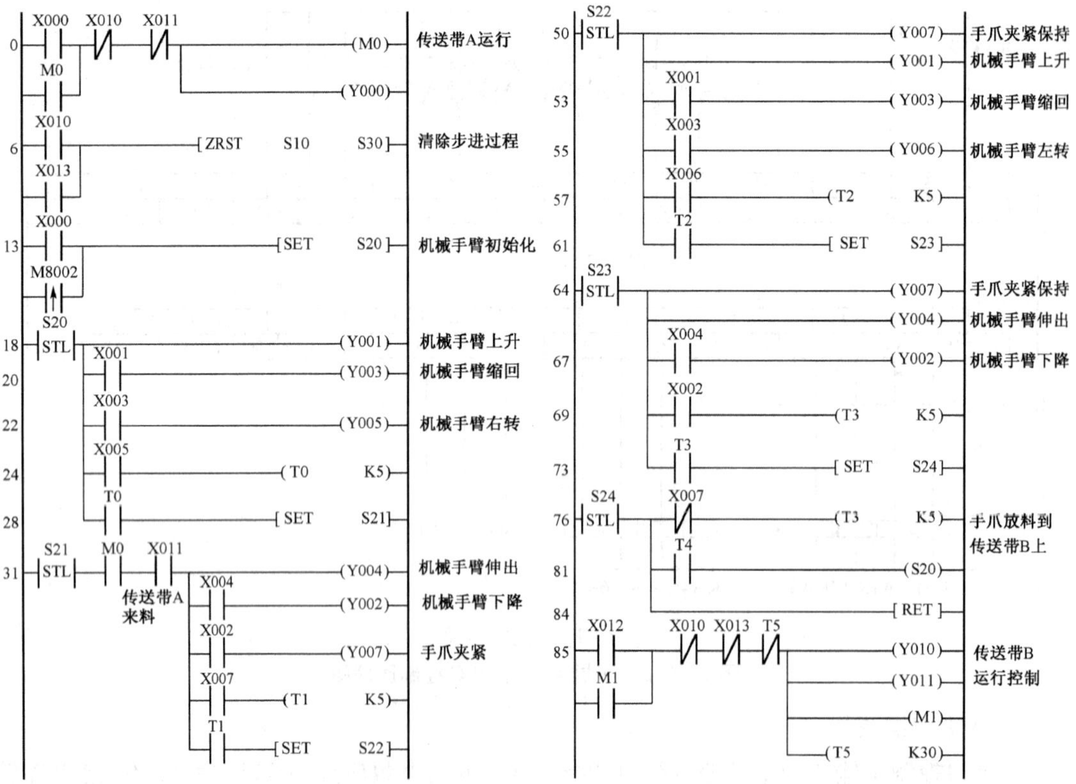

图 2.19.3 机械手控制梯形图程序

6. 运行调试

根据 PLC 控制原理图在实验台上连接 PLC 实验装置，检查无误后，将图 2.19.3 所示梯形图下载到 PLC 中，选择程序的监控模式，操作实验装置，观察程序的执行过程和实验结果。

(1) 按下启动按钮 SB1，X0 状态接通，观察 M0、Y0 的动作情况。

(2) S20 被置位，机械手臂初始化运动，观察 S20 中 Y1 的动作情况。上升到位，X1 接通，观察 Y3 的动作情况。缩回到位，X3 接通，观察 Y5 的动作情况。右转到位，X5 接通，观察 T0 的动作情况。

(3) T0 定时时间到，S21 被置位。当 1＃物料传感器 SQ11 检测到有物料时，X11 接通，观察 Y4 的动作情况。伸出到位，X4 接通，观察 Y2 的动作情况。下降到位，X2 接通，观察 Y7 的动作情况。夹紧到位，X7 接通，观察 T1 的动作情况。

(4) T1 定时时间到，S22 被置位，观察 Y7、Y1 的动作情况。手臂夹紧物体上升到位，X1 接通，观察 Y3 的动作情况。缩回到位，X3 接通，观察 Y6 的动作情况。左转到位，X6 接通，观察 T2 的动作情况。

(5) T2 定时时间到，S23 被置位，观察 Y7、Y4 的动作情况。手臂夹紧物体伸出，伸出到位，X4 接通，观察 Y2 的动作情况。下降到位，X2 接通，观察 T3 的动作情况。

(6) T3 定时时间到，S24 被置位，手臂松开物体到传送带 B 上。松开到位，X7 断开，观察 T4 断开的动作情况。T4 时间到，状态转移到 S20。

(7) 当 2＃物料传感器 SQ12 检测到有物料时，传送带 B 运行，观察 Y10、Y11 的动作情况。

(8) 按下停止按钮 SB2，X10 接通，执行指令 ZRST　S0　S30，所有状态器被复位，Y10、Y11 断开，系统停止工作。

四、相关知识

PLC 系统抗干扰技术

PLC 在各工矿企业中的应用非常广泛，虽然产品本身采取了很多抗干扰的措施，但由于工业现场的情况千变万化，整个控制系统在运行中难免出现各类干扰现象。设计者只有预先了解各种干扰的来源，掌握 PLC 系统的抗干扰技术，才能有效保证系统可靠运行。

(一) 电磁干扰源及对系统的影响

影响 PLC 控制系统的干扰源与一般影响工业控制设备的干扰源一样，大都产生在电流或电压剧烈变化的部位，这些电荷剧烈移动的部位就是噪声源，即干扰源。

干扰类型通常按干扰产生的原因，噪声的干扰模式和噪声的波形、性质不同划分。其中：按噪声产生的原因不同，分为放电噪声、浪涌噪声、高频振荡噪声等；按噪声的干扰模式不同，分为共模干扰和差模干扰；按噪声的波形、性质不同，分为持续噪声、偶发噪声等。其中，共模干扰和差模干扰是一种比较常用的分类方法。共模干扰是信号对地面的电位差，主要由电网串入、地电位差及空间电磁辐射在信号线上感应的同方向电压叠加所形成。共模电压有时较大，特别是采用隔离性能差的电源供电时，传感器输出信号的共模电压普遍较高，有的可高达

130 V 以上。共模电压通过不对称电路可转换成差模电压,直接影响测量信号,甚至造成元器件损坏。差模干扰是指加于信号两极间的干扰电压,主要由空间电磁场在信号间耦合感应及由不平衡电路转换共模干扰所形成的电压,这种电压叠加在信号上,直接影响测量与控制精度。

(二) PLC 控制系统中电磁干扰的主要来源

1. 空间辐射干扰

空间的辐射电磁场主要是由电力网络、电气设备的通断、雷电、无线电广播、电视、雷达、高频感应加热设备等产生的,称为辐射干扰,其分布极为复杂。若 PLC 系统置于所射频场内,就会收到辐射干扰。其影响主要通过两条路径:一是直接对 PLC 内部的辐射,由电路感应产生干扰;二是对 PLC 通信内网络的辐射,由通信线路的感应引入干扰。辐射干扰与现场设备布置及设备所产生的电磁场大小、特别是与频率有关,一般通过设置屏蔽电缆和 PLC 局部屏蔽及高压泄放元件进行保护。

2. 电源的干扰

PLC 系统的正常供电电源均由电网供电。由于电网覆盖范围广,将受到所有空间电磁干扰而在线路上感应电压和电路。尤其是电网内部的变化,例如开关操作浪涌、大型电力设备起停、交直流转动装置引起的谐波、电网短路瞬态冲击等,都将通过输电线路送至电源。PLC 电源通常采用隔离电源,但其结构及制造工艺因素使其隔离性并不理想。实际上,由于分布参数特别是分布电容的存在,绝对隔离是不可能的。因电源引入的干扰造成 PLC 控制系统故障的情况很多,采用隔离性能更高的 PLC 电源,能更好地解决问题。

3. 信号线引入的干扰

与 PLC 控制系统连接的各类信号传输线,除了传输有效的各类信号之外,总会有外部干扰信号侵入。此干扰主要有两种途径:一是通过变送器或共用信号仪表的供电电源串入的电网干扰,这往往被忽略;二是信号线受空间电磁辐射感应的干扰,即信号线上的外部感应干扰,这是很严重的。由信号线引入干扰会导致 I/O 信号工作异常和测量精度大大降低,严重时将引起元器件损伤。对于隔离性能差的系统,还将导致信号间互相干扰,引起共地系统总线回流,造成逻辑数据变化、误动和死机。

4. 接地系统混乱时的干扰。

接地是提高电子设备电磁兼容性的有效手段之一。正确的接地,既能抑制电磁干扰的影响,又能抑制设备向外发出干扰;而错误的接地,反而会引入严重的干扰信号,使 PLC 系统无法正常工作。PLC 控制系统的地线包括系统地、屏蔽地、交流地和保护地等。接地系统混乱对 PLC 系统的干扰主要是各个接地点电位分布不均,不同接地点间存在地电位差,引起地环路电流,从而影响系统正常工作。例如,电缆屏蔽层必须一点接地,如果电缆屏蔽层两端 A、B 都接地,就存在地电位差,有电流流过屏蔽层,当发生异常状态或雷击时,地线电流将更大。

(三) 解决 PLC 系统干扰的方法

(1) 选用隔离性能较好的设备、选用优良的电源、动力线和信号线走线要更加合理等,可以解决部分干扰。

(2) 利用信号隔离器解决干扰问题。只要在有干扰的地方,输入端和输出端中间加上信号隔离器,就可有效解决干扰问题。

（四）选择信号隔离器解决 PLC 系统干扰的优点

（1）使用简单方便、可靠，成本低廉。

（2）可大量减轻设计人员、系统调试人员工作量，即使复杂的系统在普通的设计人员手里也会变得非常可靠。

（五）信号隔离器的工作原理

首先将 PLC 接收的信号通过半导体器件调制变换，然后通过光感或磁感器件进行隔离转换，再进行解调变换回隔离前原信号或不同信号，同时对隔离后信号的供电电源进行隔离处理。保证变换后的信号、电源、地之间绝对独立。

（六）信号隔离器的功能

（1）保护后一级的控制电路。

（2）削弱环境噪声对测试电路的影响。

（3）抑制公共接地、变频器、电磁阀及不明脉冲对设备的干扰。

五、思考与练习

1. 选择题

（1）按噪声产生的原因不同，分为（　　）、浪涌噪声和高频振荡噪声。

A. 放电噪声　　B. 持续噪声　　C. 偶发噪声　　D. 随机噪声

（2）（　　）干扰是信号对地面的电位差，主要由电网串入、地电位差及空间电磁辐射在信号线上感应的同方向电压叠加所形成。

A. 共模　　B. 差模　　C. 机械　　D. 温度

（3）（　　）干扰是指加于信号两极间的干扰电压，主要由空间电磁场在信号间耦合感应及由不平衡电路转换共模干扰所形成的电压，这种电压叠加在信号上，直接影响测量与控制精度。

A. 共模　　B. 差模　　C. 机械　　D. 温度

（4）干扰类型通常按干扰产生的原因、（　　）和噪声的波形、性质不同划分。

A. 干扰产生的后果　　B. 噪声的干扰模式

C. 干扰形成的过程　　D. 噪声的扩散方式

（5）PLC 控制系统中电磁干扰的主要来源是（　　）。

A. 固有噪声　　B. 机械干扰　　C. 热干扰　　D. 电网波动

2. 应用拓展

在本项目控制要求的基础上，增加控制要求：

（1）按下停止按钮，传送带 A 停止运行，机械手爪把物放下后停止运行，传送带 B 完成当前任务后停止运行。

（2）增加运行指示灯和停止指示灯。

第三篇　GX Developer 编程软件的使用方法

GX Developer 编程软件的使用方法

目前用于 FX 系列 PLC 的编程软件有 GX Developer 和 GX Works2。GX Works2 是三菱公司新近推出的编程软件，本篇以 GX Developer 为重点进行介绍。GX Developer 编程软件可以在三菱电机自动化（中国）有限公司官网上免费下载，并可免费申请安装序列号。

一、新工程的创建

（1）用鼠标双击电脑桌面的“GX Developer”图标或者用鼠标左键单击“开始”，选择“程序”→“MELSOFT 应用程序”→ “GX Developer”，单击“GX Developer”，弹出编程软件“GX Developer”工作界面，如图 3.1 所示。工作界面从上到下依次是“标题栏”“菜单栏”“工具栏”“编程区”，工具栏上只有两个按钮是黑色的，为可用，分别是“工程作成”和“打开工程”按钮，其余按钮为灰色，暂不可用。

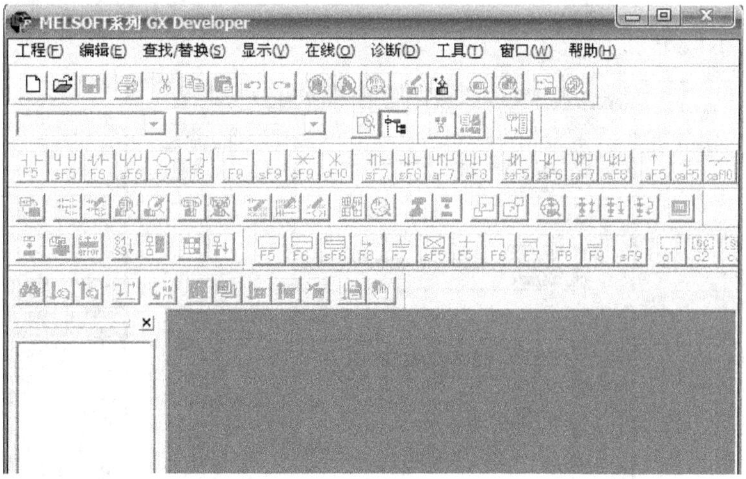

图 3.1　GX Develope 工作界面

（2）单击“菜单栏”的“工程”选项，选择“创建新工程”，单击“创建新工程”，或者单击工具栏上的“工程作成”按钮，弹出“创建新工程”对话框，如图 3.2 所示。点击下三角，设置 PLC 系列和 PLC 类型，如图 3.3，3.4 所示。本例选择 PLC 系列为 FXCPU，PLC 类型为 FX2N（C）。程序类型可以选择梯形图或 SFC，本例选择梯形图。设置完毕，单击“确定”按钮，软件工作界面发生变化，图 3.1 所示界面中一些暂不可用的灰色按钮变得可用，如图 3.5 所示。图中工具栏下方左侧栏是工程数据列表，右侧是梯形图的编辑区域，软件自动为用户添加了程序的结束指令 END。

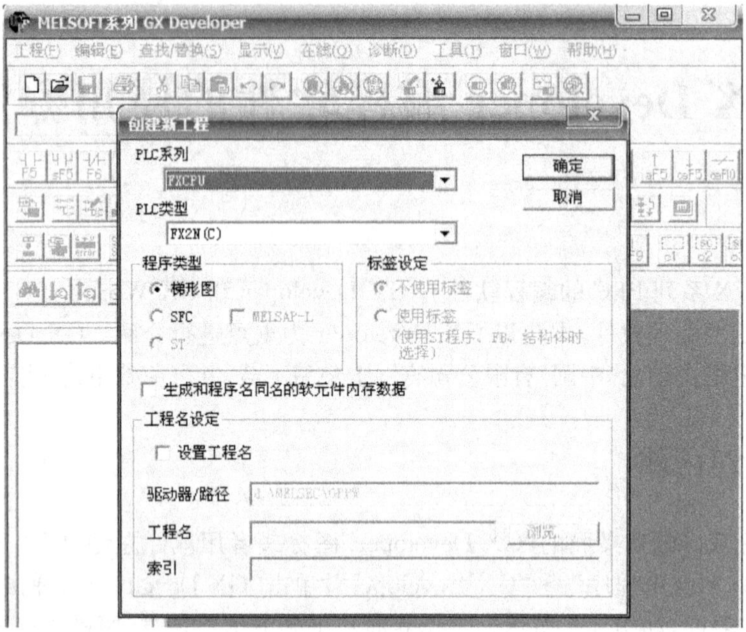

图 3.2 “创建新工程”对话框

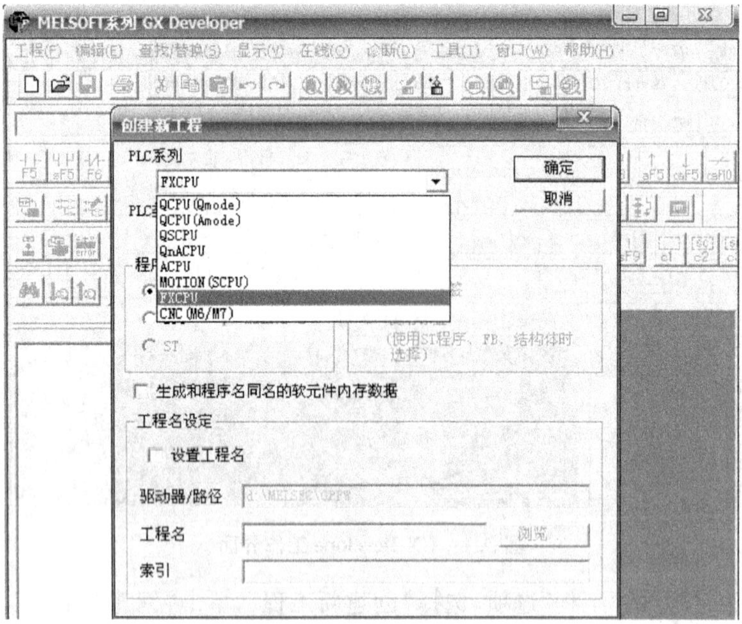

图 3.3 设置 PLC 系列

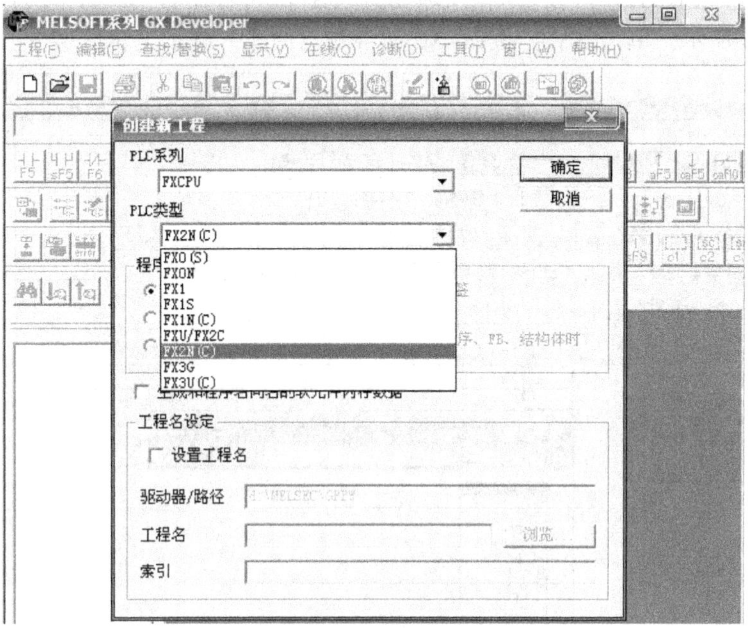

图 3.4　设置 PLC 类型

图 3.5　GX Developer 编辑环境

二、程序的输入

在编辑区域内输入梯形图有以下几种方法：

(1) 双击梯形图编辑区域内的蓝色边线框，弹出梯形图输入对话框，点击下三角，显示一列图形符号,选择相应的符号,在右侧矩形框里对选择的符号命名,如选择动合触点符号,命名为 X0,如图 3.6 所示。单击“确定”按钮,X0 动合触点便输入到了编辑区域中。

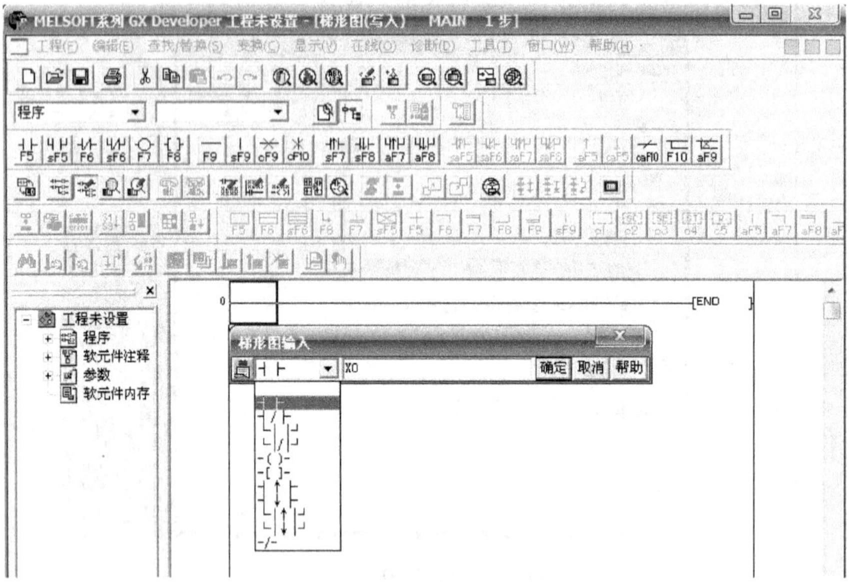

图 3.6　梯形图输入 1

(2) 单击工具栏相应的符号按钮。如输入 X0 动合触点,点击工具栏按钮 F5,弹出梯形图输入对话框,动合触点的符号已经被选择,用户只需在右侧矩形框里对符号命名,如图 3.7 所示。单击“确定”按钮,X0 动合触点便输入到了编辑区域中。

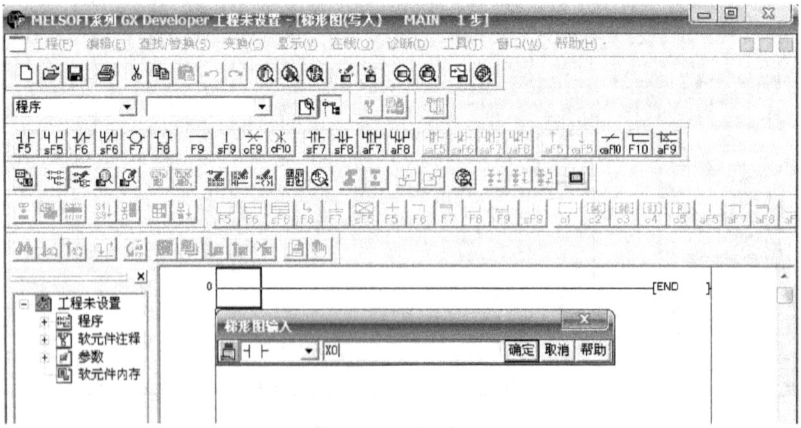

图 3.7　梯形图输入 2

(3) 使用功能键输入。单击键盘上的 F5 和单击按钮 F5 的作用是相同的,都会弹出动合触点的梯形图输入对话框,单击键盘上的 F7 和单击按钮 F7]的作用是相同的,都会弹出线圈的梯形图输入对话框。梯形图符号与功能键的对应关系如图 3.8 所示。sF5、cF9、aF7、caF10 中的 s、c、a 分别代表键盘上的 Shift、Ctrl、Alt。sF7 的含义是同时按下键盘上的 Shift 和 F7,

可弹出脉冲上升沿的输入对话框。

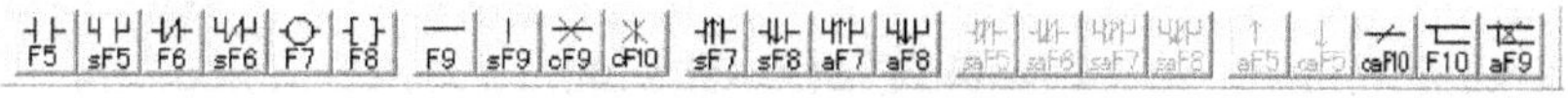

图 3.8　梯形图符号与功能键的对应关系

(4) 双击梯形图编辑区域内的蓝色边线框,弹出梯形图输入对话框,在右侧矩形框里输入指令,如输入 LD X0,单击“确定”按钮,即可输入 X0 动合触点,如图 3.9 所示。

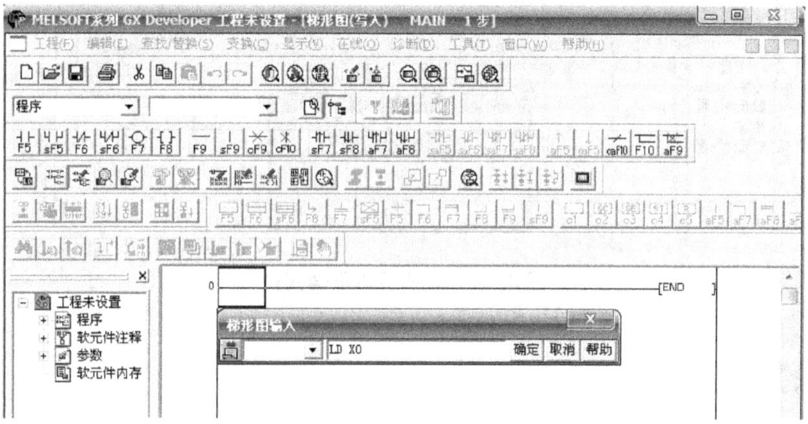

图 3.9　梯形图输入 3

三、程序的变换

梯形图输入完毕之后,在保存程序和写入 PLC 之前,应进行变换,方法是单击菜单栏的“变换”→“变换”,如图 3.10 所示。如果程序正确无误,变换之后,梯形图区域灰色背景消失,如果程序有格式或语法错误,弹出错误提示对话框,提醒用户修改,如图 3.11 所示。

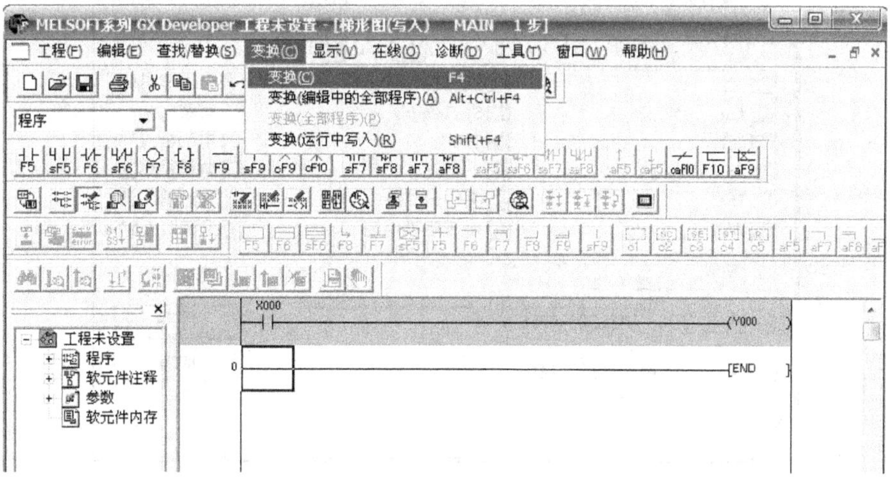

图 3.10　程序的变换方法

图 3.11 程序不能正确变换

四、工程的保存

程序编辑完毕并且变换成功之后，要对程序进行保存。方法是单击菜单栏的"工程"→"保存工程"或"另存工程为"，弹出"另存工程为"对话框，如图 3.12 所示。工程的默认保存路径是编程软件安装路径下的 GPPW 文件夹，给工程命名，比如"电动机点动控制"。单击"保存"按钮，弹出窗口，提醒用户"指定工程不存在，新建工程吗？"，点击"是"按钮即可。保存成功后，工程的保存路径和工程名会显示在编程软件界面的标题栏处。如果一个工程已经存在，只要单击"保存"按钮即可。

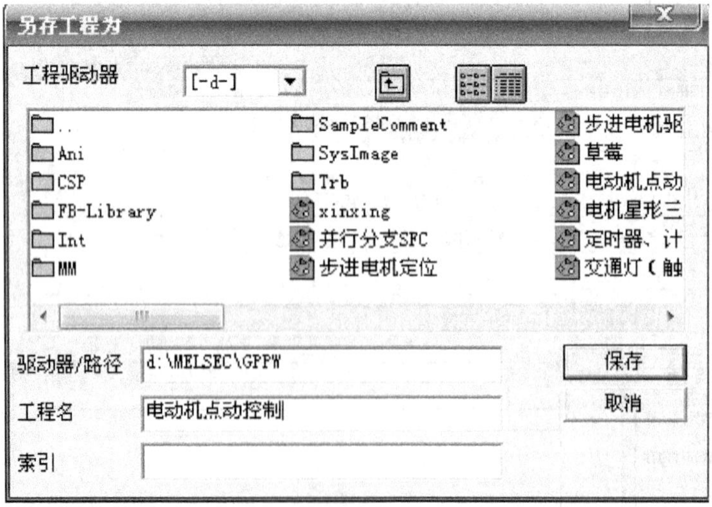

图 3.12 "另存工程为"对话框

五、工程的打开

打开工程就是读取已经保存工程的程序。方法是单击菜单栏的“工程”→“打开工程”，或者是单击工具栏的“打开工程”按钮，弹出“打开工程”对话框，如图 3.13 所示。选取要打开的工程，单击“打开”按钮，被选择的工程即可打开。

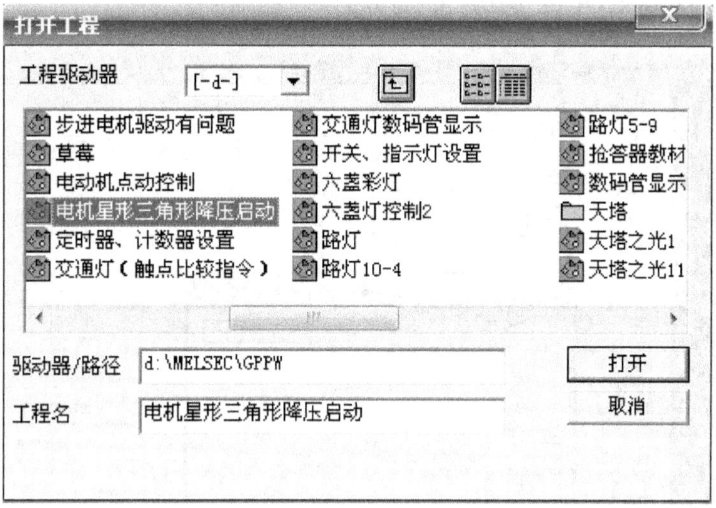

图 3.13　“打开工程”对话框

六、程序的检查

在将程序下载到 PLC 之前最好进行程序的检查。程序检查的方法是单击菜单栏“工具”→“程序检查”，弹出程序检查对话框，点击“执行”按钮，开始程序检查，如果没有错误，则显示“没有错误”提示，如图 3.14 所示。

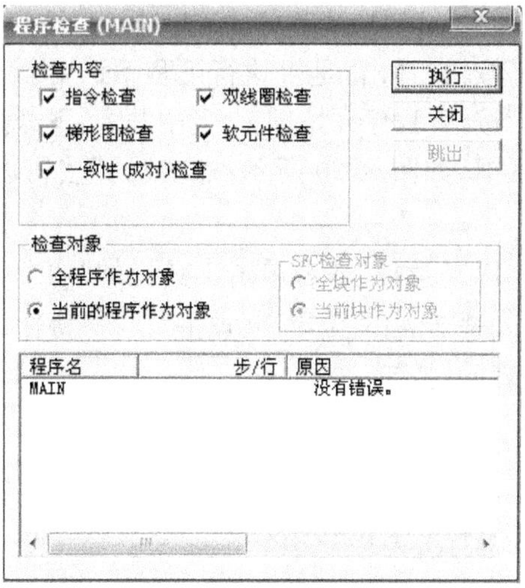

图 3.14　“程序检查”对话框

七、程序的下载和上传

程序下载是将变换好的程序写入 PLC 的内部,程序上传是将 PLC 内部程序读出到编程软件中。在下载和上传前,要用编程电缆将 PLC 的编程口和计算机的通信口连接起来。

单击菜单栏的“在线”→“传输设置”,弹出“传输设置”对话框,单击“串行”,弹出“串口详细设置”对话框,使用默认值,单击“确认”按钮,如图 3.15 所示。

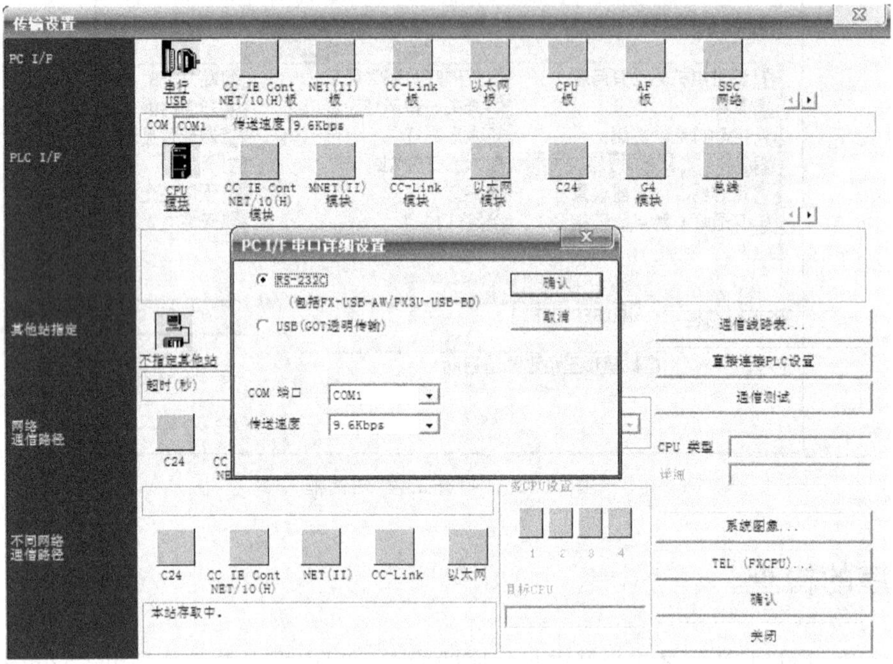

图 3.15 “传输设置”对话框

单击菜单栏的“在线”→“PLC 写入”或者单击工具栏的“PLC 写入”按钮,弹出 PLC 写入对话框,如图 3.16 所示。勾选 MAIN 主程序,点击“执行”按钮,弹出“是否执行写入”对话框,如图 3.17 所示;点击“是”按钮,弹出“是否执行远程 STOP 操作后,执行 CPU 写入”对话框,如图 3.18 所示;点击“是”按钮,程序开始向 PLC 中写入,下载过程如图 3.19 所示;下载完成,弹出“是否远程执行”对话框,如图 3.20 所示;点击“是”按钮,弹出“已完成”对话框,点击“确定”按钮,如图 3.21 所示。

单击菜单栏的“在线”→“PLC 读取”或者单击工具栏的“PLC 读取”按钮,弹出 PLC 读取对话框,如图 3.22 所示。勾选 MAIN 主程序,点击“执行”按钮,弹出“是否执行 PLC 读取”对话框,如图 3.23 所示,点击“是”按钮。

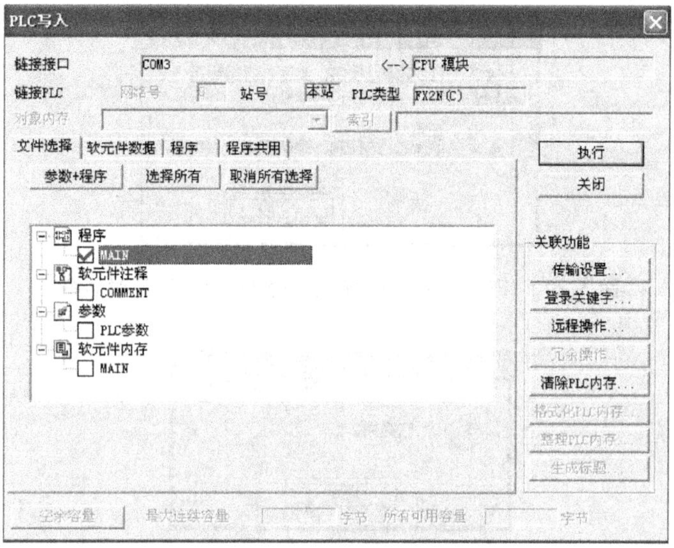

图 3.16 “PLC 写入”对话框

图 3.17 “是否执行 PLC 写入”对话框

图 3.18 “是否执行远程 STOP 操作后，执行 CPU 写入”对话框

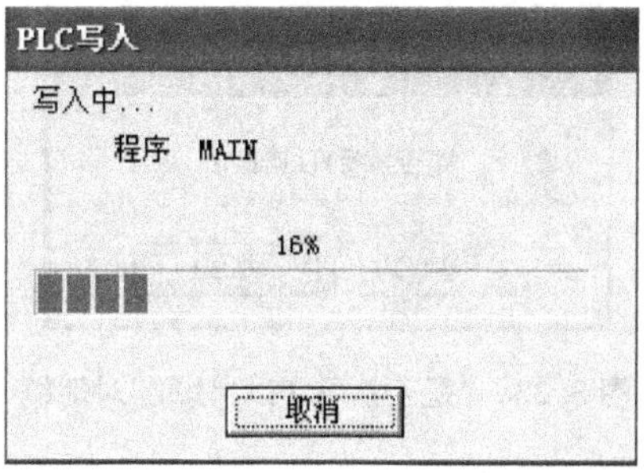

图 3.19 程序向 PLC 中写入的过程

图 3.20　“PLC 在停止状态,是否执行远程运行”对话框

图 3.21　程序下载完成

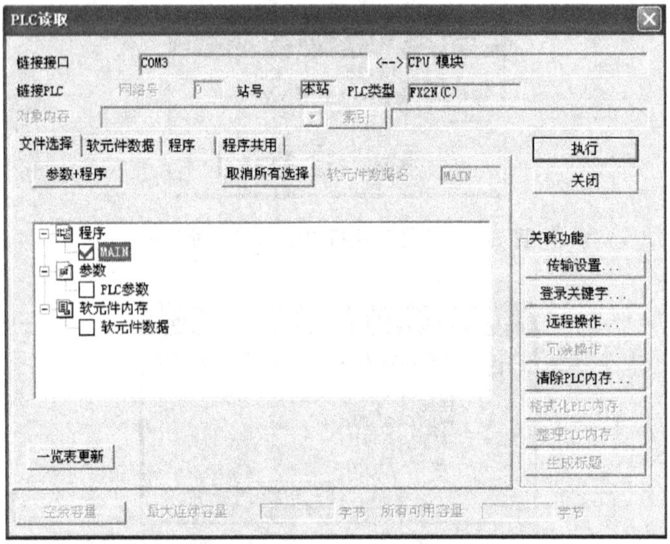

图 3.22　“PLC 读取”对话框

图 3.23　“是否执行 PLC 读取”对话框

八、程序的在线监视

选择程序的监视模式，可以实时观察程序的执行情况。若控制系统的实施结果与预期的控制功能不契合，通过程序的监控模式可以快速定位程序的问题所在。操作方法是单击菜单栏“在线”→“监视”→“监视模式”或者按键盘功能键 F3，弹出监视状态的小窗，如图 3.24 所示，所有闭合状态的触点背景色为蓝色（如 X0 和 X1 常闭触点），所有得电状态的线圈两端背景色为蓝色。

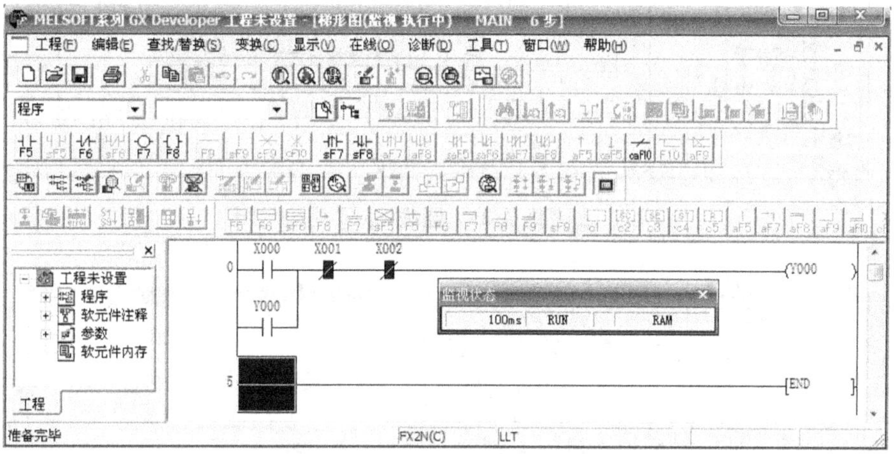

图 3.24　程序的监视模式

九、程序的编辑

（1）程序的写入模式

处于监视模式的程序不能够进行编辑，如果要编辑程序，必须将程序由监视模式改为写入模式。方法是单击菜单栏的“编辑”→“写入模式”或者按键盘功能键 F2。

（2）连线的输入和删除

GX Developer 中，工具栏按键 F9、cF9、sF9 和 cF10 的功能依次是画横线、横线删除、画竖线和竖线删除。按键 F10 的功能是画线输入，按键 aF9 的功能是画线删除。在软件的程序编辑区域，将光标移至某一位置，单击 sF9，弹出“竖线输入”对话框，点击“确定”按钮，即可画出一条竖线，如图 3.25 所示。将光标放置在竖线的右上角，紧挨着竖线，单击 cF10，弹出竖线删除对话框，点击“确定”按钮，即可删除竖线，如图 3.26 所示。在光标处单击 F10，拖动鼠标左键，即可画出一条竖线，如图 3.27 所示。

（3）程序的注释

给程序添加注释，可以显著提高程序的可读性，尤其是对于较长的程序。注释编辑的方法是单击菜单栏的“编辑”→“文档生成”→“注释编辑”，程序的间距加大。

第一种方法是双击要添加注释的软元件,弹出"注释输入"对话框,输入注释(如为 X0 添加注释为启动),点击"确定"按钮,如图 3.28 所示。

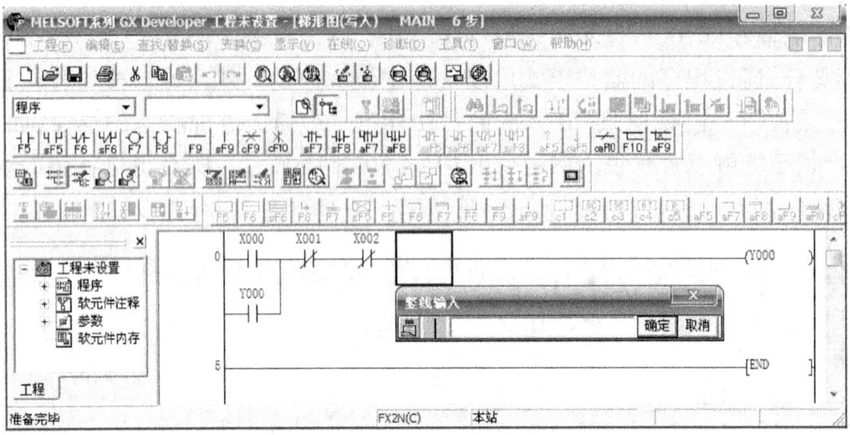

图 3.25 竖线输入

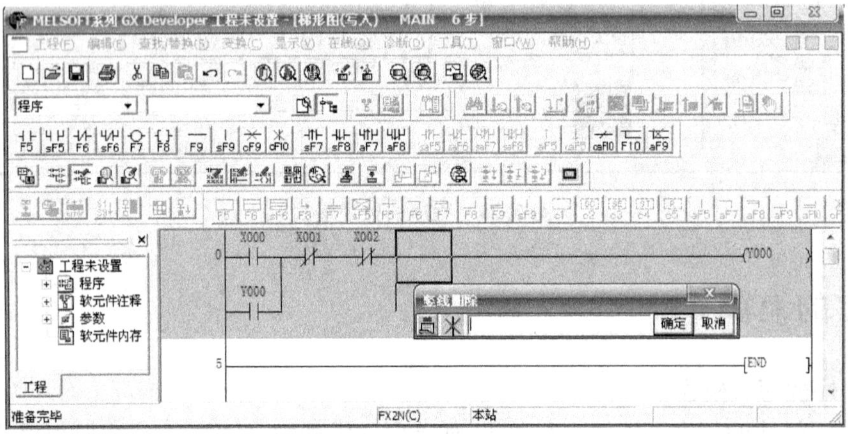

图 3.26 竖线删除

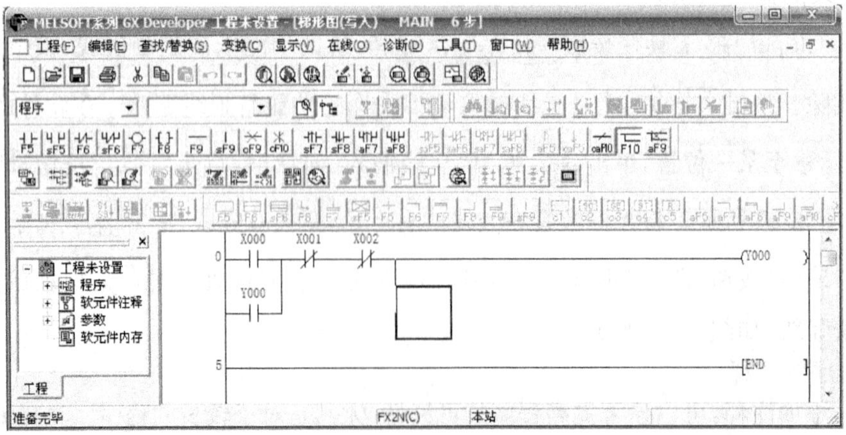

图 3.27 画线输入

第二种方法是张开工程数据列表中的软元件注释，双击"COMMENT"，在软元件名一栏里输入软元件名称，单击"显示"按钮，在表格注释栏里为软元件添加注释，如图 3.29 所示。

单击菜单栏的"编辑"→"文档生成"→"声明/注解批量编辑"，弹出"声明/注解批量编辑"对话框，确定要添加声明/注解的位置，即步序号，在行间声明栏里添加声明/注解，如图 3.30 所示。添加了注释和声明/注解的梯形图如图 3.31 所示。

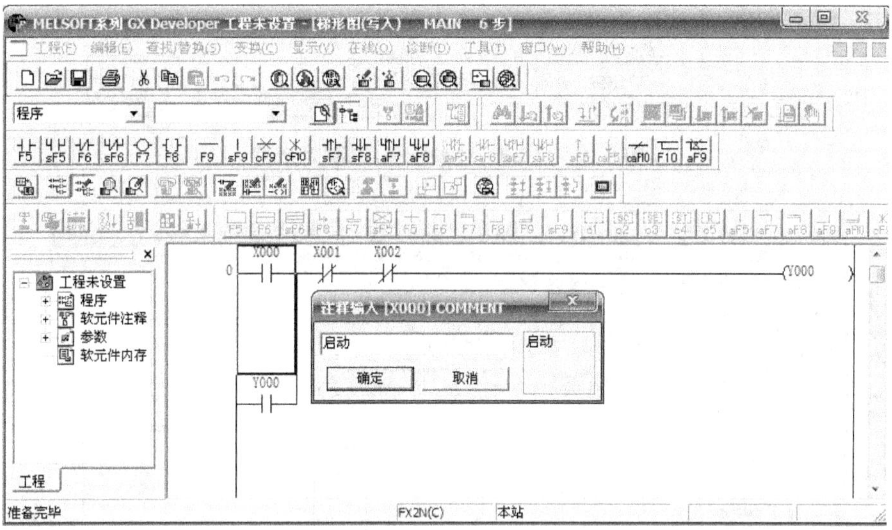

图 3.28　注释编辑 1

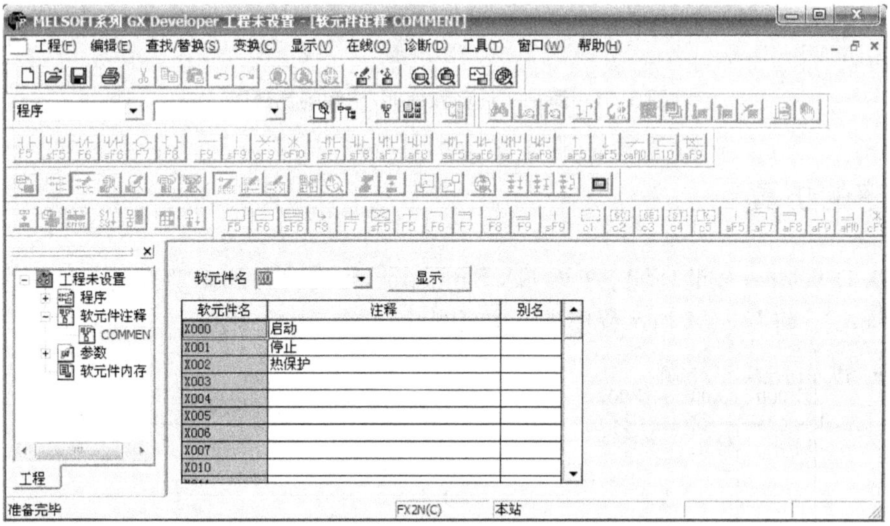

图 3.29　注释编辑 2

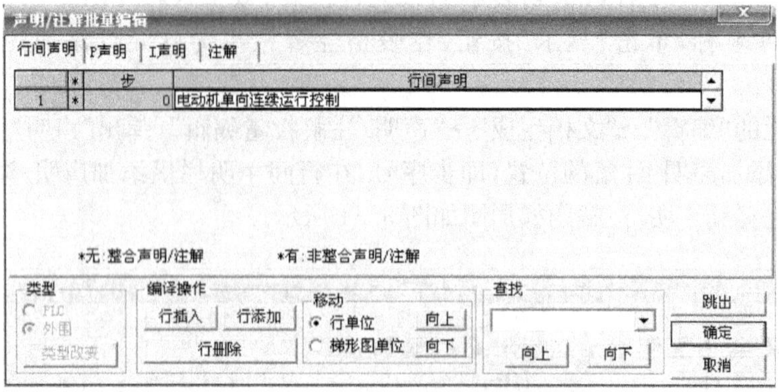

图 3.30　"声明/注解批量编辑"对话框

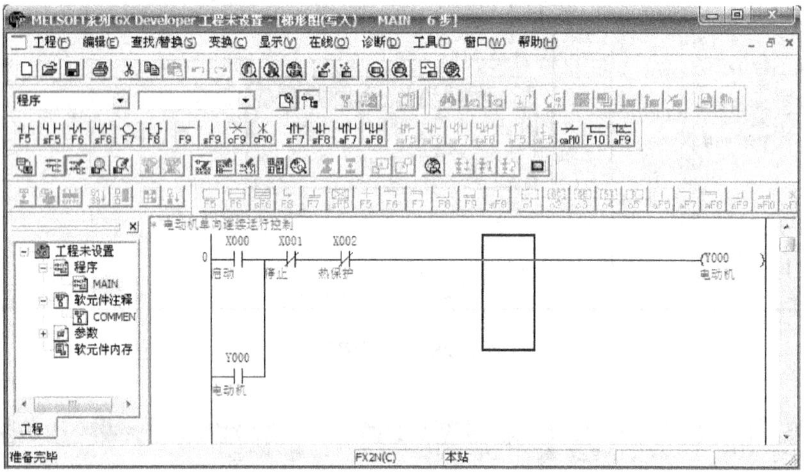

图 3.31　添加了注释和声明/注解的梯形图

十、程序的仿真

在 GX Developer 安装环境下安装 GX Simulator，可实现对 PLC 程序的软件仿真，用于对 PLC 程序测试。将图 3.32 所示程序进行仿真测试。

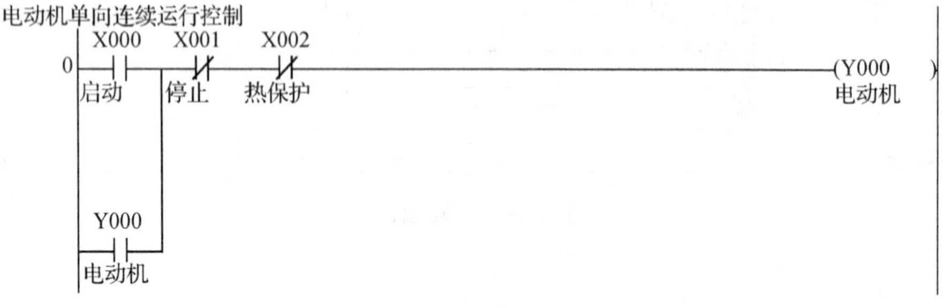

图 3.32　仿真测试程序

单击菜单栏的"工具"→"梯形图逻辑测试启动"，或者单击工具栏按钮，弹出"PLC 写入"模拟界面。模拟写入完毕后，在程序区域点击鼠标右键，选择"软元件测试"，弹出"软元件测试"对话框，如图 3.33 所示。在位软元件方框里输入"X0"，点击"强制为 ON"按钮(相当于按下启动按钮)，可以看到梯形图中 X0 常开触点闭合，Y0 线圈得电(电动机启动)，Y0 常开触点闭合，形成自锁，如图 3.34 所示。点击"强制为 OFF"按钮(相当于松开启动按钮)，梯形图中 X0 常开触点断开，因为 Y0 的自锁，Y0 线圈持续得电(电动机保持运行)，如图 3.35 所示。

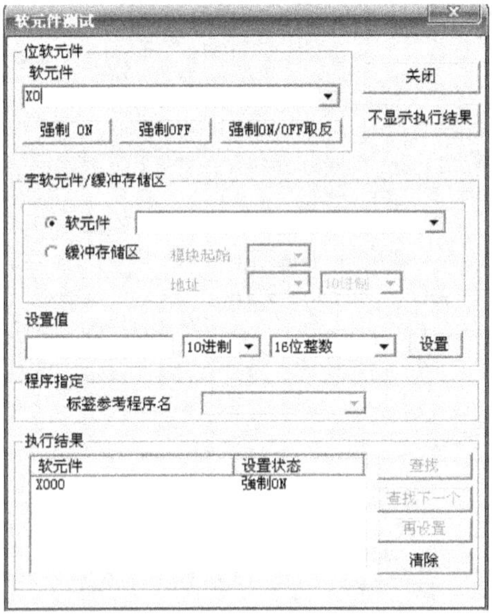

图 3.33　"软元件测试"对话框

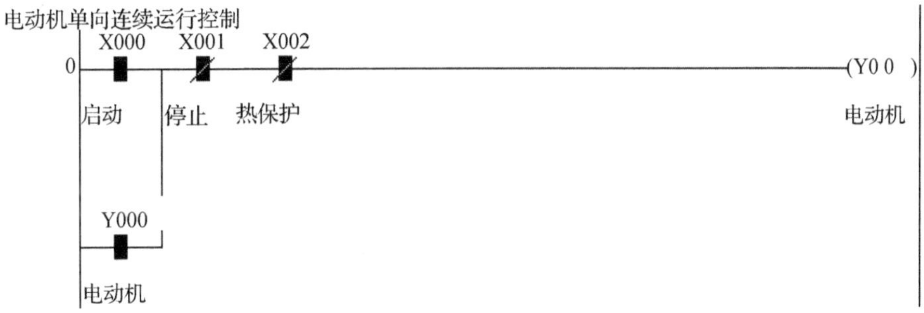

图 3.34　X0 强制为 ON

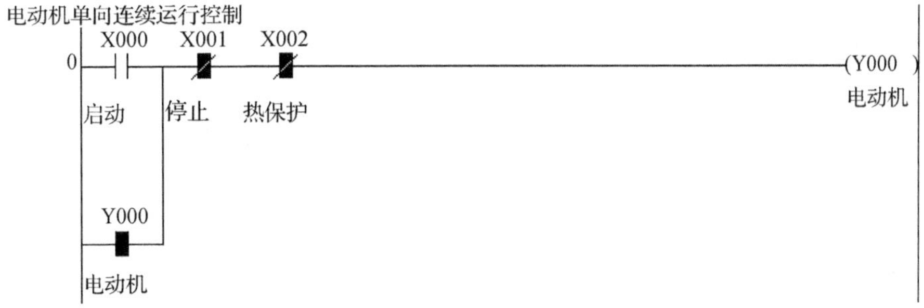

图 3.35　X0 强制为 OFF

第四篇　GX Developer 中 SFC 的编程方法

GX Developer 中 SFC 的编程方法

顺序功能图(Sequeential function chart)是按照工艺流程进行编程的图形编程语言,广泛应用于顺序控制系统,程序可读性强。以教材第二篇项目五运料小车两地往返运动控制为例,说明 GX Developer 中 SFC 的编程方法。

一、创建工程的程序类型为 SFC

在创建新工程对话框中选择程序类型为 SFC,如图 4.1 所示。单击“确定”按钮后,弹出块列表窗口,如图 4.2 所示。

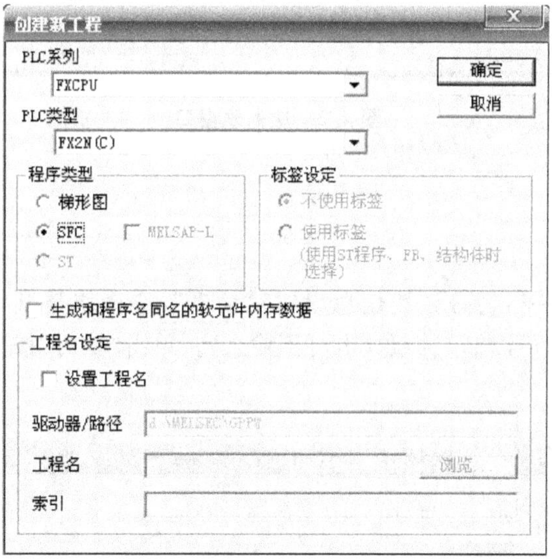

图 4.1　创建工程的程序类型为 SFC

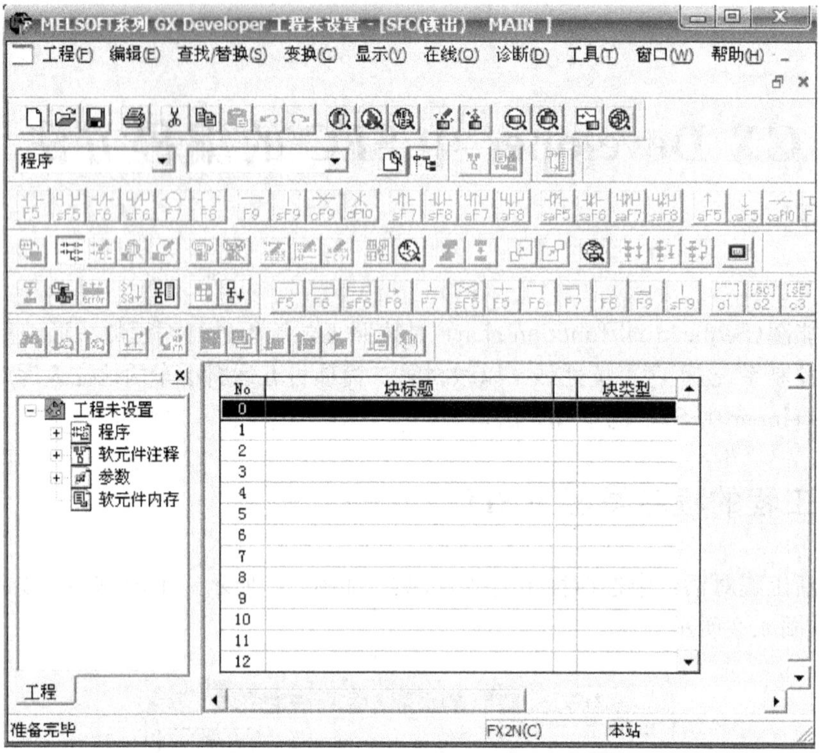

图 4.2　块列表窗口

二、创建梯形图块

双击“块列表”的第一行，弹出“块信息设置对话框”，选择块类型为“梯形图块”，如图 4.3 所示，在块标题文本框里可以输入标题(也可不输入)。单击“执行”按钮，弹出梯形图块编辑窗口，如图 4.4 所示。

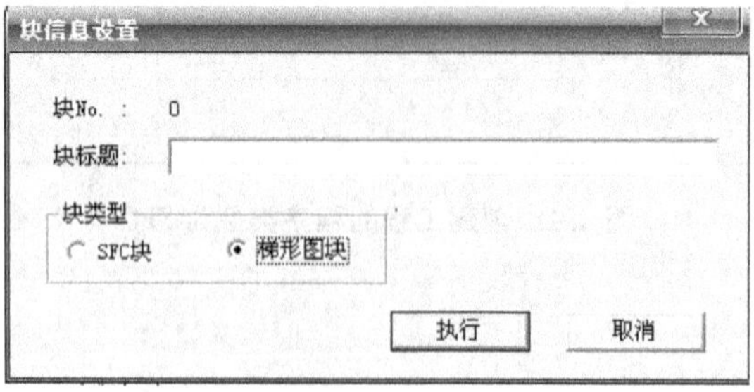

图 4.3　梯形图块的设置

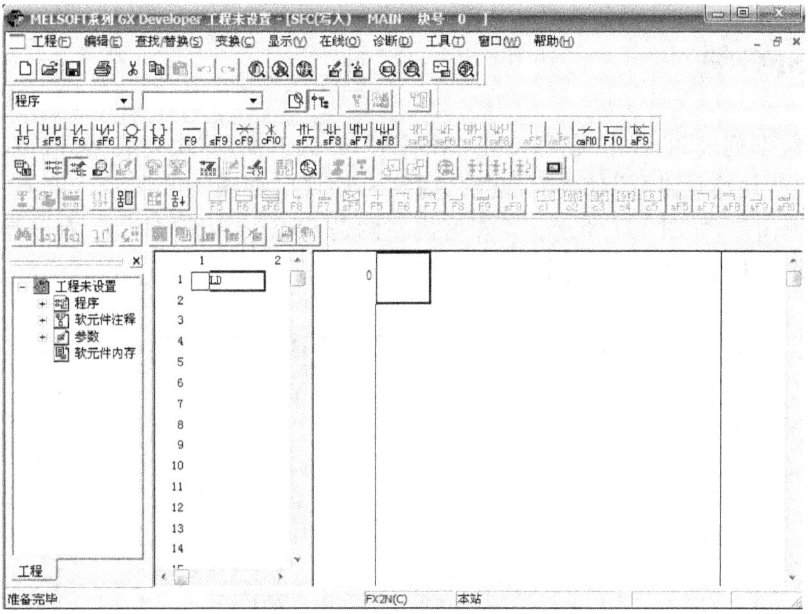

图 4.4　梯形图块编辑窗口

三、编辑梯形图块

在建立的这个梯形图块中，需要编辑一段梯形图，以激活 SFC 中的初始状态，这是建立此梯形图块的主要目的，当然还可以编辑控制系统的其他程序段（如停止控制程序段、电动机过载保护程序段等）。

教材第二篇项目五运料小车两地往返运动控制中，小车的运动状态有左行、装煤、右行和卸煤四种，对应控制系统的四道工艺，分别分配状态器 S0、S10、S11 和 S12。

在窗口右侧的梯形图编辑区域内，输入激活初始状态 S0 的程序以及停止和过载保护程序，程序输入完毕及时变换，如图 4.5 所示。

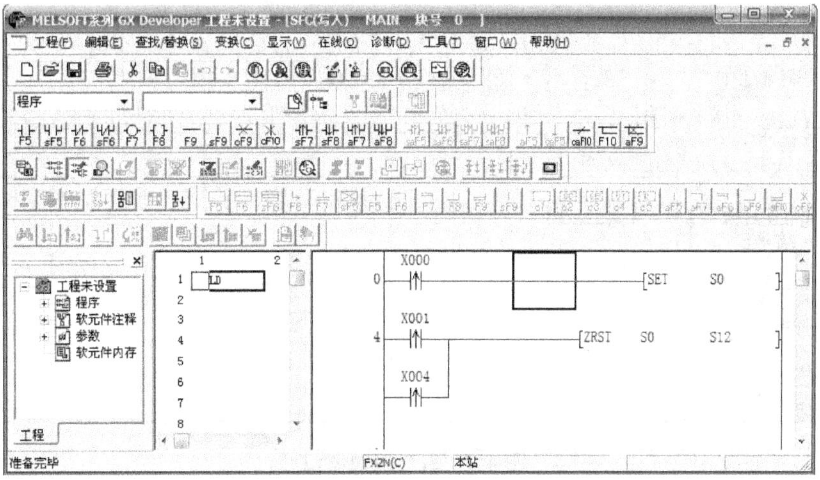

图 4.5　梯形图块内程序

四、创建 SFC 块

将“工程数据列表”的程序展开，双击“MAIN”，界面返回到“块列表”窗口，双击“块列表”的第二行，弹出“块信息设置”对话框，此次选择“SFC 块”，如图 4.6 所示。单击“执行”按钮，弹出 SFC 编辑窗口，如图 4.7 所示。编辑区内左侧是 SFC 结构编辑区域，右侧是编辑状态的执行对象和状态转移条件的梯形图编辑区域。

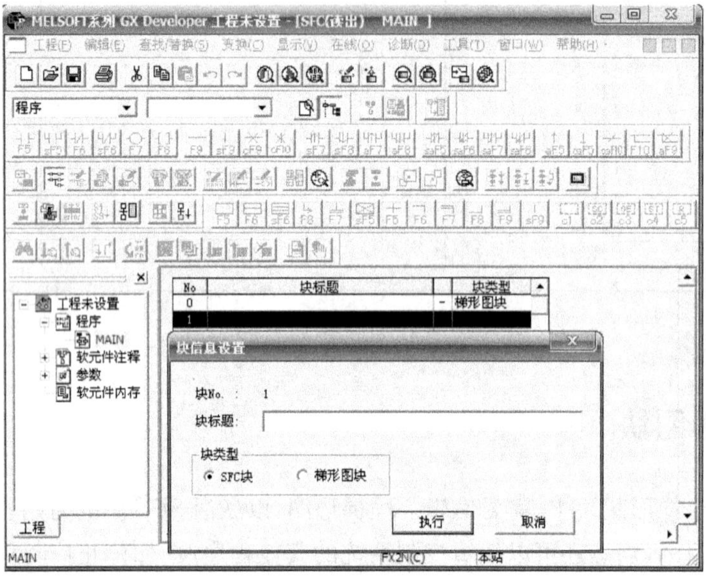

图 4.6 SFC 块的设置

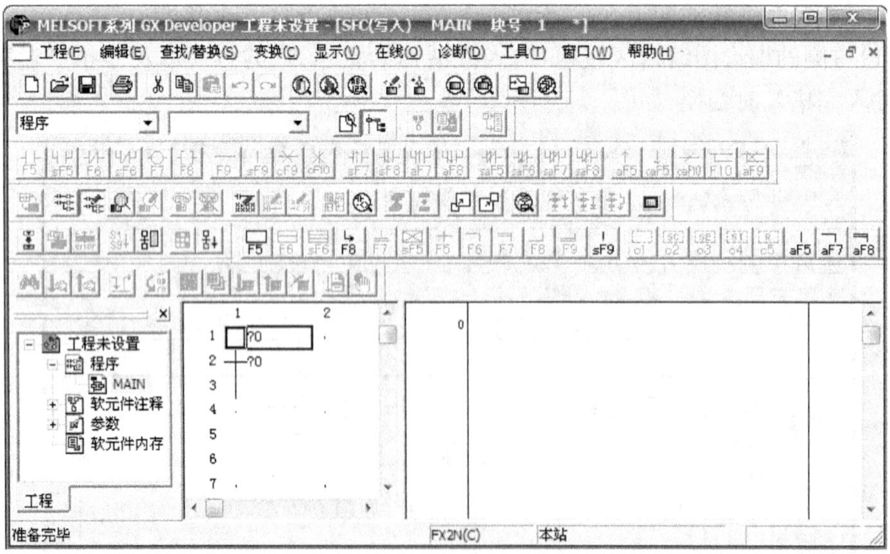

图 4.7 SFC 编辑窗口

五、编辑 SFC 块

SFC 结构编辑区域内可以编辑状态和状态转移条件的标号，软件为用户自动添加了初始状态，步号为 0(可修改)，即 S0，初始状态只能为 S0～S9，如果初始状态步号设置为非 0～9，则出错，如图 4.8 所示。第一个状态转移条件标号也默认为 0(此标号可修改)。

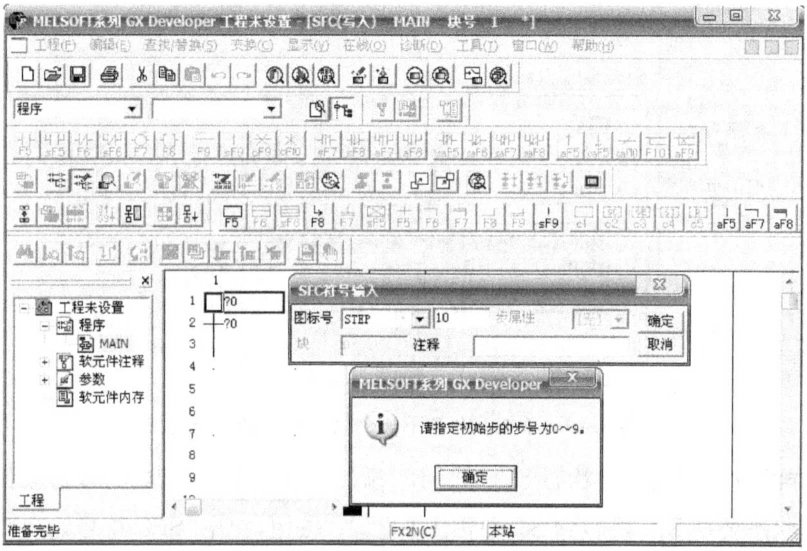

图 4.8　初始步号设置错误

在 SFC 结构编辑区域内，将光标移至数字 4 所在的位置并双击，弹出“SFC 符号输入”对话框，软件默认的 SFC 中第二个状态的步号为 10(可修改)，点击“确定”按钮，添加状态 S10，如图 4.9 所示。

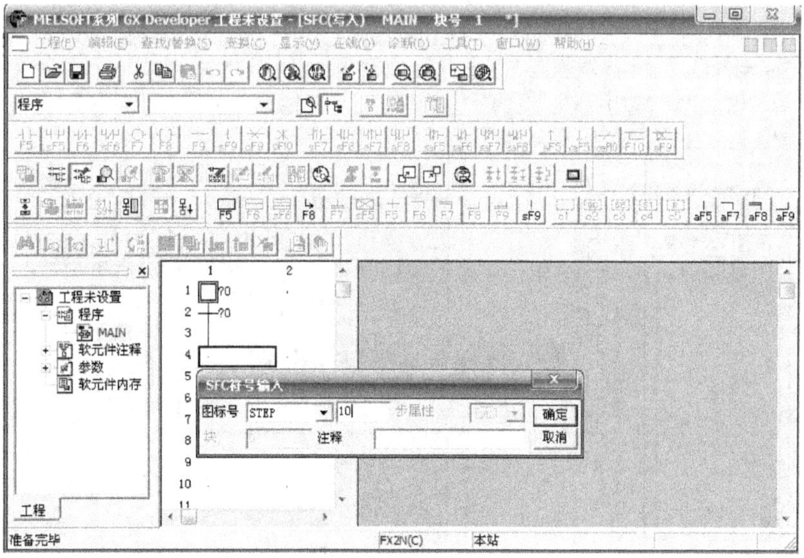

图 4.9　添加状态 S10

添加完状态 S10,光标自动下移至数字 5 所在这一行,双击光标所在位置,弹出"SFC 符号输入"对话框,这是添加 S10 与下一个状态间的转移条件,直接点击"确定"按钮,如图 4.10 所示。

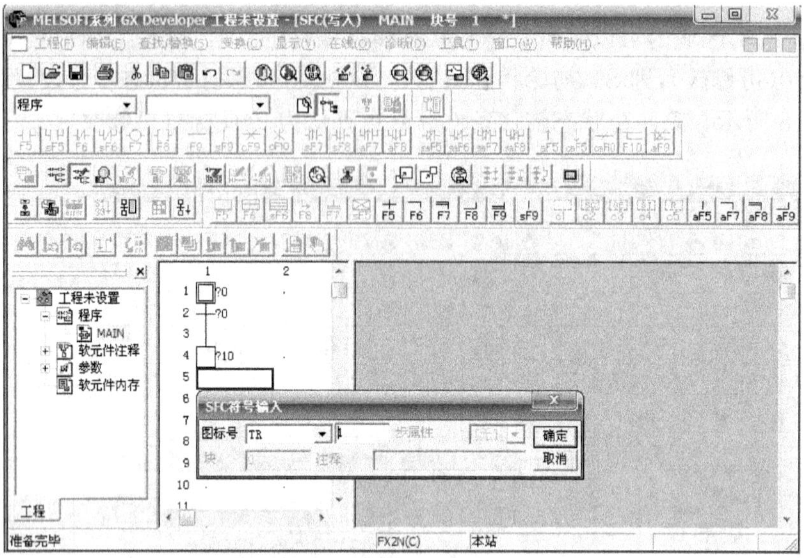

图 4.10 添加 S10 与下一个状态间的转移条件

采用同样的方法依次添加状态 S11 和 S12,添加 S11 转移到 S12 的转移条件。状态 S12 执行完毕后,状态要从 S12 跳转到 S0,单击工具栏 F8 按钮,弹出"SFC 符号输入"对话框,输入要跳转的步号 0,如图 4.11 所示。完整的 SFC 结构图如图 4.12 所示。此时状态器和转移条件符号右侧都有一个"?",这是因为尚未对状态器和状态转移条件进行编辑。

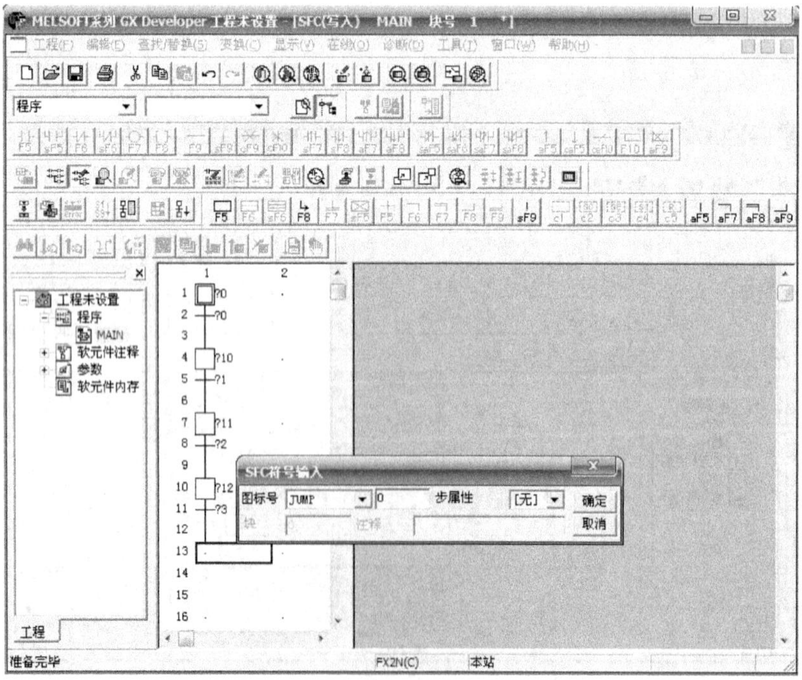

图 4.11 输入要跳转的步号 0

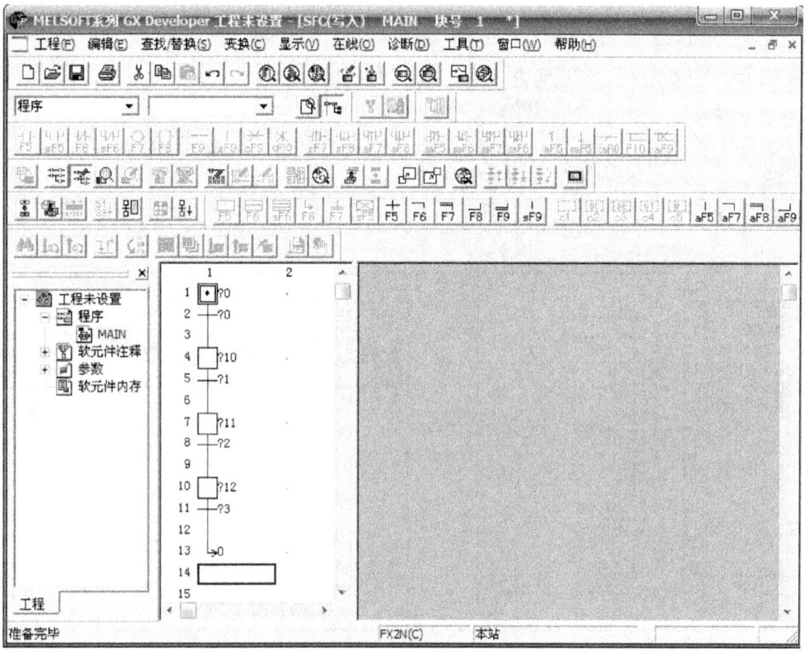

图 4.12　完整的 SFC 结构图

选中状态 S0，在右侧梯形图编辑区域内对 S0 进行编辑，如图 4.13 所示。选中 S0 转移到 S10 的转移条件，在右侧梯形图编辑区域内对其进行编辑，如图 4.14 所示。编辑完毕后，如图 4.15 所示，此时状态器和转移条件符号右侧的"?"都消失。采用相同的方法编辑其他状态器和转移条件。

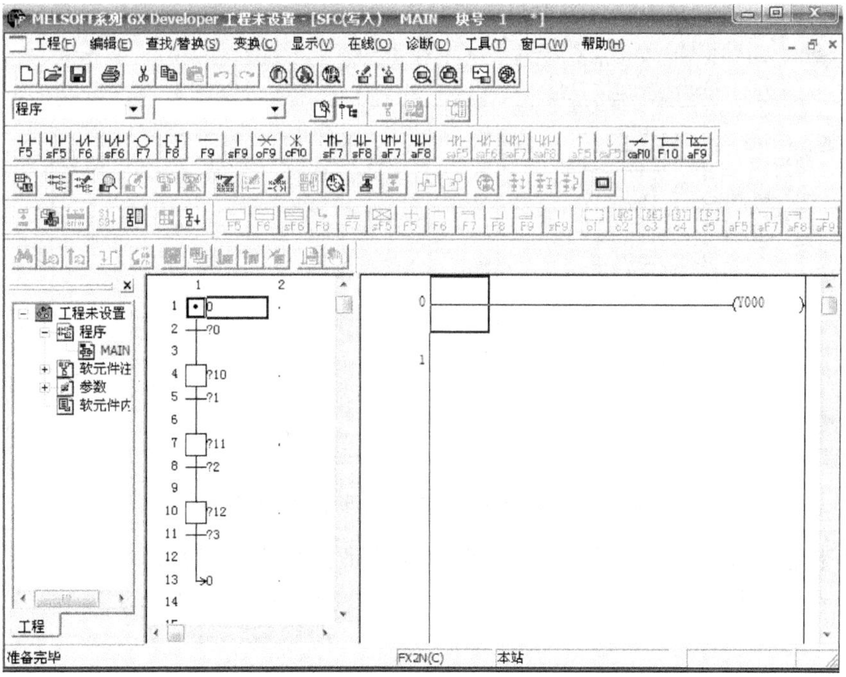

图 4.13　状态 S0 编辑窗口

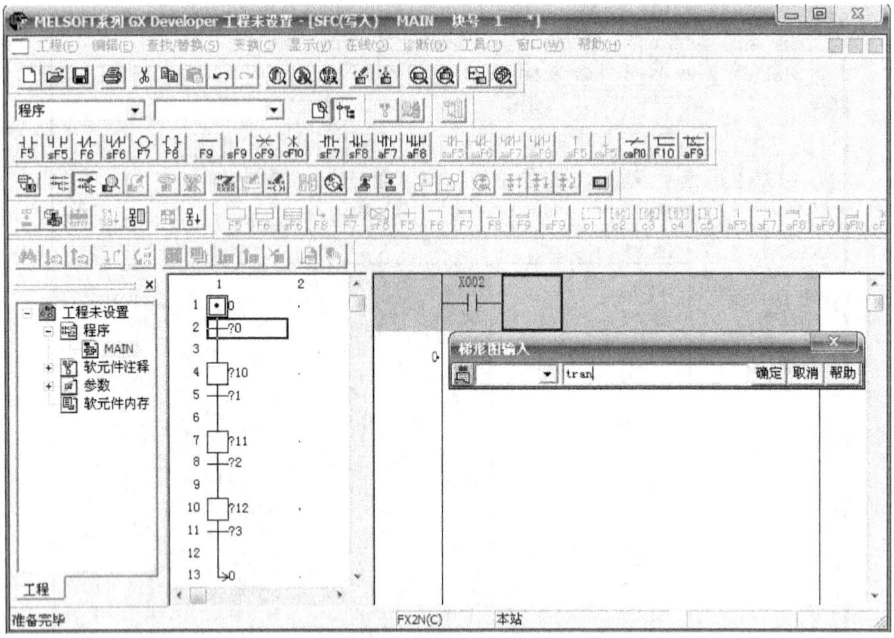

图 4.14　编辑 S0 转移到 S10 的转移条件

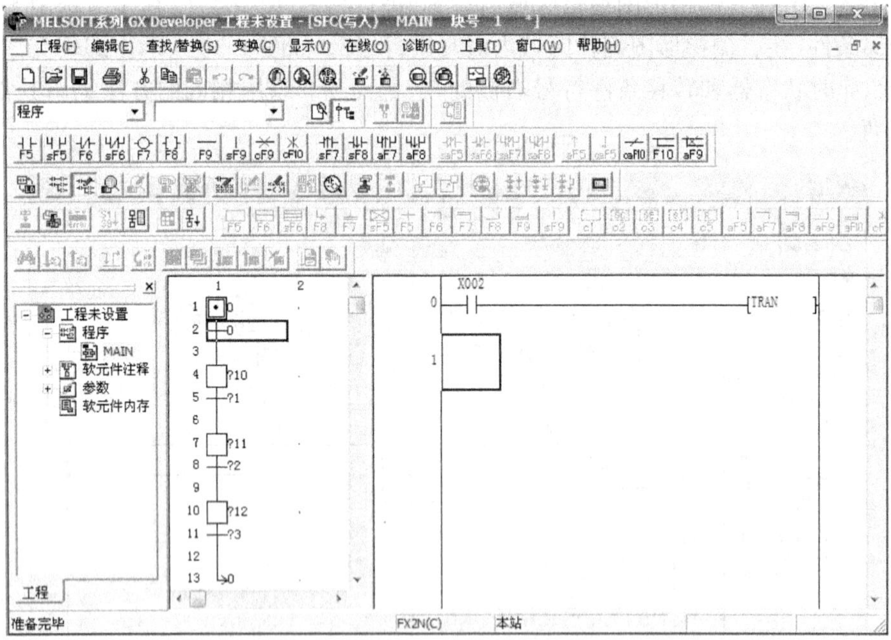

图 4.15　S0 转移到 S10 的转移条件编辑完成

待所有状态器和转移条件编辑完成,双击"工程数据列表"中的"MAIN",界面返回到"块列表"窗口,选中"SFC 块",单击菜单栏"变换"→"块变换",如图 4.16 所示。

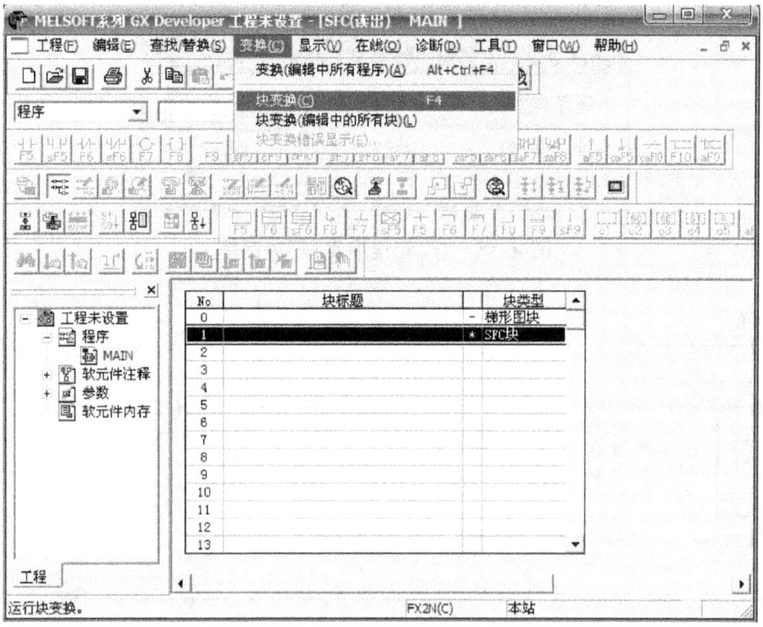

图 4.16　SFC 块变换

六、SFC 与梯形图的转化

SFC 与梯形图可以相互转化，方法是单击菜单栏"工程"→"编辑数据"→"改变程序类型"，如图 4.17 所示，弹出"改变程序类型"对话框，如图 4.18 所示，选择"梯形图"，便可将 SFC 转化为梯形图，转化后的梯形图如图 4.19 所示。采用同样的方法，可以把转化后的梯形图再转化为 SFC。

图 4.17　改变程序类型的方法

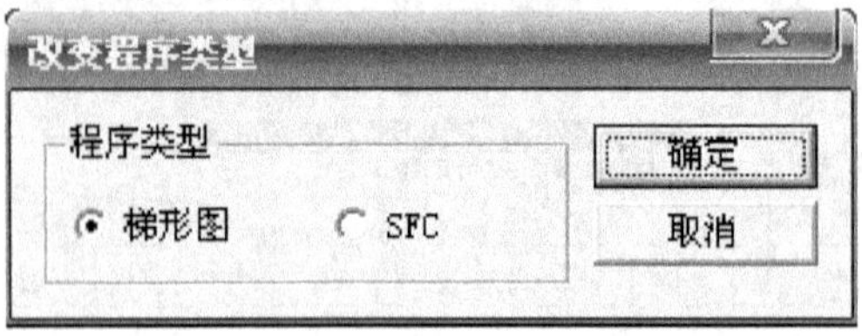

图 4.18 “改变程序类型”对话框

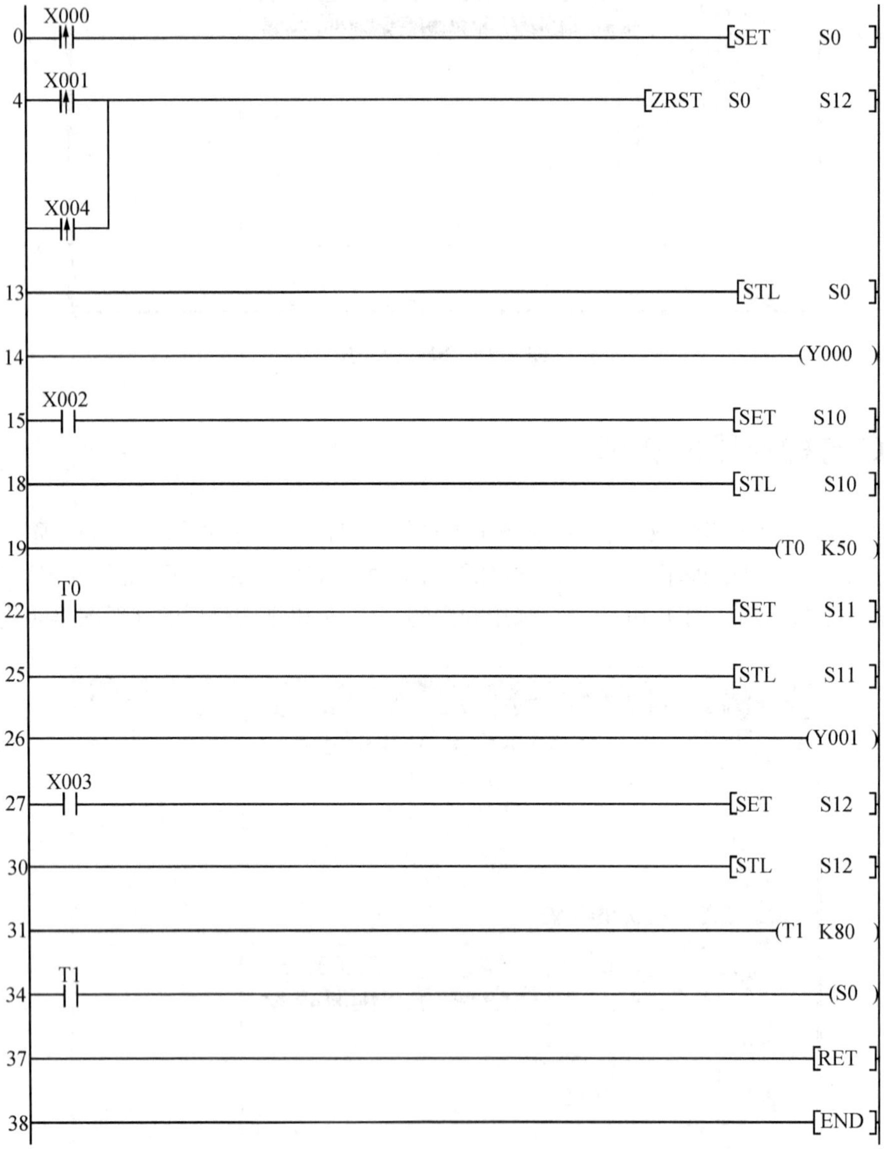

图 4.19 由 SFC 转化的梯形图

附　录

附录一　FX_{2N}常用特殊功能寄存器(M)和特殊功能数据寄存器(D)

PC状态(M)　　　　　　PC状态(D)

(M)PC状态						(D)PC状态					
地址号、名称	动作、功能	适用机型(FX系列)				地址号、名称	寄存器的内容	适用机型(FX系列)			
		1S	1X	2N	2NC			1S	1X	2N	2NC
[M] 8000 运行监控a接点		○	○	○	○	[D] 8000 监视定时器	初始值如右列所述(1 ms为单位)(当电源ON时，由系统ROM传送)利用程序进行更改必须在END、WDT指令执行后方才有效	200 ms	200 ms	200 ms	200 ms
[M] 8001 运行监控b接点		○	○	○	○	[D] 8001PC类型和系统版本号		22	26	24	24
[M] 8002 初始脉冲a接点		○	○	○	○	[D] 8002 寄存器容量	2～2k步 4～4k步 8～8k步	○ 16k步时在D8102中输入存储器容量[16]			
[M] 8003 初始脉冲b接点		○	○	○	○	[D] 8003 寄存器类型	保存不同RAM/EEPROM/内置EPROM/存储盒和存储器保护开关的ON/OFF状态	○	○	○	○
[M] 8004 错误发生	当M8060～M8067中任意一个处于ON时动作(M8062除外)	○	○	○	○	[D] 8004 错误M地址号		○	○	○	○

(续表)

(M)PC 状态						(D)PC 状态					
地址号、名称	动作、功能	适用机型(FX 系列)				地址号、名称	寄存器的内容	适用机型(FX 系列)			
		1S	1X	2N	2NC			1S	1X	2N	2NC
[M] 8005 电池电压过低	当电池电压异常过低时动作	—	—	○	○	[D] 8005 电池电压		—	—	○	○
[M] 8006 电池电压过低锁存	当电池电压异常过低后锁存状态	—	—	○	○	[D] 8006 电池电压过低检测电平	初始值 3.0 V (0.1 V 为单位)(当电源 ON 时,由系统 ROM 传送)	—	—	○	○
[M] 8007 瞬停检测	即使 M8007 动作,若在 D8008 时间范围内则 PC 继续进行	—	—	○	○	[D] 8007 瞬停检测	保存 M8007 的动作次数,当电源切断时该数值将被清除	—	—	○	○
[M]8008 停电检测中	当 M8008 由 ON → OFF 时, M8000 变为 OFF	—	—	○	○	[D] 8008 停电检测时间	AC 电源型:初始值 10 ms,详细情况另行说明	—	—	○	○
[M] 8009 DC 24 V 失电	当扩展单元、扩张模块出现 DC 24 V 失电时动作	—	—	○	○	[D] 8009 DC 24 V 失电单元地址号	DC 24 V 失电的基本单元、扩宽单元中最小输入元件地址号	—	—	○	○

时钟(M)　　时钟(D)

(M)时钟						(D)时钟					
地址号、名称	动作、功能	使用机型				地址号、名称	寄存器的内容	使用机型			
		1S	1N	2N	2NC			1S	1N	2N	2NC
[M]8010						[D]8010 当前扫描值	由第1步开始的累计执行时间(0.1 ms为单位)				
[M]8011 10 ms时钟	以10 ms的频率周期振荡	○	○	○	○	[D]8011 最小扫描时间	扫描时间的最小值(0.1 ms为单位)	○ 显示值中包括当M8039驱动时恒定扫描运行的等待时间			
[M]8012 100 ms时钟	以100 ms的频率周期振荡	○	○	○	○	[D]8012 最大扫描时间	扫描时间的最大值(0.1 ms为单位)				
[M]8013 1 s时钟	以1 s的频率周期振荡	○	○	○	○	[D]8013秒	0～59 s(实时时钟用)	○	○	○	○
[M]8014 1 min时钟	以1 min的频率振荡	○	○	○	○	[D]8014分	0～59 min(实时时钟用)	○	○	○	○
[M]8015	时钟停止和预置实时时钟用	○	○	○	○	[D]8015时	0～23 h(实时时钟用)	○	○	○	○
[M]8016	时间读取显示停止实时时钟用	○	○	○	○	[D]8016日	1～31日(实时时钟用)	○	○	○	○
[M]8017	±30 s修正实时时钟用	○	○	○	○	[D]8017月	1～12月(实时时钟用)	○	○	○	○
[M]8018	安装检测	○(常时0N)				[D]8018年	公历里两位(0～99)(实时时钟用)	○	○	○	○
[M]8019	实时时钟(RTC)出错实时时钟用	○	○	○	○	[D]8019星期	0(日)～6(六)(实时时钟用)	○	○	○	○

标志(M)　　　　标志(D)

(M)标志						(D)标志					
地址号、名称	动作、功能	适用机型				地址号、名称	动作、功能	适用机型			
		1S	1N	2N	2NC			1S	1N	2N	2NC
[M] 8020 零	加减运算结果为 0 时	○	○	○	○	[D]8020	X000～X017 的输入滤波数值 0～60(初始值为 10 ms)	○	○	○	○
[M] 8021 借位	减法运算结果小于负的最大值时	○	○	○	○	[D]8021					
[M] 8022 进位	加法运算结果发生进位时,换位结果溢出发生时	○	○	○	○	[D]8022					
[M]8023						[D]8023					
[M]8024	BMOV 方向指定(FNC15)			○	○	[D]8024					
[M]8025	HSC 模式(FNC53～55)			○	○	[D]8025					
[M]8026	RAMP 模式(FNC67)			○	○	[D]8026					
[M]8027	PR 模式(FNC77)			○	○	[D]8027					
[M]8028(FX 1 s)	100 ms/10 ms 定时器切换	○				[D]8028					
[M] 8028(FX2N、FX2NC)	在执行 FROM/TO(FNC78,79)指令过程中中断允许			○	○	[D]8028	ZO(Z)寄存器的内容	○	○	○	○
[M] 8029 指令执行完成	当 DSW(FNC72)等操作完成时动作	○	○	○	○	[D]8029	VO(V)寄存器的内容	○	○	○	○

N∶N通信连接(M)

辅助继电器	名称	描述	响应类型
[M]8038	N∶N网络参数设置	用来设置N∶N网络参数	主站、从站均可用
[M]8183	主站通信错误标志	＃0主站点通信错误时为“ON”	从站可用
[M]8184	从站通信错误标志	＃1从站点通信错误时为“ON”	主站、从站均可用
[M]8185		＃2从站点通信错误时为“ON”	
[M]8186		＃3从站点通信错误时为“ON”	
[M]8187		＃4从站点通信错误时为“ON”	
[M]8188		＃5从站点通信错误时为“ON”	
[M]8189		＃6从站点通信错误时为“ON”	
[M]8190		＃7从站点通信错误时为“ON”	
[M]8191	数据通信	当与其他站点通信时为“ON”	

N∶N通信连接(D)

特性	数据寄存器	名称	描述	响应类型
只读	D8173	站点号	存储它自己的站点号	主站、从站均可用
	D8174	从站点总数	存储从站点的总数	
	D8175	刷新范围	存储刷新范围	
只写	D8176	站点号设置	设置它自己的站点号	
	D8177	总从站点数设置	设置从站点的总数	仅主站
	D8178	刷新范围设置	设置刷新范围	
读写	D8197	重试次数设置	设置重试次数	
	D8180	通信超时设置	设置通信超时	
只读	D8201	当前网络扫描时间	存储当前网络扫描时间	主站、从站均可用
	D8202	最大网络扫描时间	存储最大网络扫描时间	
	D8203	主站点的通信错误数目	主站点的通信错误数目	仅从站
	D8204	从站点的通信错误数目	＃1从站点的通信错误数目	主站、从站均可用
	D8205		＃2从站点的通信错误数目	
	D8206		＃3从站点的通信错误数目	
	D8207		＃4从站点的通信错误数目	
	D8208		＃5从站点的通信错误数目	
	D8209		＃6从站点的通信错误数目	
	D8210		＃7从站点的通信错误数目	

(续表)

特性	数据寄存器	名称	描述	响应类型
只读	D8211	主站点的通信错误代码	主站点的通信错误代码	仅从站
	D8212	从站点的通信错误代码	#1 从站点的通信错误代码	主站、从站均可用
	D8213		#2 从站点的通信错误代码	
	D8214		#3 从站点的通信错误代码	
	D8215		#4 从站点的通信错误代码	
	D8216		#5 从站点的通信错误代码	
	D8217		#6 从站点的通信错误代码	
	D8218		#7 从站点的通信错误代码	

附录二　FX_{2N}系列 PLC 基本指令简表

指令助记符、名称	功能	梯形图表示和可用元件	指令助记符、名称	功能	梯形图表示和可用元件
[LD]取	触点运算开始 a 触点		[PLF]下降沿脉冲	下降沿检测指令	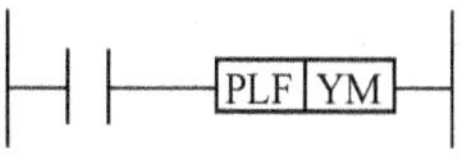
[LDI]取反	触点运算开始 b 触点		[MC]主控	公共串联点的连接线圈指令	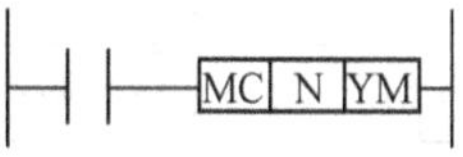
[LDP]取脉冲	上升沿检测运算开始		[MCR]主控复位	公共串联接点的清除指令	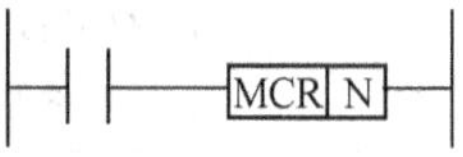
[LDF]取脉冲	下降沿检测运算开始		[INV]反转	运算结果的取反	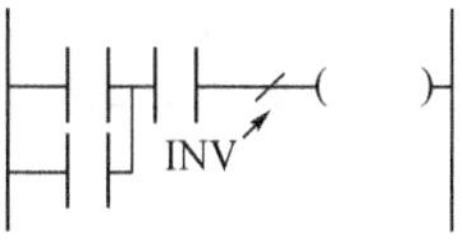
[AND]与	串联连接 a 触点		[ORP]或脉冲	脉冲上升沿检测并联连接	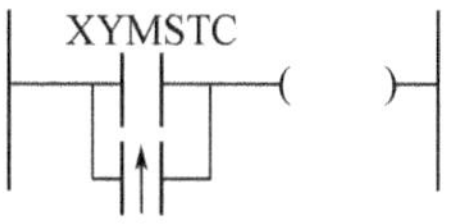
[ANI]与非	串联连接 b 触点		[ORF]或脉冲	脉冲下降沿检测并联连接	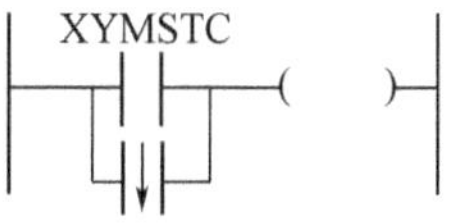
[ANDP]与脉冲	脉冲上升沿检测串联连接	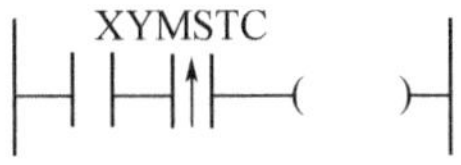	[ANB]块与	并联电路块的串联连接	
[ANDF]与脉冲	脉冲下降沿检测串联连接	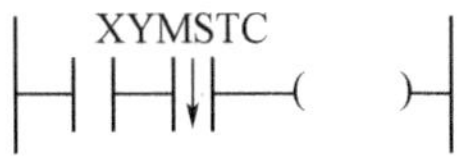	[ORB]块或	串联电路块的并联连接	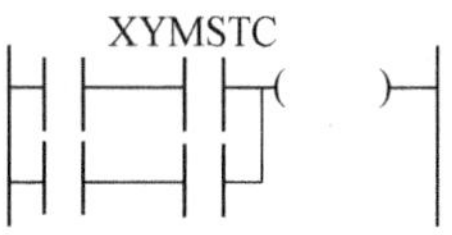
[OR]或	并联连接 a 触点		[OUT]输出	线圈驱动指令	
[ORI]或非	并联连接 b 触点		[SET]置位	线圈接通保持指令	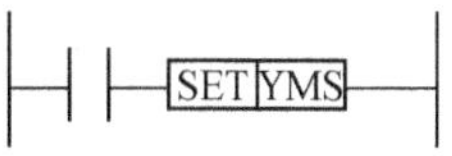

(续表)

指令助记符、名称	功能	梯形图表示和可用元件	指令助记符、名称	功能	梯形图表示和可用元件
[RST]复位	线圈接通清除指令	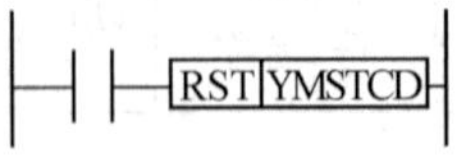	STL 步进梯形图	步进梯形图开始	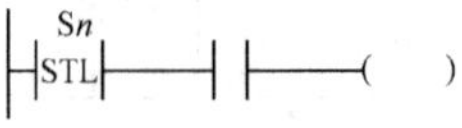
[PLS]上升沿脉冲	上升沿检测指令	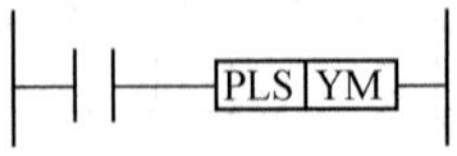	RET 返回	步进梯形图结束	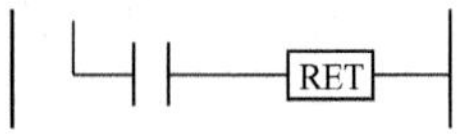
[MPS]进栈	运算存储	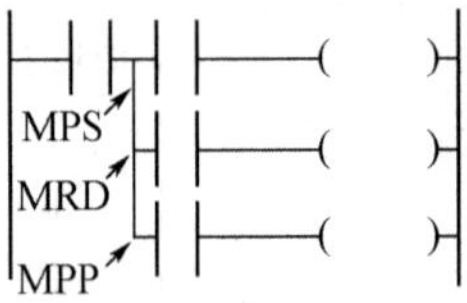	[END]结束	顺控程序结束	顺控程序结束,回 0
[MRD]读栈	存储读出				
[MPP]出栈	存储读出与复位				
[NOP]空操作		无动作			

附录三　FX$_{2N}$系列 PLC 功能指令简表

类别	FNC NO	指令助记符	功能	D 指令	P 指令
程序流程	00	CJ	条件跳转	—	○
	01	CALL	子程序调用	—	○
	02	SRET	子程序返回	—	—
	03	IRET	中断返回	—	—
	04	EI	开中断	—	—
	05	DI	关中断	—	—
	06	FEND	主程序结束	—	—
	07	WDT	监视定时器刷新	—	○
	08	FOR	循环的起点与次数	—	—
	09	NEXT	循环的终点	—	—
传送与比较	10	CMP	比较	○	○
	11	ZCP	区间比较	○	○
	12	MOV	传送	○	○
	13	SMOV	移位传送	—	○
	14	CML	反间传送	○	○
	15	BMOV	块传送	—	○
	16	FMOV	多点传送	○	○
	17	XCH	交换	○	○
	18	BCD	二进制转换成 BCD 码	○	○
	19	BIN	BCD 码转换成二进制	○	○
算术与逻辑运算	20	ADD	二进制加法运算	○	○
	21	SUB	二进制减法运算	○	○
	22	MUL	二进制乘法运算	○	○
	23	DIV	二进制除法运算	○	○
	24	INC	二进制加 1 运算	○	○
	25	DEC	二进制减 1 运算	○	○
	26	WAND	逻辑字与	○	○
	27	WOR	逻辑字或	○	○
	28	WXOR	逻辑字异或	○	○
	29	NEG	二进制求补码	○	○

(续表)

类别	FNC NO	指令助记符	功能	D 指令	P 指令
循环与移位	30	ROR	循环右移	○	○
	31	ROL	循环左移	○	○
	32	RCR	带进位右移	○	○
	33	RCL	带进位左移	○	○
	34	SFTR	位右移	—	○
	35	SFTL	位左移	—	○
	36	WSFR	字右移	—	○
	37	WSFL	字左移	—	○
	38	SFWR	FIFO(先入先出)写入	—	○
	39	SFRD	FIFO(先入先出)读出	—	○
数据处理	40	ZRST	区间复位	—	○
	41	DECO	解码	—	○
	42	ENCO	编码	—	○
	43	SUM	ON 位总数统计	○	○
	44	BON	ON 位判断	○	○
	45	MEAN	求平均值	○	○
	46	ANS	报警器置位	—	—
	47	ANR	报警器复位	—	○
	48	SQR	求 BIN 平方根	○	○
	49	FLT	浮点数与十进制数间转换	○	○
高速处理	50	REF	输入输出刷新	—	○
	51	REFF	输入滤波时间调整	—	○
	52	MTR	矩阵输入	—	—
	53	HSCS	比较置位(高速计数用)	○	—
	54	HSCR	比较复位(高速计数用)	○	—
	55	HSZ	区间比较(高速计数用)	○	—
	56	SPD	脉冲密度	—	—
	57	PLSY	脉冲输出	○	—
	58	PWM	脉宽调制输出	—	—
	59	PLSR	带加减速脉冲输出	○	—

（续表）

类别	FNC NO	指令助记符	功能	D指令	P指令
方便指令	60	IST	状态初始化	—	—
	61	SER	数据查找	○	○
	62	ABSD	凸轮控制(绝对值式)	○	—
	63	INCD	凸轮控制(增量方式)	—	—
	64	TTMR	示教定时器	—	—
	65	STMR	特殊定时器	—	—
	66	ALT	交替输出	—	—
	67	RAMP	斜坡信号	—	—
	68	ROTC	旋转工作台控制	—	—
	69	SORT	数据排序	—	—
外部I/O设备	70	TKY	0～9 数字键输入	○	—
	71	HKY	16 键输入	○	—
	72	DSW	BCD 数字开关输入	—	—
	73	SEGD	七段码译码	—	○
	74	SEGL	七段码分时显示	—	—
	75	ARWS	方向开关	—	—
	76	ASC	ASCI 码转换	—	—
	77	PR	ASCI 码打印输出	—	—
	78	FROM	BFM 读出	○	○
	79	TO	BFM 写入	○	○
外围设置	80	RS	串行数据传送	—	—
	81	PRUN	并联传送	○	○
	82	ASCI	十六进制数转换成 ASCI 码	—	○
	83	HEX	ASCI 码转换成十六进制数	—	○
	84	CCD	校验	—	○
	85	VRRD	电位器变量输入	—	○
	86	VRSC	电位器变量整标	—	○
	88	PID	PID 运算	—	—

(续表)

类别	FNC NO	指令助记符	功能	D 指令	P 指令
浮点数运算	110	ECMP	二进制浮点数比较	○	○
	111	EZCP	二进制浮点数区间比较	○	○
	118	EBCD	二进制浮点数→十进制浮点数变换	○	○
	119	EBIN	十进制浮点数→二进制浮点数变换	○	○
	120	EADD	二进制浮点数加法	○	○
	121	ESUB	二进制浮点数减法	○	○
	122	EMUL	二进制浮点数乘法	○	○
	123	EDIV	二进制浮点数除法	○	○
	127	ESQR	二进制浮点数开平方	○	○
	129	INT	二进制浮点数→二进制整数	○	○
	130	SIN	二进制浮点数 sin 运算	○	○
	131	COS	二进制浮点数 cos 运算	○	○
	132	TAN	二进制浮点数 tan 运算	○	○
	147	SWAP	高低字节交换	○	○
时钟运算	160	TCMP	时钟数据比较	—	○
	161	TZCP	时钟数据区间比较	—	○
	162	TADD	时钟数据加法	—	○
	163	TSUB	时钟数据减法	—	○
	166	TRD	时钟数据读出	—	○
	167	TWR	时钟数据写入	—	○
外围设备	170	GRY	二进制数→格雷码	○	○
	171	GBIN	格雷码→二进制数	○	○
触点比较	224	LD=	(S1)=(S2)时起始触点接通	○	—
	225	LD>	(S1)>(S2)时起始触点接通	○	—
	226	LD<	(S1)<(S2)时起始触点接通	○	—
	228	LD<>	(S1)<>(S2)时起始触点接通	○	—
	229	LD≦	(S1)≦(S2)时起始触点接通	○	—
	230	LD≧	(S1)≧(S2)时起始触点接通	○	—
	232	AND=	(S1)=(S2)时串联触点接通	○	—
	233	AND>	(S1)>(S2)时串联触点接通	○	—
	234	AND<	(S1)<(S2)时串联触点接通	○	—

（续表）

类别	FNC NO	指令助记符	功能	D 指令	P 指令
触点比较	236	AND＜＞	(S1)＜＞(S2)时串联触点接通	○	—
	237	AND≦	(S1)≦(S2)时串联触点接通	○	—
	238	AND≧	(S1)≧(S2)时串联触点接通	○	—
	240	OR＝	(S1)＝(S2)时并联触点接通	○	—
	241	OR＞	(S1)＞(S2)时并联触点接通	○	—
	242	OR＜	(S1)＜(S2)时并联触点接通	○	—
	244	OR＜＞	(S1)＜＞(S2)时并联触点接通	○	—
	245	OR≦	(S1)≦(S2)时并联触点接通	○	—
	246	OR≧	(S1)≧(S2)时并联触点接通	○	—

附录四　CJX1(3TB、3TF)系列交流接触器

CJX1 系列交流接触器主要用于交流频率 50 Hz(60 Hz)、额定工作电压 660 V、在 AC-3 使用类别下额定工作电压为 380 V 时额定工作电流至 630 A 的电路中,供远距离接通和分断电路之用,并可与适当的热过载继电器组成电磁启动器,以保护可能发生操作过负荷的电路,接触适宜于频繁启动和控制交流电动机。CJX1 系列交流接触器外观图如附图 4.1 所示。

附图 4.1　CJX1 系列交流接触器外观图

一、型号及含义

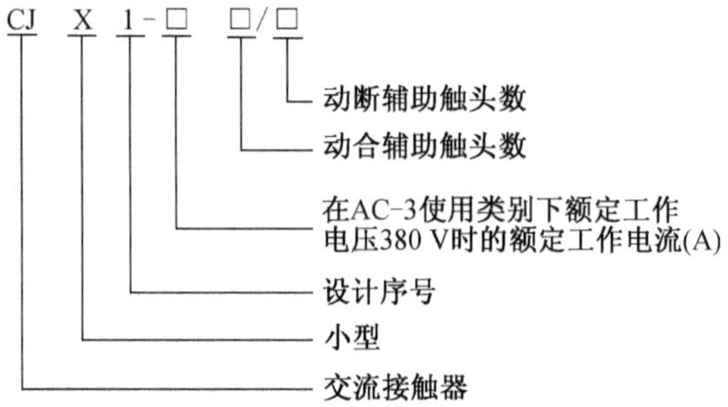

二、结构特点

接触器为双断点直动式结构,具有三对动合触头,辅助触头最多为 2 个动合、2 个动断。触头支持件与衔铁采用弹性锁扣连接,消除了薄弱环节。触头作为动作指示,$I_N \leqslant 22$ A 为接触器无灭弧隔板,$I_N \geqslant 32$ A 为塑料灭弧罩并装有金属隔弧板。触头材料采用具有高护熔焊性及耐腐蚀的银合金。接线螺钉采用新型自升起螺钉,瓦形垫与螺钉不分离可节省接线工时。全系列产品均可用螺钉安装,$I_N \leqslant 32$ A 的产品还可采用快速嵌入导轨紧固。

三、主要技术参数表

CJX1 系列交流接触器技术参数表如附表 4.1 所示。

附表 4.1　CJX1 系列交流接触器技术参数表

规格型号		CJX1-9	CJX1-12	CJX1-16	CJX1-22	CJX1-32	CJX1-45	CJX1-63	CJX1-75	CJX1-85
额定绝缘电压/V		660								
频率/Hz		50/60								
额定工作电流/A		9	12	16	22	32	45	63	75	85
约定发热电流/A		20	20	30	30	45	70	70	90	90
可控电机功率/kW(AC-3)	220 V	2.2	3	4	5.5	8.5	15	18.5	22	28
	380 V	4	5.5	7.5	11	15	22	30	37	45
	660 V	5.5	7.5	11	11	15	39	55	67	67
辅助触头额定发热电流/A		10								
线圈电压工作范围/V	吸合	(85%～110%)U_S								
	释放	(20%～75%)U_S								
线圈电压/V		24、36、48、110、127、220、380								
电寿命/万次	AC-3	100				80	60			
	AC-4	10				15			10	

规格型号		CJX1-110	CJX1-140	CJX1-170	CJX1-205	CJX1-250	CJX1-300	CJX1-400	CJX1-475	CJX1-530
额定绝缘电压/V		660								
频率/Hz		50/60								
额定工作电流/A		110	140	170	205	250	300	400	475	630
约定发热电流/A		150	150	180	205	250	300	400	500	630
可控电机功率/kW(AC-3)	220 V	37	37	55	55	75	90	110	150	200
	380 V	55	75	90	110	132	160	200	250	325
	660 V	100	100	156	160	185	220	300	300	300
辅助触头额定发热电流/A		10								
线圈电压工作范围/V	吸合	(85%～110%)U_S								
	释放	(20%～75%)U_S								
线圈电压/V		24、36、48、110、127、220、380								
电寿命/万次	AC-3	60								
	AC-4	10								

附录五　CJX2(LC1－D)系列交流接触器

CJX2 系列交流接触器主要用于交流频率 50 Hz(或 60 Hz、660 V 以下)的电路中，在 AC－3使用类别下额定工作电压为 380 V，额定工作电流至 95 A 的电路中，供远距离接通和分断电路使用，并可与热继电器直接插接组成电磁启动器，以保护可能发生操作过负荷的电路。例如，用于频繁地启动和控制交流电动机，也能在适当降低控制容量及操作频率后用于 AC－4 类别。接触可组装积木式辅助触头、空气延时触头、机械联锁机构等附件，组成延时接触器、可逆接触器——星-三角启动器。CJX2 系列交流接触器外观图如附图 5.1 所示。

附图 5.1　CJX2 系列交流接触器外观图

一、型号及其定义

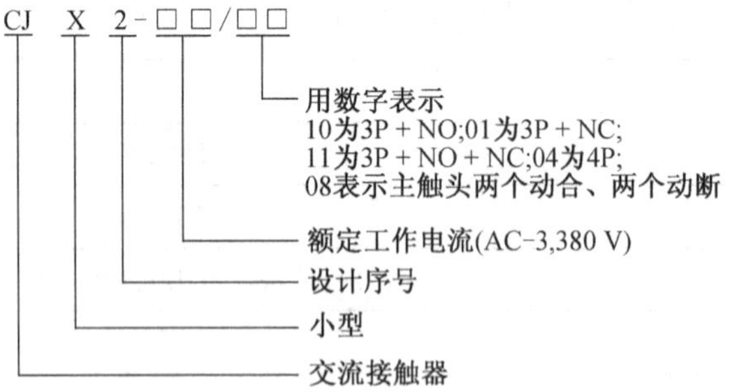

二、结构特点

(1) 在通电、吸合、断电释放过程中，动作可靠、能耗低、寿命长。

(2) 接线端子配有护罩，可防止意外触及带电部件。

(3) 采用积木式组合结构，可以方便地安装多种附件，以增加或扩大产品的功能。

(4) 安装 Ll 联锁机构，可以使两台接触器组成机械联锁可逆接触器，直接用于电动机的正、反转控制。

(5) 在器件上方安装 F4 辅助触头,能扩大产品对电路的控制范围。上方安装延时头(例如 LA2/3－D),可组成延时接触器。

(6) 在器件左侧安装 JRS1 型热继电器(LR1－D),可插接组合成磁力启动器。

(7) 器件除用螺钉紧固外,更适于安装在国际通用的 35 mm 及 75 mm 标准卡轨上。

(8) 接触器在选用时,额定工作电压不得高于额定绝缘电压,额定工作电流(或额定控制功率)也不得高于相应工作制下的额定工作电流(或额定控制功率)。

三、主要技术参数

CJX2 系列交流接触器的技术参数表如附表 5.1 所示。

附表 5.1　CJX2 系列交流接触器技术参数表

型号		CJX2－09	CJX2－12	CJX2－16	CJX2－25	CJX2－32	CJX2－40	CJX2－50	CJX2－63	CJX2－80	CJX2－95
符合标准		IEC947　JB/T7435　VDE0660									
额定绝缘电压/V		660									
额定工作电流/A(380 V)	AC－3	9	12	16	25	32	40	50	63	80	95
	AC－4	3.5	5	7.7	8.5	12	18.5	24	28	37	44
单相电机容量/kW	110 V	0.4	0.5	0.75	1.1	1.5	1.5	2.2	3.7	—	—
	220 V	0.75	1.1	1.5	2.2	3	3.7	5.5	—	—	—
AC－I(电阻负载电流)/A		25		32	40	50	60	80		125	
电机容量/kW(AC－3)	220 V	2.2	3	4	5.5	7.5	11	15	18.5	22	25
	380 V	4	5.5	7.5	11	15	18.5	22	30	37	45
	660 V	5.5	7.5	9	15	18.5	30	33	37	45	45
约定发热电流/A		25		32	40	50	60	80		125	
接通最大电流/A		250		300	450	550	800	900	1 000	1 100	1 200
电寿命/万次	AC－3	100				80		60			
	AC－4	20					15			10	
机械寿命/万次		1 000				800			600		
辅助触头约定发热电流/A		10									
线圈电压/V		24、48、110、220、380、660									
电寿命/万次	AC 360 V	100									
	DC 33 W										

附录六 JRS1(LR1－D)系列热过载继电器

JRS1 系列热过载继电器适用于交流频率 50 Hz(60 Hz)、主电路额定工作电压至 660 V、额定工作电流 0.1～80 A 的电路中，供交流电动机的过载保护用，其外观图如附图 6.1 所示。

附图 6.1 JRS1(LR1－D)系列热过载继电器外观图

一、结构特点

JRS1 系列热过载继电器分为 Z 型和 F 型。Z 型为组合安装式，可直接与 CJX2 系列接触器插接安装，F 型为分立式，需要独立安装。

二、主要技术参数

JRS1 系列热过载继电器的技术参数表如附表 6.1 所示。

附表 6.1 JRS1 系列热过载继电器技术参数表

型号	国外相同型	额定电流调节范围/A	可插接安装的接触器型号
JRS1－09－25	LR1－D09301	0.1～0.16	CJX2－09－32
	LR1－D09302	0.16～0.25	
	LR1－D09303	0.25～0.4	
	LR1－D09304	0.4～0.63	
	LR1－D09305	0.63～1	
	LR1－D09306	1～1.6	
	LR1－D09307	1.6～2.5	
	LR1－D09308	2.5～4	
	LR1－D09310	4～6	
	LR1－D09312	5.5～8	
	LR1－D09314	7～10	
	LR1－D09316	10～13	
	LR1－D16321	13～18	
	LR1－D25322	18～25	

（续表）

型号	国外相同型	额定电流调节范围/A	可插接安装的接触器型号
JRS1-40-80	LR1-D40353	23～32	CJX2-40-63
	LR1-D40355	30～40	
	LR1-D63357	38～50	
	LR1-D63359	48～57	
	LR1-D63361	57～66	
	LR1-D80363	63～80	独立安装

附录七　JRS2(3UA)系列热过载继电器

JRS2 系列热过载继电器适用于交流频率 50 Hz(60 Hz)、主电路额定工作电压至 660 V、额定工作电流 0.1～630 A 的电路中,供交流电动机的过载保护和断相保护用。还能与 CJX1 系列接触器插接安装,其外观图如附图 7.1 所示。

附图 7.1　JRS2(3UA)系列热过载继电器外观图

一、结构特点

JRS2 系列热过载继电器均带有过载和断相保护、整定电流可以调节,且大部分热元件的整定电流为交叉式重叠排列,便于用户选择。具有红色的测试按钮可断开动断触头的功能;具有温度补偿,使保护特性免受周围环境温度变化的影响;具有独立、插入接触器和导轨安装方式。

二、主要技术参数

JRS2 系列热过载继电器技术参数表如附表 7.1 所示。

附表 7.1　JRS2 系列热过载继电器技术参数表

型号	额定工作电流/A	额定绝缘电压/V	额定电流调节范围/A
JRS2－12.5	14.5	660	0.1～0.16,0.16～0.25,0.25～0.4,0.32～0.63,0.4～0.63,0.63～1,0.8～1.25,1～1.6,1.25～2,1.6～2.5,2～3.2,2.5～4,3.2～5,4～6.3,5～8,6.3～10,8～12.5,10～14.5
JRS2－25	25	660	0.1～0.16,0.16～0.25,0.25～0.4,0.4～0.63,0.63～1,0.8～1.25,1～1.6,1.25～2,1.6～2.5,2～3.2,2.5～4,3.2～5,4～6.3,5～8,6.3～10,8～12.5,10～16,12.5～20,16～25
JRS2－32	36	660	4～6.3,6.3～10,10～16,12.5～20,16～25,20～32,25～36

（续表）

型号	额定工作电流/A	额定绝缘电压/V	额定电流调节范围/A
JRS2-63	63	660	0.1～0.16,0.16～0.25,0.25～0.4,0.4～0.63,0.63～1,0.8～1.25,1～1.6,1.25～2,1.6～2.5,2～3.2,2.5～4,3.2～5,4～6.3,5～8,6.3～10,8～12.5,10～16,12.5～20,16～25,20～32,25～40,32～45,40～57,50～63
JRS2-80	88	660	12.5～20,16～25,20～32,25～40,32～45,40～57,50～63,57～70,63～80,70～88
JRS2-180	180	660	55～80,63～90,80～110,90～120,110～135,120～150,135～160,150～180
JRS2-400	400	660	80～125,125～200,180～250,220～320,250～400
JRS2-630	630	660	320～500,400～630

附录八　FX_{2N} 系列 PLC 输入、输出端子排列图

1. FX_{2N}- 16MR/MT

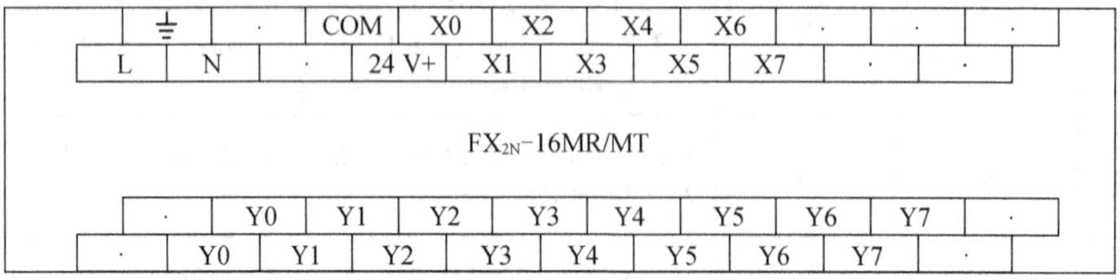

2. FX_{2N}- 32MR/MS/MT

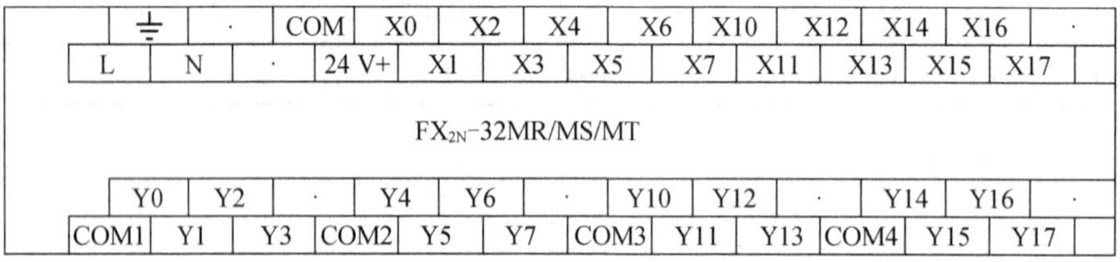

3. FX_{2N}- 48MR/MS/MT

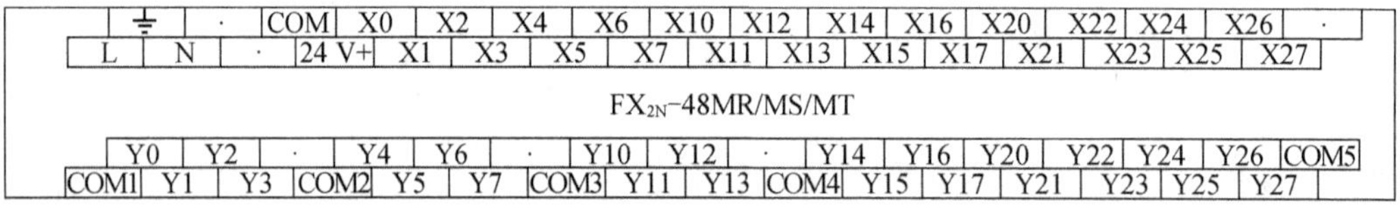

4. FX_{2N}- 64MR/MS/MT

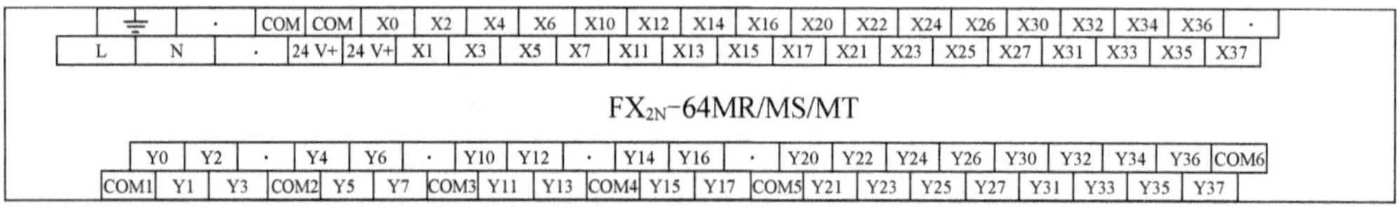

5. FX_{2N}- 80MR/MS/MT

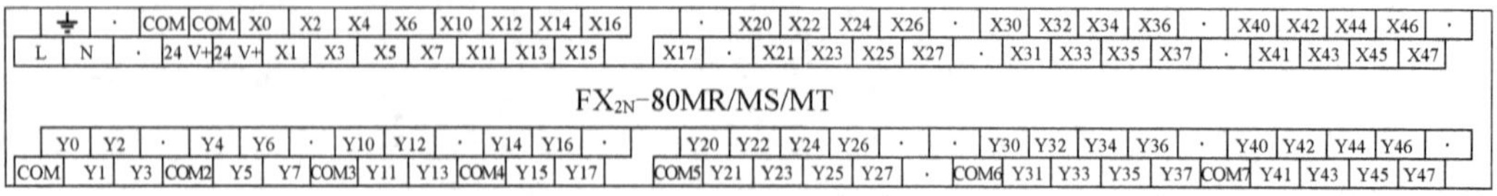

6. FX_{2N}- 128MR/MT

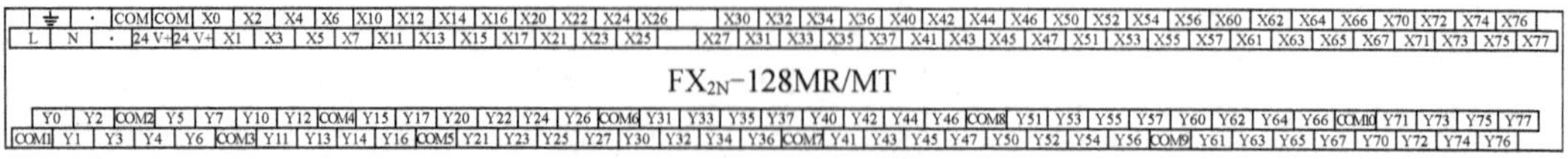

附录九　PLC 和触摸屏综合应用实例

GT Designer2 是三菱触摸屏的编程软件，主要完成对触摸屏界面的编辑、设备的选择和程序的下载与读出等任务。GT Simulator2 是三菱触摸屏的仿真软件，利用 GX Developer、GT Designer2 和 GT Simulator2 三者的联调，可实现虚拟仿真，使 PLC 程序的执行结果更加可视，实现人机间的交互，增强对编程的可感知性，提高知识的综合应用能力。

以教材第二篇项目七抢答器为例进行说明。

一、编辑触摸屏画面

使用 GT Designer2 编辑四组抢答器的触摸屏画面，建立图形对象与 PLC 软元件的连接，如附图 9.1 所示。启动按键连接 X5，停止按键连接 X6，复位按键连接 X0，四组抢答按键分别连接 X1、X2、X3 和 X4，七段数码管的七段分别连接 Y1、Y2、Y3、Y4、Y5、Y6 和 Y7。

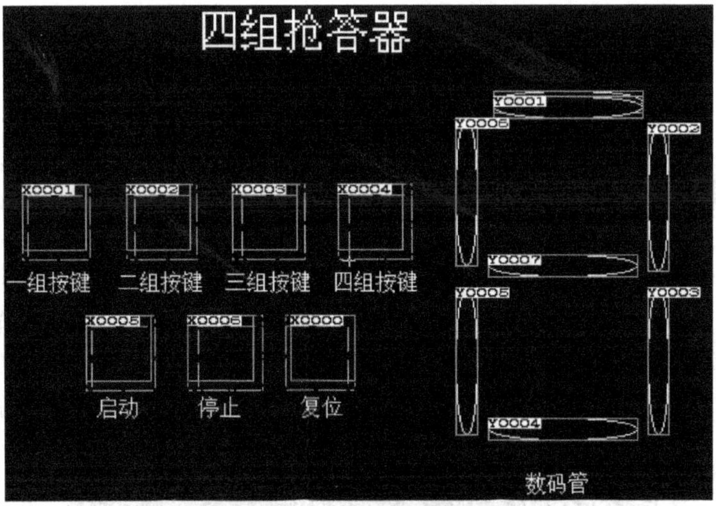

附图 9.1　四组抢答器的触摸屏编辑画面

二、梯形图程序

梯形图程序如附图 9.2 所示。

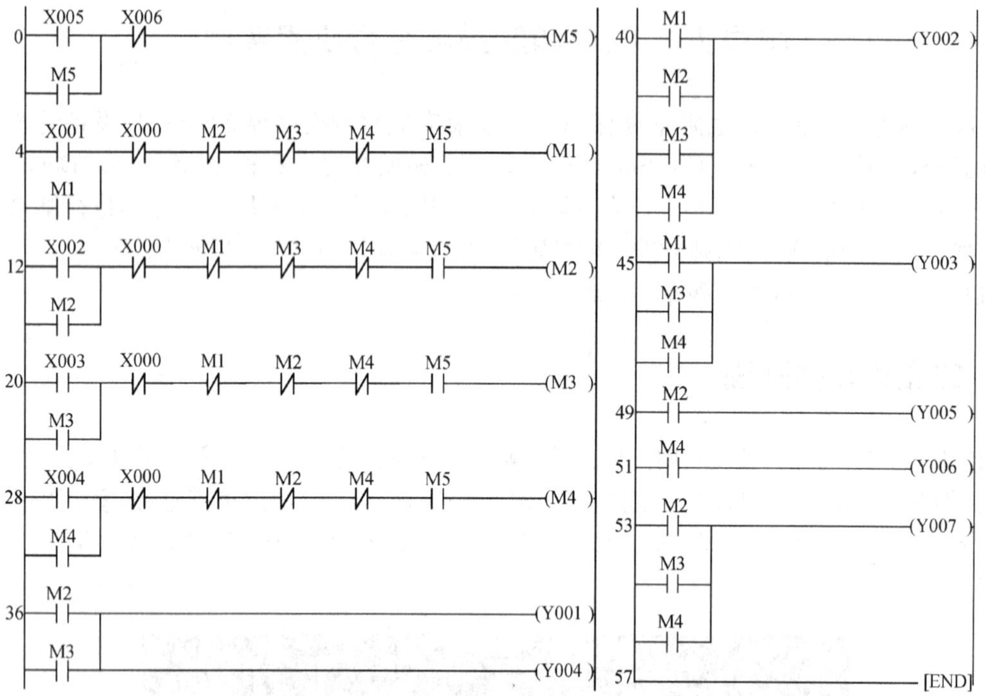

附图 9.2　四组抢答器 PLC 程序

三、仿真结果

启动四组抢答器的梯形图逻辑测试,使用 GT Simulator2 打开通过 GT Designer2 创建的四组抢答器工程,开始仿真,仿真画面如附图 9.3 所示。按下启动按键,开始抢答,如果第一组抢答成功,数码管显示数字“1”,按下复位按键,可进行第二次抢答。第一组至第四组抢答成功的仿真结果如附图 4~7 所示。在按下相关按键时,可以观察到梯形图的执行情况。

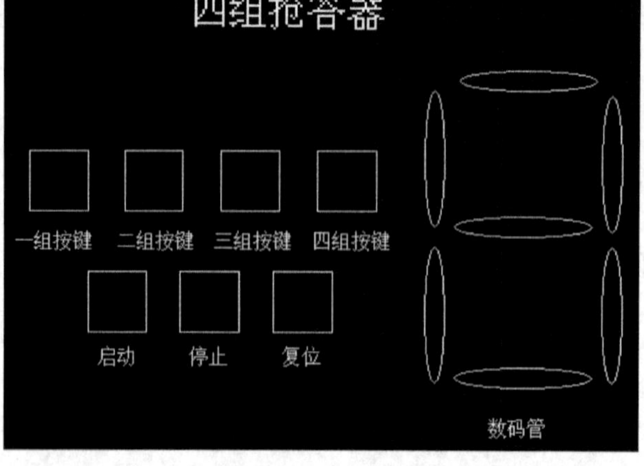

附图 9.3　仿真画面

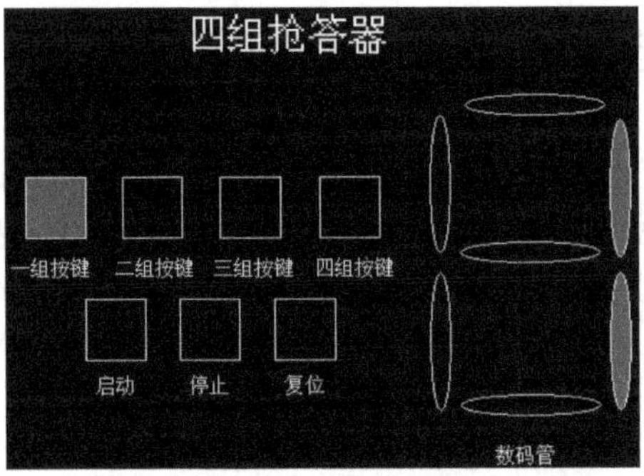

附图 9.4　第一组抢答成功

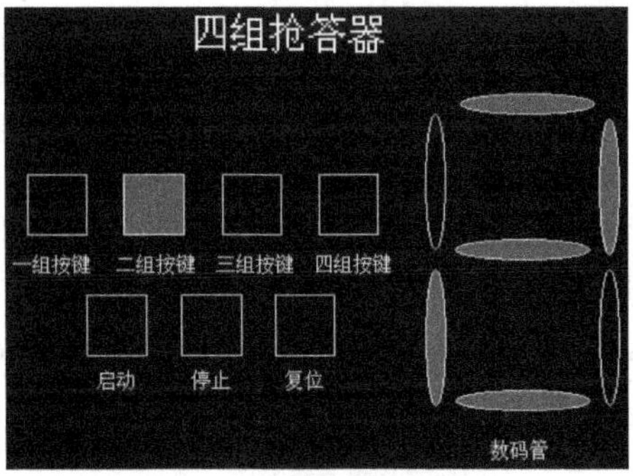

附图 9.5　第二组抢答成功

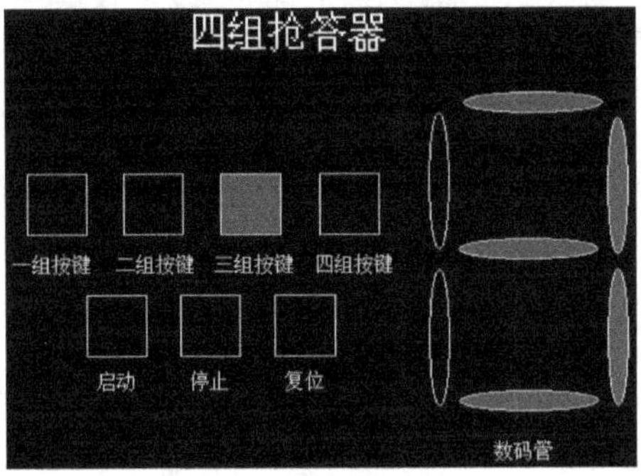

附图 9.6　第三组抢答成功

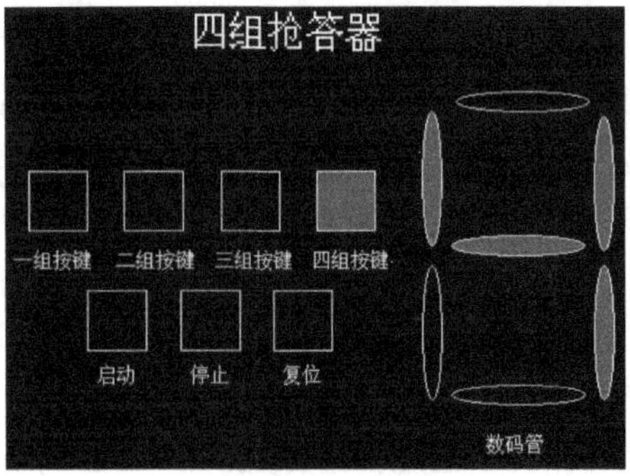

附图 9.7　第四组抢答成功

附录十　PLC 和力控组态的综合应用实例

组态软件能够实现对自动化过程和装备的监视与控制。它提供了丰富的用于工业自动化监控的功能,用户根据工程的需要可以建立自己所需要的监控系统,广泛应用于机械、钢铁、汽车、造纸、环保检测、石油化工、电力、纺织、冶金、交通、采矿等领域。

本例采用力控组态软件 ForceControl V6.1,以十字路口交通灯的控制为例,说明 PLC 和组态在交通灯控制方面的综合应用。

一、控制要求

启动开关 SA 接通,交通灯按照以下顺序依次点亮执行:

(1) 东西红灯亮,南北绿灯亮,时间 10 s;

(2) 东西红灯亮,南北绿灯闪烁(亮暗间隔为 0.5 s),时间 3 s;

(3) 东西红灯亮,南北黄灯亮,时间 2 s;

(4) 南北红灯亮,东西绿灯亮,时间 10 s;

(5) 南北红灯亮,东西绿灯闪烁(亮暗间隔为 0.5 s),时间 3 s;

(6) 南北红灯亮,东西黄灯亮,时间 2 s。

循环执行以上过程。开关 SA 断开,所有灯熄灭。

二、I/O 地址分配

I/O 地址分配表如附表 10.1 所示。

附表 10.1　I/O 地址分配表

输入设备	PLC 输入端子	输出设备	PLC 输出端子
SA	X0	南北红灯	Y0
		南北黄灯	Y1
		南北绿灯	Y2
		东西红灯	Y3
		东西黄灯	Y4
		东西绿灯	Y5

三、PLC 程序设计

交通灯控制程序图如附图 10.1 所示。

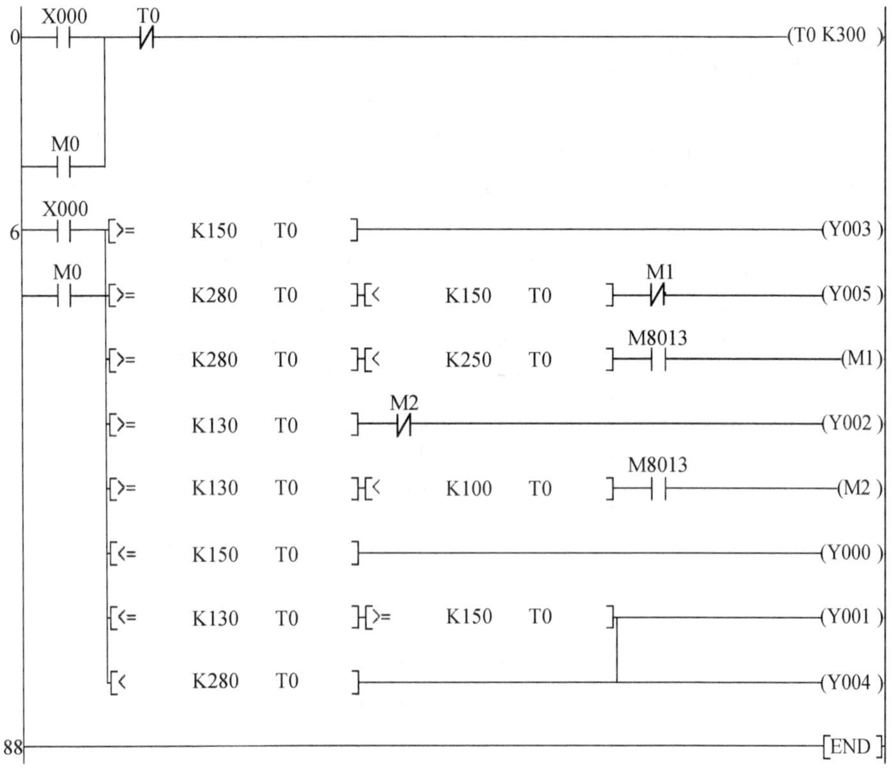

附图 10.1　交通灯控制程序

四、组态画面设计

使用力控组态软件 ForceControl V6.1 设计的十字路口交通灯组态画面如附图 10.2 所示。

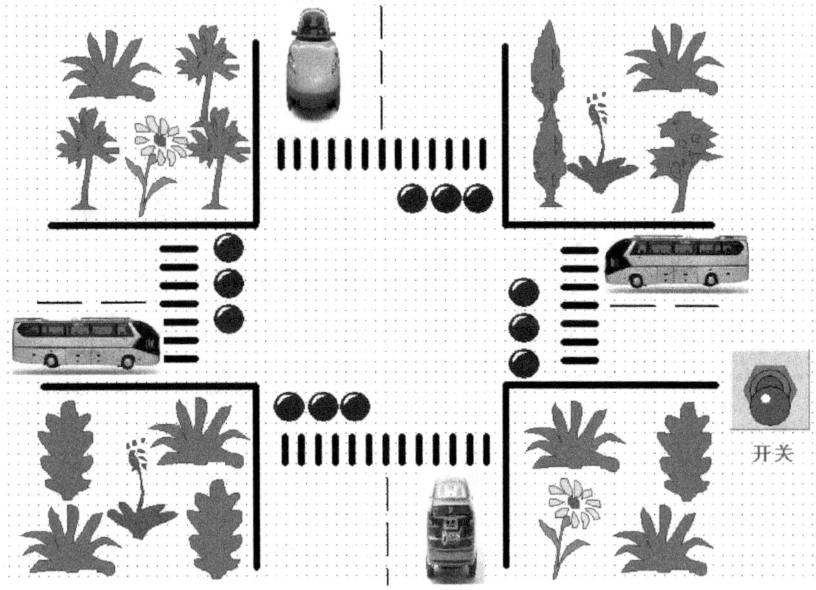

附图 10.2　十字路口交通灯组态画面

五、数据库变量的建立

建立的数据库变量如附图 10.3 所示，NBR 表示南北红灯，NBY 表示南北黄灯，NBG 表示南北绿灯，DXR 表示东西红灯，DXY 表示东西黄灯，DXG 表示东西绿灯，SD 表示启动开关。

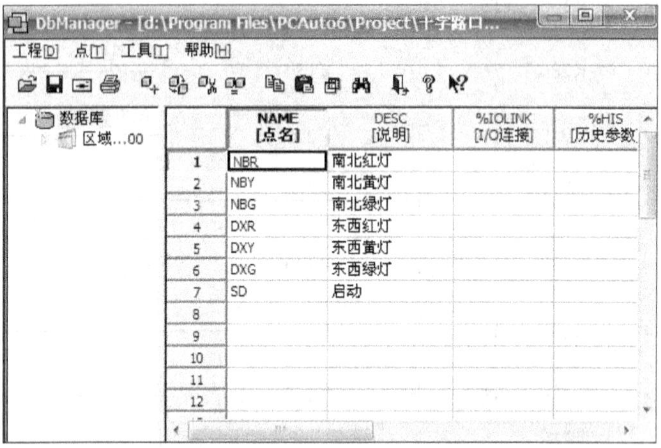

附图 10.3　数据库变量

六、图形对象与数据库变量的连接

将组态画面中的图形对象与相应的数据库变量建立连接。如附图 10.4 中将启动开关与变量 SD 建立连接，附图 10.5 中将南北红灯与变量 NBR 建立连接。

附图 10.4　启动开关与变量 SD 的连接

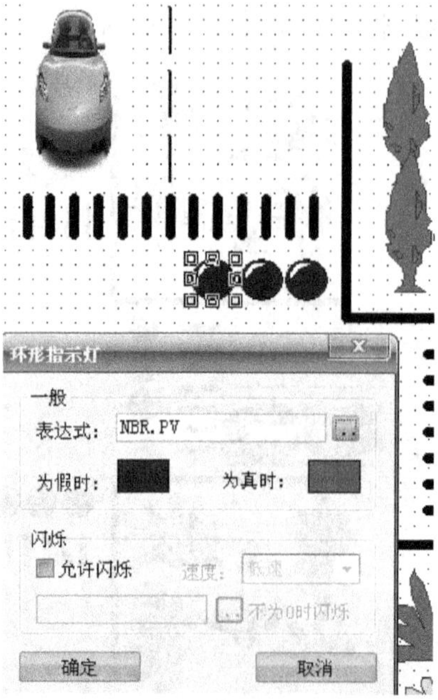

附图 10.5　南北红灯与变量 NBR 的连接

七、组态软件与 PLC 的连接设置

本例连接的是 FX_{2N} 系列 PLC，通过编程口连接，连接的结果如附图 10.6 所示。

附图 10.6　组态软件与 PLC 的连接

八、数据库变量与 PLC 软元件的连接

数据库变量与 PLC 软元件的连接如附图 10.7 所示。NBR 连接 Y0，NBY 连接 Y1，NBG 连接 Y2，DXR 连接 Y3，DXY 连接 Y4，DXG 连接 Y5，SD 连接 M0。

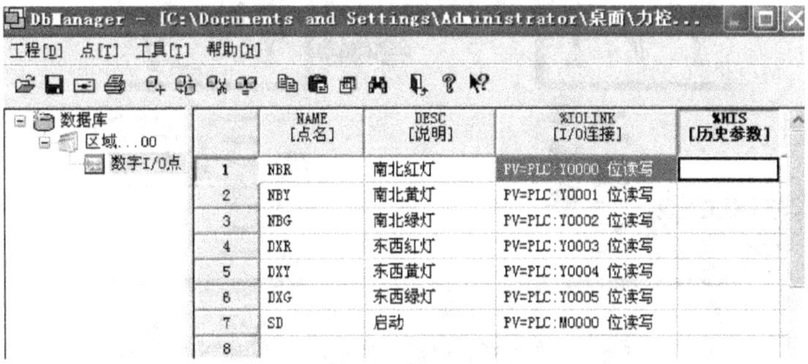

附图 10.7　数据库变量与 PLC 软元件的连接

九、运行调试

操作外部开关 SA，实验设备中交通灯和组态画面中的交通灯同时运行；操作组态画面中

开关,实验设备中交通灯和组态画面中的交通灯也同时运行。附图 10.8 是南北红灯亮、东西绿灯亮的运行画面,附图 10.9 是东西红灯亮、南北绿灯亮的运行画面。

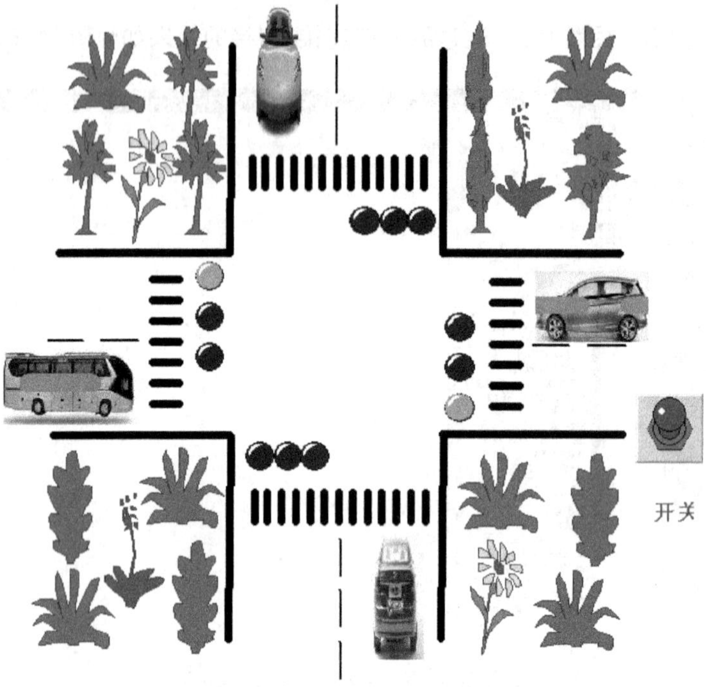

附图 10.8 南北红灯亮、东西绿灯亮

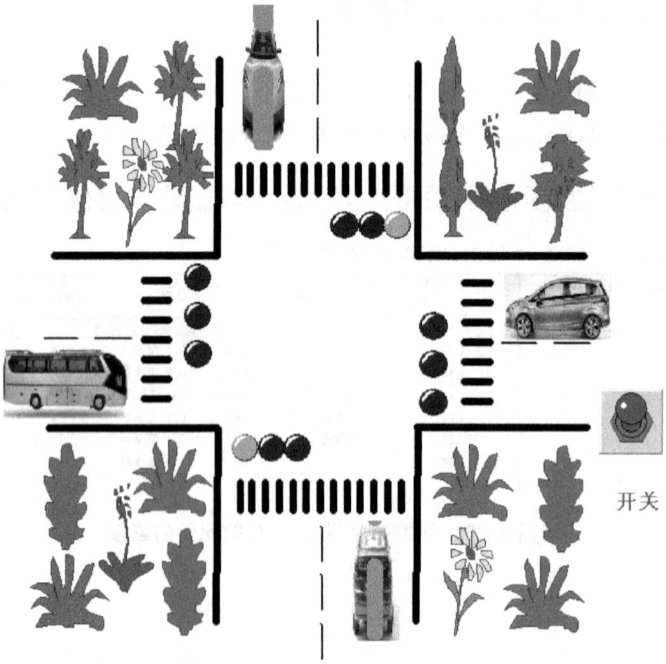

附图 10.9 东西红灯亮、南北绿灯亮

参考文献

[1] 姜治臻. PLC 项目实训[M]. 北京:高等教育出版社,2008.
[2] 訾贵昌. 电气控制与可编程控制技术[M]. 北京:煤炭工业出版社,2006.
[3] 王也仿. 可编程控制器应用技术[M]. 北京:机械工业出版社,2004.
[4] 刘敏. 可编程控制器技术[M]. 北京:机械工业出版社,2002.
[5] 廖常初. S7 - 300/400 PLC 应用技术[M]. 北京:机械工业出版社,2007.
[6] 余雷声. 电气控制与 PLC 应用[M]. 北京:机械工业出版社,2004.